油气储运技术论文集

（第二十一卷）

中国石油天然气管道工程有限公司　编

石油工业出版社

内 容 提 要

本书收集了中国石油天然气管道工程有限公司员工在工程设计、科研、管理、学习中提炼的技术创新、新技术研究、新工艺应用和管理创新等相关的论文 38 篇，作者从工程勘察、工程咨询、工程设计等多方面，介绍了油气储运工程及新能源工程涉及的新技术、新工艺、新管理和新发展，凝练了工程实践及科技研发等方面取得的成果、经验和最新信息。

本书可以为油气储运工作者提供有益的帮助与创新的思维，有助于推动油气储运行业的技术发展，也可供石油院校相关专业师生阅读与参考。

图书在版编目（CIP）数据

油气储运技术论文集. 第二十一卷 / 中国石油天然气管道工程有限公司编. -- 北京：石油工业出版社，2025. 7. -- ISBN 978-7-5183-7755-8

Ⅰ. TE8-53

中国国家版本馆 CIP 数据核字第 20253J3Q96 号

出版发行：石油工业出版社
（北京安定门外安华里 2 区 1 号楼　100011）
网　　址：www.petropub.com
编辑部：（010）64523736　图书营销中心：（010）64523633
经　　销：全国新华书店
印　　刷：北京中石油彩色印刷有限责任公司

2025 年 8 月第 1 版　2025 年 8 月第 1 次印刷
787×1092 毫米　开本：1/16　印张：16
字数：440 千字

定价：80.00 元
（如发现印装质量问题，我社图书营销中心负责调换）
版权所有，翻印必究

《油气储运技术论文集(第二十一卷)》编委会

名誉主编：宋　鹏

主　　编：朱坤锋

副 主 编：李　苗

编　　委（以姓氏笔画为序）：

丁清一　卜志军　王贵涛　朱　明　朱俊岩　刘　涛

刘其民　杜庆山　李　朝　李小瑜　李广群　李国辉

李德权　何绍军　余志峰　张世彬　张红霞　张效研

屈英华　钟桂香　耿晓梅　徐俊科　高剑锋　郭书太

康　焯　康惠珊　傅伟庆　詹胜文

前　言

中国石油天然气管道工程有限公司近年来承揽了中俄东线天然气管道、西气东输三线管道工程、中缅油气管道工程、中亚天然气管道工程、闽粤支干线、西气东输四线天然气管道等一大批国内外重点项目。在这些工程项目中应用了许多新技术、新材料、新工艺和新的项目管理模式，同时也积累了丰富的经验。中国石油天然气管道工程有限公司从2005年至今，先后编写了《油气储运技术论文集》第一卷至第二十卷，这些论文集的发表为员工学术研究和技术成果交流提供了平台。

本论文集共收集了公司员工撰写的论文38篇，分类编设专业栏目七个，向读者提供了油气储运及新能源工程的勘察、设计、咨询、项目管理等方面的研究成果、经验和最新信息。

本论文集在编辑出版过程中得到了中国石油天然气管道工程有限公司领导、有关部门及专家的支持与帮助，在此表示感谢。由于编者水平有限，在编辑过程中难免有不妥之处，希望广大读者及时提出宝贵意见。

编委会
2025年6月

目 录

工艺与站场

压缩空气储能系统设计浅析——地面储气装置 ………… 李广群 苏 锋 关雪涛 王 枫（ 3 ）
输氢管道规范中氢气含量的研究和确定 …………………………………………… 何绍军（ 10 ）
基于噪声识别与仿真的输气站场降噪优化研究 …………………………………… 罗文倩（ 15 ）
离心泵管口载荷分析 ……………………………………………… 李 英 严佳伟 周东霞（ 22 ）

线路与勘察

基于荷载—结构模式的盾构隧道与内部管道力学性能相互影响分析
……………………………………………………… 詹胜文 张 磊 铁明亮 杨春玲（ 29 ）
采空区天然气管道应力分析及隐患治理 …………………………………………… 李 朝（ 36 ）
油气管道作业带横断面设计系统研发 ……………………………… 叶 明 郑 鑫 杨 建（ 42 ）
无人机航空瞬变电磁探测技术及应用 ……………………………… 任海宾 高 波 范明明（ 50 ）
几种常用商业 GNSS 数据处理软件比较分析 ……………………… 方广杰 黄利军 寇明明（ 61 ）
超前预报技术在花岗岩风化槽探测中的综合应用 …………………… 贺 洋 邹宗霖 西 原（ 65 ）
微动探测在城市盾构隧道岩溶勘察中的应用 ……………………………… 程少华 陈光联（ 71 ）
关于西南地区某地下工程地应力测试研究 ………………………………… 张 帅 任海宾（ 77 ）
管道穿越工程航道礁石的排查方法选择与分析 …………………… 王卫民 周劲松 张 帅（ 89 ）
TSP 法在地下洞库超前地质预报技术应用 ………………………………… 吕宝辉 张秀静（ 96 ）

建筑、结构与总图

浅析劲性搅拌桩的工程应用 ………………………………………………… 朱俊岩 刘文涛（105）
浅谈构建油气储运零碳站场的意义与方法 ………………………………… 张红霞 朱俊岩（110）

电力、自控与通信

全设备诊断管理系统的开发及应用研究 …………………………… 卜志军 崔艳星 王希友（117）
天然气管线隧道智能巡检方案设计研究及应用 …………………………………… 高铭泽（127）

基于激光原理的气体泄漏监测设备选型设计	刘臻博(134)
浅谈中国智能电网的发展	周 睿(141)
油气管道工程10kV变电所防雷接地技术的应用	周 睿(148)
油气管道站场弱电设备防感应雷击的设计	赵 微 祁瑞和(152)

新能源技术与发展

甲醇长输管道泄漏扩散影响因素分析	张效研 林宝辉 吴凤荣(159)
采用PHAST软件对甲醇管道泄漏后果分析	张效研 林宝辉 吴凤荣(167)
海上固定平台与海底管道防腐技术差异对比分析	王秉权 杨传川(177)
海洋结构物波浪载荷短期预报研究	梁 凯 王亚琼(185)

项目管理与规划

平硐勘探施工安全管理浅析	吕宝辉 李 雷(193)
浅谈地下石油储备库建设中的HSE风险管理	吕宝辉 曲智超(196)
地下工程施工安全管理的问题及对策浅析	吕宝辉 吕 冰(203)
国内外油气管道EPC管理模式对比分析	冯贵山(208)
EPC项目设计阶段概预算协同管理研究	王 鑫 崔乔哲 孙 丹(214)
设计阶段概预算不确定性因素分析及应对方法研究	王 鑫 崔乔哲 孙 丹(217)
浅析天然气长输管道经济评价影响因素	王晨洁(220)
浅谈CGE模型在能源政策分析中的应用	陆美彤 项 蕾 杜凌霄(226)
"双碳"背景下可控核聚变能源产业发展机遇与挑战	杜凌霄 陆美彤 刘紫微(231)

人文管理

AI发展引发的个人思考	王贵涛(237)
浅议知识密集型企业执业资格激励体系设计研究	潘薇薇(240)
AI技术在新闻工作中的应用探析	陈 英(244)

工艺与站场

压缩空气储能系统设计浅析
——地面储气装置

李广群[1]　苏　锋[1]　关雪涛[2]　王　枫[1]

(1. 中国石油天然气管道工程有限公司；2. 中国石油管道局工程有限公司国际分公司)

摘　要：本文对压缩空气储能系统进行了介绍，对储气装置应用现状以及地面储气装置采用的规范标准、工艺流程、储气装置形式、支撑形式等方面进行了分析。结合某典型压缩空气储能项目地面储气装置案例进行工艺流程、典型安装方案及应力和疲劳分析，并提出降低储气装置管道摩阻的措施。本文浅析了压缩空气储能系统地面储气装置的设计要点，为地面储气装置项目的方案设计提供指导和参考。

一、引言

储能是将电能转化为其他形式的能量储存起来。储能的基本方法是先将电力转化为其他形式的能量存放在储能装置中，并在需要时释放，根据能量转化的特点可以将电能转化为动能、势能和化学能等。储能的目的主要是实现电力在供应端、输送端及用户端的稳定运行，主要应用于电网和企业的削峰填谷、平滑负荷、快速调整电网频率等领域，提高电网运行的稳定性和可靠性；能够实现电网削峰填谷、促进新能源高效消纳，解决光伏和风电等不稳定可再生能源发电并网难的问题。按照能量储存方式，储能可分为物理储能、化学储能、电磁储能三类，随着近几年新能源技术的飞速发展，储能技术也得到了广泛应用，并列入我国国民经济和社会发展第十二个五年规划纲要中。

压缩空气储能是物理储能方式的一种，具有转换率高、储能容量大、储能时间长、响应速度快、安全可靠性高、无污染等特点，可以大大提高电网的电能质量和安全稳定性，近年来受到国内外储能行业的重视，建设市场广阔。压缩空气储能系统的基本原理为：压缩储能过程中，利用压缩机将空气增压，将高压空气储存在储气装置内，并将压缩过程产生的压缩热能储存在储热罐内；膨胀发电过程中，释放高压空气并利用储存的压缩热能加热空气，高温高压空气驱动透平膨胀机做功发电(图1)。

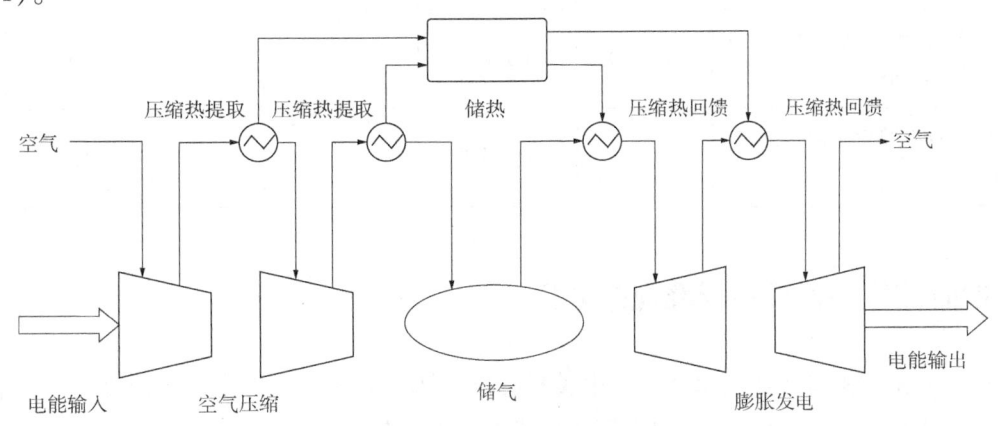

图1　压缩空气储能系统原理图

储气装置是压缩空气储能系统的重要组成部分，选择合适的储气装置关系到整个系统的效率、经济性、运行可靠性、稳定性[1,2]。

二、压缩空气储能系统储气装置应用现状分析

压缩空气储能系统储气装置一般可分为地下储气装置和地面储气装置。地下储气装置一般采用盐穴、人工洞室或废弃巷道等方式，储气容积较大，适用于较大规模的压缩空气储能项目，单方造价较低，但建设周期长，且选址受限。另外，受限于地质条件和投资因素，地下储气系统的储气单元一般数量较少，运行灵活性较差。地面储气装置一般储气容积相对较小，适用于中小规模压缩空气储能项目，可采用钢管或压力容器等方式，占地面积小，储气单元配置灵活，建设周期短，选址不受限制。目前国内已建及在建的压缩空气储能项目见表1[3]。

表1 压缩空气储能项目汇总表

序号	项目名称	规模/[MW/(MW·h)]	储气方式	设备规格/mm	材质	储气压力/MPa	容积/$10^4 m^3$
1	贵州毕节压缩空气储能示范平台	10/40	钢管	DN1200	X80	10	—
2	定西市通渭县压缩空气+锂电池组合式网侧共享储能电站创新示范项目	10/110	钢管	DN1400	X80	11.4	1.8
3	乌兰察布多源蓄热式压缩空气能量枢纽	10/40	压力容器/气瓶	DN1400	Q580R	10.5	0.45
4	张家口百兆瓦先进压缩空气储能国家示范项目	100/400	地下人工洞室+地面钢管	DN1200	X80	10	地面装置0.35
5	江苏金坛60MW盐穴压缩空气储能电站示范项目	60/300	盐穴	—	—	13	22
6	湖北应城300MW压缩空气储能示范工程	300/1500	盐穴	—	—	9	65
7	中电建肥城2×300MW盐穴压缩空气储能项目	600/3600	盐穴	—	—	22	90
8	大唐中宁能源开发有限公司100MW先进压缩空气储能项目	100/400	人工洞室	—	—	10	10
9	安徽废弃井巷压缩空气储能发电示范项目	80/390	废弃巷道	—	—	10.8	5.7

三、地面储气装置采用标准规范分析

2018年，中关村储能产业技术联盟、中关村标准化协会等团体分别发布了压缩空气储能系统储气装置相关的团体标准，详见表2，以上团体标准涉及的储气装置均采用管道形式。

2024年3月，国家市场监督管理总局及国家标准化管理委员会发布了国家标准GB/T 43687—2024《电力储能用压缩空气储能系统技术要求》，该标准第8节储气系统8.8条规定"人造承压设备采用压力容器形式时，设备应满足GB/T 150(所有部分)要求；采用管道形式时，设备应满足GB 50251要求"，明确了压缩空气储能系统地面储气装置可采用压力容器或管道形式。

表2 压缩空气储能领域储气装置相关标准规范

标准规范名称	标准号	发布部门	实施时间
压缩空气储能系统集气装置工程设计规范	T/CNESA 1201—2018	中关村储能产业技术联盟	2018年6月
压缩空气储能系统集气装置技术要求	T/ZSA 51—2018	中关村标准化协会	2019年3月
电力储能用压缩空气储能系统技术要求	GB/T 43687—2024	国家市场监督管理总局及国家标准化管理委员会	2024年10月

四、地面储气装置工艺流程

地面储气装置分为多个储气单元，每个储气单元由多根储气管道或容器组成，可灵活独立运行。压缩储能时，来自压缩机的高压空气，通过汇管进入各储气单元储存；膨胀发电时，各储气单元的高压空气通过汇管去往膨胀发电机做功发电(图2和图3)。

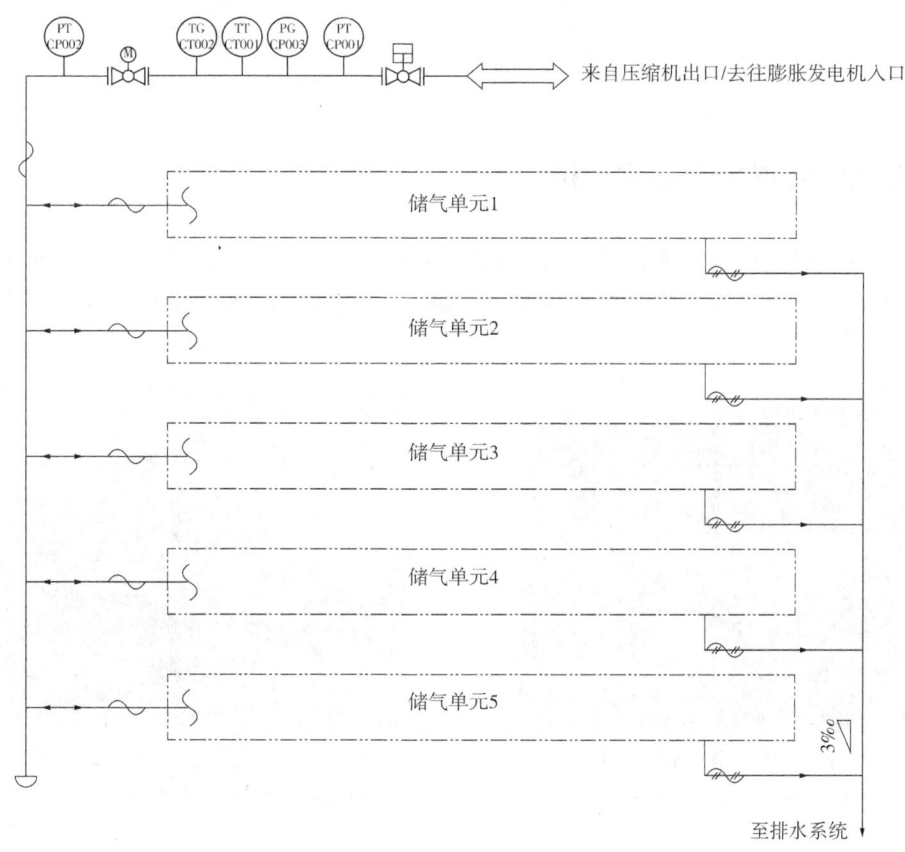

图2 地面储气装置总体工艺流程示意图

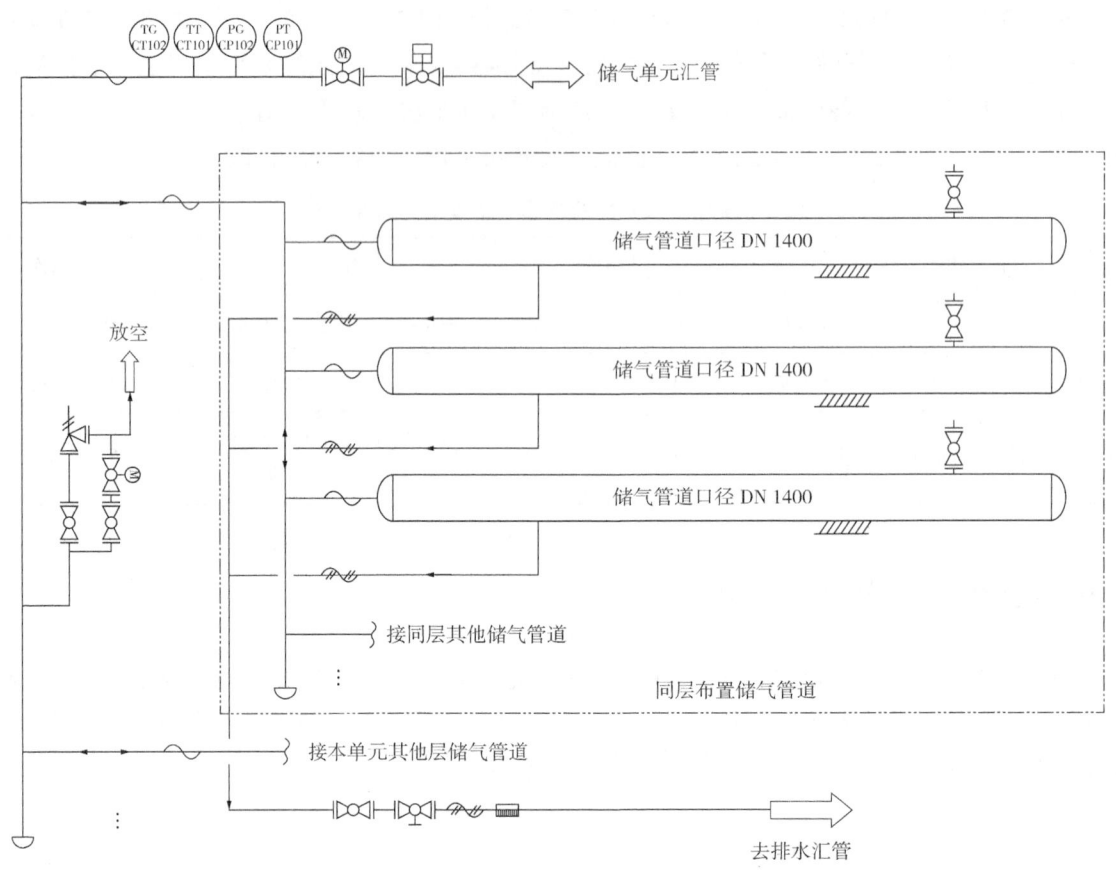

图 3　储气单元工艺流程示意图

五、地面储气装置采用形式分析

目前，压缩空气储能项目地面储气装置一般采用管道或压力容器，其中以管道形式为主。国内压缩空气储能项目地面储气装置采用形式见表 1，部分项目地面储气装置的现场照片如图 4 和图 5 所示。

图 4　贵州毕节压缩空气储能示范
平台地面储气装置（管道形式）

图 5　乌兰察布多源蓄热式压缩空气能量
枢纽项目地面储气装置（压力容器/气瓶形式）

压力容器设计遵循 GB/T 150.1～GB/T 150.4—2024《压力容器（合订本）》，常用材质为 Q370R，Q460R 等，整体强度韧性偏低，目前新纳入高钢级 Q580R 材料，工程应用相对较少。

管道设计遵循 GB 50251—2015《输气管道工程设计规范》，常用材质为 L485M，L555M 等，具备高强度和高韧性，高压大口径输气管道（10~12MPa，DN1200~1400mm，L485M~555M）在我国西气东输、中亚、中缅、中俄等国家重大管线工程中大规模应用，累计数万千米，技术成熟可靠。

以某压缩空气储能项目为例，进行压力容器和管道两种形式的地面储气装置投资对比，对比见表3。

表3 地面储气装置投资对比表

储气装置形式	管道	压力容器
设计标准	GB 50251—2015	GB/T 150.1~GB/T 150.4—2024
设计压力/MPa	10.5	10.5
直径/mm	1422	1500
材质	X555M	Q580R
名义厚度/mm	27	32
钢材用量/t	14446	15730

根据表3结果可知，由于壁厚计算公式差异，同等条件下，压力容器所用钢材数量大于管道形式，装置整体投资较高。

六、地面储气装置支撑方式

为节省用地，地面储气装置一般采用多层布置方式，其支撑方式可采用钢筋混凝土结构或钢结构形式（图6）。两种方式的优缺点对比见表4。

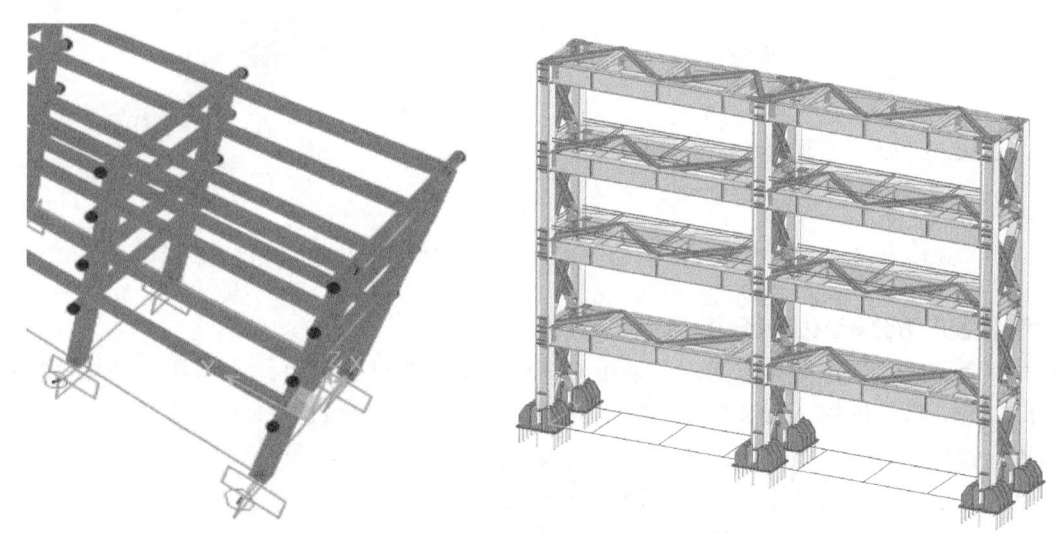

图6 地面储气装置钢筋混凝土（左）及钢结构（右）支撑示意图

表4 地面储气装置支撑方式对比表

支撑方式	钢筋混凝土结构	钢结构
优点	（1）耐火防腐性能好。 （2）建设及维护成本低	（1）工厂预制，现场组装，多个储气单元可交替施工，整体施工周期短。 （2）构件质量可控。 （3）施工受季节气温影响小。 （4）剩余残值高，可回收利用
缺点	（1）现场浇筑，施工周期长。 （2）施工质量不易控制。 （3）施工受季节气温影响较大	（1）需进行防火、防腐处理。 （2）建设及维护成本高

项目建设过程中应充分结合项目建设要求，进行技术经济综合比选，采用最优的支撑方式。

七、某典型压缩空气储能项目地面储气装置案例

1. 储气装置工艺流程

根据项目需要可设置多个储气单元，各储气单元并联设置，每个储气单元均设置可远程控制的截断阀门，可实现各储气单元独立运行，储气装置启停运行灵活。采用储气管道并联设置方案，可有效降低管道沿程摩阻，减小储气装置压损，提高储能系统效率。

压缩储能过程中，电站来的高压空气通过总管进入各储气单元储存；膨胀发电过程中，各储气单元的高压空气通过总管进入电站膨胀发电（图7）。

2. 储气装置典型安装

地面储气管道采用多层布置的方式，减少占地面积。管道采用自然补偿，减小管系受力（图8）。

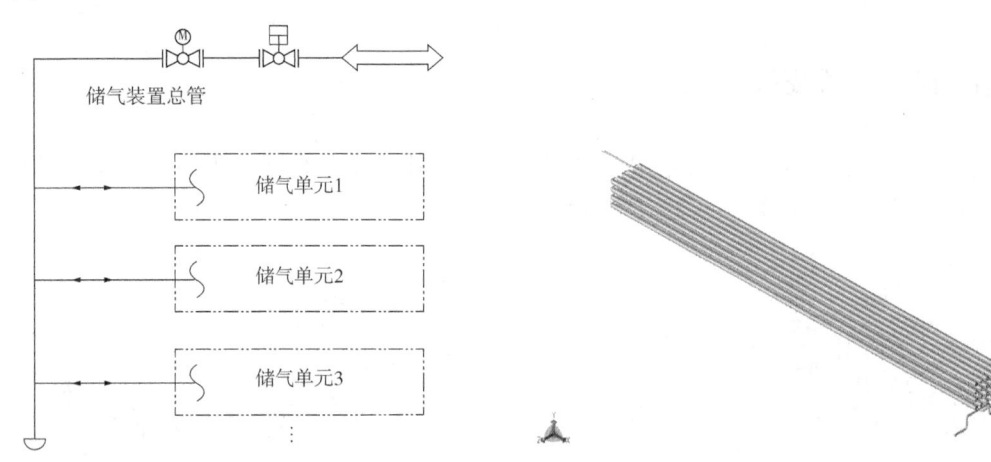

图 7　地面储气装置工艺流程示意图　　图 8　储气单元典型安装模型

3. 储气装置应力分析及疲劳分析

在工作寿命期间，工作压力范围内，采用CAESARII软件对储气单元水试压、持续、膨胀及疲劳工况进行应力分析，依据ASME B31.3规范进行校核，分析结论如下：

（1）储气管道在各工况组合下的应力值均满足规范要求。

（2）储气管道的最大位移没有对相邻设备及管线造成影响。

（3）储气管道一阶固有频率大于2.55Hz，管系不易发生振动。

基于大型有限元计算软件ANSYS，特别针对储气装置应力集中处，进行疲劳分析，利用设计疲劳曲线，评价结构承受疲劳载荷的能力。评价结果为工作寿命期间储气装置未发生疲劳失效（图9）。

4. 降低储气装置管道摩阻的措施

（1）管道设置内防腐层，在减缓管道腐蚀的同时可以有效降低流动阻力。

（2）选用大口径管道，降低管道内气体流速，由于流动阻力与流速成线性关系，因此大大降低了储气装置的流动阻力。

（3）采用储气管道并联安装方案，缩短了气体流动距离，有效降低管道沿程摩阻。相比串联方案，阻力减少约10kPa。

（4）在保证管道安全运行考虑自然补偿的前提下，尽量减少管道异形件的安装，降低管道摩阻。

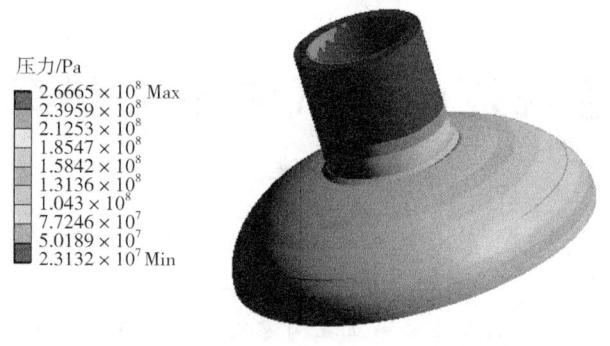

图 9　基于 ANSYS 的封头开口处应力分析模型

八、结论

（1）相比地下储气装置，地面储气装置储气容积相对较小，选址不受限制，建设周期短，适用于中小规模压缩空气储能项目。

（2）地面储气装置可采用管道或压力容器形式，同等条件下管道形式具有较好的经济性。

（3）地面储气管道并联设置，可有效降低管道沿程摩阻，减小储气装置压损。

（4）通过对典型案例地面储气装置进行应力分析及疲劳分析，地面储气装置在工作寿命期间未发生疲劳失效。

（5）地面储气装置支撑形式应充分结合项目建设要求进行技术经济综合比选后确定。

参 考 文 献

[1] 罗宁，何青，刘文毅．压缩空气储能系统储气装置研究现状与分析[J]．储能科学与技术，2018，7(3)：489-494．

[2] 郭丁彰，尹钊，周学志，等．压缩空气储能系统储气装置研究现状与发展趋势[J]．储能科学与技术，2021，10(5)：1486-1493．

[3] 张国华，王薪锦，相月，等．压缩空气硬岩储库关键问题研究进展：气密性能、热力过程与稳定性[J]．岩石力学与工程学报，2024，43(11)：2601-2626．

输氢管道规范中氢气含量的研究和确定

何绍军

(中国石油天然气管道工程有限公司)

摘 要：国内氢气长输管道标准体系正在构建之中，目前已经发布《输氢管道工程设计规范》行业设计规范，该标准为国内首个长距离输氢管道设计规范，解决了长距离输氢管道设计无标准可依的问题填补了国内长距离输氢管道设计空白，将对输氢管道行业建设起到很大的指导和推动作用。本文将通过对国际和国内输氢管道标准研究情况进行介绍等，结合我国管道建设的基本情况，介绍《输氢管道工程设计规范》编制过程中输氢管道氢气含量的研究和确定过程，便于使用者理解输规范，并对顺开展和应用规范起到积极的推动作用。

一、引言

2024年12月28日，根据国家能源局公告(2024年第4号)，管道设计院牵头主编的《输氢管道工程设计规范》行业标准正式发布，《输氢管道工程设计规范》主要包括总则、术语、输氢工艺、材料、线路、管道和管道附件的结构设计、输氢站、辅助工程、焊接与检测、清管试压与干燥置换等内容。该标准为国内首个长距离输氢管道设计规范，解决了长距离输氢管道设计无标准可依的问题。该规范对输氢工艺、线路、材料、管道附件、公用工程等方面深入研究，填补了行业空白。该标准的发布，对提升管道设计院氢气储运环节关键技术水平，推动集团公司氢能业务发展，实现国家"双碳"政策具有积极意义。

本文将通过对国际和国内输氢管道标准研究情况进行介绍等，结合我国管道建设的基本情况，介绍《输氢管道工程设计规范》编制过程中如何考虑氢含氢气含量适用范围。

二、输氢管道分类

长输输氢管道主要的定位是根据我国能源分布和各地区经济发展情况，在适合的绿点发达地区建设制氢设施，将氢气通过管道输送道经济发达地区，用于解决经济发达地区的能源短缺问题，同时实现石化能源向绿色能源逐步转换，满足国家总体能源利用平衡体系。

输氢管道一般分3类：

(1) 工业管道：指各类工艺装置、氢气站、加氢站及其他装置中输送氢气的管道；其特点是管道压力高、直径小；主要标准有：GB 50177—2005《氢气站设计标准》、GB 4962—2008《氢气使用安全技术规程》、GB 50516—2010《加氢站技术规范(2021年版)》，GB/T 20801.5—2020《压力管道规范 工业管道 第5部分：检验与试验》。

(2) 长输管道：指陆上在制氢产地、储气库和工业用户站场间用于输送纯氢和掺氢的管道，包括线路管道和站场管道，用于大规模、长距离输送。主要标准有：行业标准 SY/T 7820—2024《输氢管道工程设计规范》，国家标准 GB/T 20801.5—2020《压力管道规范 工业管道 第5部分：检验与试验》，国际标准 ASME B31.12/CGA G 5.6 等。

注：长输管道延伸进入制氢工厂、氢气站、供氢站、城市燃气门站、储气库、燃气电厂等工厂

界区范围的部分，可按长输管道或工业管道的要求执行。

（3）公用（燃气）管道：城镇用户等配气管道小规模、短距离输送氢气，输氢对象为小规模用户（如民用氢能园区内连接供氢站和用户间的管道）；特点为管道压力较低、直径较小。

主要标准有：国内的团体标准、国家标准 GB/T 20801.5《压力管道规范 工业管道 第5部分：检验与试验》。

三、输氢管道国际标准适应范围情况

1. 国际上通用天然气允许含氢气比例的考虑

美国、欧洲的输氢管道标准规定，进入管道的天然气含量一般为不大于摩尔百分比为 2.5%，而国内然气含量一般为不大于摩尔百分比为 3%。

2. 国外长距离输氢管道设计标准对氢气的含量研究

（1）美国作为发源地，形成的 ASME B31.12 目前是全球标准的基础；其他国家和地区的输氢管道标准基本以美国为基础，编制专门的标准或在现有管道标准中增加补充文件。

（2）ASME B 31.12 2023 版增加了排除条款："根据 ASME B31.8 设计的含氢气体混合物管道系统，经工程分析或成功经验证明，不会对管道系统的完整性产生不利影响"。

（3）欧洲和亚洲其他国家的主要输氢管道标准主要是基于 ASME B 31.12—2014 以前的版本要求而制定，适用于掺氢大于或等于 10%（体积分数）的要求。

（4）德国的输氢管道适用于氢气体积含量不低于 98% 的要求。

（5）欧洲和北美洲 CGA G 5.6 和 5.7 一般以 10% 含氢量和一氧化碳 200ppm 为界限来区分氢气、一氧化碳和合成气（表1）。

表1 输氢管道国际标准适应范围

序号	规范号	规范名称	编制单位或国家	适用性
1	ASME B 31.12 2023 版	Hydrogen Piping and Pipilines	ASME 美国机械工程师协会	已经删除了 ASME B 31.12—2019 版中关于"掺氢大于或等于10%（体积分数）"的要求
2	CGA G-5.6	Hydrogen Pipeline Systems	北美压缩气体协会（CGA）	基于 ASME B 31.12—2014 以前的版本要求而制定，适用于掺氢大于或等于 10%（体积分数）的要求
3	IGC Doc 121/14/E	Hydrogen Transportation Pipelines	欧洲工业气体协会（EIGA）	
4	AIGA 033/14	Hydrogen Pipeline Systems	IHC（由亚洲工业气体协会（AIGA）、压缩气体协会（CGA）欧洲工业气体协会（EIGA）和日本工业和医疗气体协会（JIMGA）组成	
5	DVGW G 409: 2020-09	Conversion of High Pressure Gas Steel Pipelines for a Design Pressure of more than 16 bar for Transportation of Hydrogen	德国天然气和水工程师的技术和科学协会	(1) 应用于现有天然气管道进行评估和转换指导。(2) 适用于设计压力大于 1.6MPa、带有焊接接头的天然气管道改造为用于输送 DVGWG260 规定的第 2 类气体（第 2 类气体家族包含丰富甲烷的气体）。改造后的管道输送介质中氢气体积含量不低于 98%

续表

序号	规范号	规范名称	编制单位或国家	适用性
6	DVGW G 464：2023-03	Fracture-Mechanics Assessment Concept for Steel Pipelines with a Design Pressure of more than 16 bar for the Transport of Hydrogen	德国天然气和水工程师的技术和科学协会	(1) 本指南适用于钢制气体管道的断裂力学评估，该管道为现有管道或新建管道。 (2) 适用于管道设计压力超过 16bar，用于输送或配送 DVGW G260 应用规范中规定的第 5 类气体（氢气，第 5 类气体家族包括两种不同纯度的氢气。第一组由纯度>98%的氢气组成；第二组由纯度≥99.97%的氢气组成）

另外经过调研发现国外以下研究资料：

(1) 德国 ILF 咨询公司研究数据：2021 年 6 月 24 日，ILF 咨询工程公司（ILF Consulting Engineering）技术人员在题为"欧洲天然气管道项目氢气输送研究"的研讨会上取得成果，主要针对氢气混合 2%、5%、10%进行研究。

① 对天然气定义、政府审批和整体天然气分配的影响：

a. 对天然气性质的影响：现行法规对天然气的高热值、沃比指数和相对密度有明确要求，加入上述氢气比例会使该指数略有降低。

b. 对审批文件的影响：基本无影响。

c. 对整个管网的影响。

d. 输配网：当天然气中氢气的渗透率小于 10%时，不会对输配网造成严重影响。

e. 下游 CNG 汽车和燃气轮机发电用户：CNG 汽车注入的天然气含氢量受到严格管制（通常不超过 2%）；燃气轮机的影响取决于用户选择的型号，并应根据具体设备进行分析。

f. 对于连接的地下储气库（UGS）：UGS 的工作压力通常高于管道的工作压力，由于氢气混合的高分压，这增加了氢脆的风险。

② 含氢量小于 3%~10%的天然气管道危险性并不比天然气管道大。

ILF 准备的运输运营白皮书：欧洲、中东和北非绿色分子氢联盟（MENA）表明：输送掺氢 5%~10%的欧洲天然气管道已经建成，没有太多的技术改造。

(2) 欧洲意大利 SNAM 公司经过多次调查，关于氢气混合和氢气输运的主要结论是欧洲已建成的天然气管道：

① 99%的天然气管道具备输送 100%氢气的条件。

② 70%的天然气管道不需要减少 MOP 操作，只需要做一些适应性改造。

③ 30%的天然气管道需要减少 MOP 操作，并需要进行一些适应性修改。

④ 氢含量低于 10%的新天然气管道设计需要遵守 SNAM 内部规定（GASD）。

(3) DNV 研究数据：

① X52 以下碳钢可直接用于氢气 2%~10%天然气管道。

② X56-X70 钢牌号可直接用于含氢量小于 2%的天然气管道，但输送含氢量大于 5%的天然气管道需考虑应力强度系数小于 11.3。

英国对 IGEM/TD/13 的补充说明

(4) 英国 IGEM/TD/13（2022 年 1 月 1 日），设计指向 IGEM 的标准 TD1 和 TD3，用于输送天然气的管道和站配气。

本补充说明（2021.9.1）指出，IGEM/TD/13 适用于氢气含量为 10%或更少的天然气的输送。

(5) BP 研究数据：天然气中氢气的掺混率可达 10%（体积分数），该管道系统可用于工业和家庭使用，无需对供热和发电进行改造。

综上所述，国外输氢管道基本上按照纯氢设计要求考虑，掺氢气大于或等于10%（体积分数）等同于纯氢管道设计要求。除了英国有部分说明，意大利有SNAM公司有企业标准外，基本没有统一的标准说明如何考虑掺氢气小于10%（体积分数）的管道设计。

四、国内长距离输氢管道设计标准对氢气含量范围

我国目前天然气气质要求与国外情况不同，按照GB/T 37124—2018《进入天然气长输管道的气体质量要求》进入管道的天然气含氢量低于3%，且包含1000.0PPM的一氧化碳；纯氢允许含0.1、1.0和5.0ppm的一氧化碳，没有区分氢气、一氧化碳和合成气，输氢管道的设计中，氢气含量范围需要考虑天然气含氢气影响，填补含氢气摩尔百分数3%~10%之间的设计范围，不能留有空白，参考国际标准和我国的基本国情最终选择如下处理方法：

当氢气含量不小于10%时，管道强度设计系数宜按表2选取。如对钢管进行氢环境相容性试验，且满足SY/T 7820—2024《输氢管道工程设计规范》4.2.1条第14款要求时，管道强度设计系数可按表3选取。

当氢气含量小于10%时，管道强度设计系数宜按表3选取。当钢管强度级别为L360以上钢级时，应进行氢环境相容性试验验证。

表2 管道强度设计系数—选项A

管段或管道	地区等级			
	一	二	三	四
	强度设计系数			
一般线路段	0.5	0.5	0.5	0.4
Ⅲ、Ⅳ级公路有套管或涵洞穿越	0.5	0.5	0.5	0.4
Ⅲ、Ⅳ级公路无套管穿越	0.5	0.5	0.5	0.4
Ⅰ、Ⅱ级公路、高速公路、铁路穿越	0.5	0.5	0.5	0.4
山岭隧道穿越	0.5	0.5	0.5	0.4
水域小型穿越	0.5	0.5	0.5	0.4
水域大、中型穿越	0.5	0.5	0.4	0.4
输氢站、阀室内管段	0.5	0.5	0.5	0.4

表3 管道强度设计系数—选项B

区 段	地区等级			
	一级	二级	三级	四级
	强度设计系数			
一般线路段	0.72	0.6	0.5	0.4
Ⅲ、Ⅳ级公路有套管或涵洞穿越	0.72	0.6	0.5	0.4
Ⅲ、Ⅳ级公路无套管穿越	0.6	0.5	0.5	0.4
Ⅰ、Ⅱ级公路、高速公路、铁路穿越	0.6	0.6	0.5	0.4
山岭隧道穿越	0.6	0.5	0.5	0.4
水域小型穿越	0.72	0.6	0.5	0.4
水域大、中型穿越	0.6	0.4	0.4	0.4
输氢站、阀室内管段	0.5	0.5	0.5	0.4

综合所述，本次输氢管道工程设计规范确定为输送氢气管道和氢气摩尔分数含量大于3%的输气管道(输送天然气、煤层气和煤制天然气的管道)，涵盖了不同含氢的输气管道的设计范围和要求，与GB/T 50251—2015《输气管道工程设计规范》无缝衔接，完全满足了国内输氢管道的设计要求。

参 考 文 献

[1] 输氢管道工程设计规范：SY/T 7820—2024[S].
[2] 进入天然气长输管道的气体质量要求：GBT 37124—2018[S].
[3] 输气管道工程设计规范：GB/T 50251-2015[S].
[4] Hydrogen Piping and Pipelines：ASME B31.12—2023[S].
[5] HYDROGEN PIPELINE SYSTEMS：CGA G-5.6—2005(R2013)[S].
[6] Hydrogen Pipeline Systems：AIGA 033/14[S].
[7] Conversion of High Pressure Gas Steel Pipelines for a Design Pressure of more than 16 bar for Transportation of Hydrogen：DVGW G 409：2020-09[S].
[8] Fracture-Mechanics Assessment Concept for Steel Pipelines with a Design Pressure of more than 16 bar for the Transport of Hydrogen：DVGW G 464：2023-03[S].

基于噪声识别与仿真的输气站场降噪优化研究

罗文倩

(中国石油天然气管道工程有限公司市政工程室)

摘　要：随着天然气输气工程的快速发展及环保要求的逐渐提高，分输站运行期间的噪声污染问题已成为影响周边居民生活和环境保护的重要挑战。本文基于GB 12348—2008《工业企业厂界环境噪声排放标准》及GB 3096—2008《声环境质量标准》要求，针对某分输站厂界噪声超标问题，系统分析了噪声源特性、传播路径及频谱分布规律。研究表明，机械振动噪声、空气动力性噪声是主要噪声源，其中调节阀与汇气管区域噪声贡献值显著。通过引入频谱分析与声源建模技术，结合SoundPlan软件模拟，提出了以声源控制、传播路径优化、接收终端防护为主体的综合防治措施，实现厂界噪声值及周围声敏感点噪声值降低至标准限值内。研究成果为输气工程分输站的噪声治理提供了理论依据与工程实践参考，对同类站场的环保设计优化具有指导意义。

一、引言

输气工程分输站作为天然气输送网络的关键节点，承担着压力调节、流量分配等重要功能。然而，其运行过程中产生的机械噪声、气流噪声等，易对周边居民区造成环境污染。通常情况下，输气站场厂界噪声值应满足GB 12348—2008《工业企业厂界环境噪声排放标准》中2类要求，昼间噪声限值为60 dB(A)，夜间为50 dB(A)。有些输气站场临近居民区，在满足厂界噪声限值的前提下，附近居民区噪声值也需要达到GB 3096—2008《声环境质量标准》1类功能区要求，昼间噪声限值为55 dB(A)，夜间为45 dB(A)。某分输站运行期间，厂界噪声检测结果显示多点位超标，尤其是汇气管区域噪声值显著偏高。本文结合现场实测数据与理论分析，探讨噪声源特征及防治措施，以期为类似工程提供借鉴。

二、噪声源特性及工况分析

输气工程分输站与压气站不同，分输站无压缩机、空气压缩系统等较大噪声源(90dB以上)，也无变压器、空冷器等较大型的露天设备声源。因此在输气管道工程中，分输站通常不作为重点噪声防治关注对象。但随着输气管道的建设日益成熟，输气管网日益稠密，分输站的选址时与周围居民区的距离仅考虑到安全间距，在噪声控制方面考虑不足，如工艺设备噪声控制效果不理想，则会有影响居民区声环境质量的情况。本文以某分输站为例，对噪声情况进行分析。

1. 站场概况及设备布局

分输站内主要工艺设备为过滤设备、调压设备、清管设备、汇气管等；站内主要建筑单体为综合值班室及门卫，站场围墙采用2.5m高实体围墙。分输站北墙与居民区之间为田地和公路，无遮挡物，距离最近居民住宅约55m。放空立管位于站外，距离居民区较远。站内各工艺设备及建筑单体分布参考图1。

根据该工程环境影响评价报告书，站场厂界噪声值应满足GB 12348—2008《工业企业厂界环境噪声排放标准》中2类要求，昼间噪声限值为60dB(A)，夜间为50dB(A)。附近居民区为声环境敏感点，按GB 3096—2008《声环境质量标准》1类声环境功能区划分，噪音昼间应不超过55dB(A)，夜间应不超过45dB(A)。

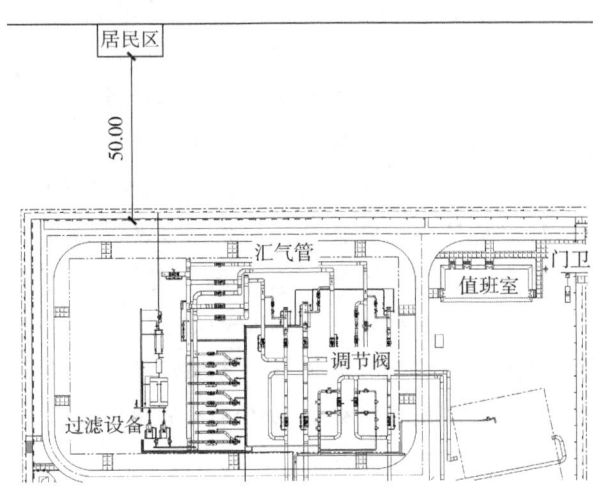

图1 某分输站总平面布局

2. 主要噪声源识别与分析

根据既有类似工程运行情况，分输站内噪声源为过滤设备、调压设备、清管设备、汇气管等工艺设备噪声、放空立管放空噪声以及建筑单体附近人员工作噪声(表1)。

(1) 清管设备——以机械噪声为主导：清管设备用于清理管道内的杂质，通常通过发送清管器进行。清管器在管道内运动时，可能与管壁摩擦或碰撞，产生机械噪声。同时，清管过程中气体的流动可能因清管器的移动而发生变化，导致气流扰动，产生空气动力噪声。但清管器本身的机械运动(如摩擦、撞击)产生的机械噪声贡献更大，尤其是在清管器通过管道弯头或阀门时，因此清管设备主要噪声为高频的机械噪声[1]。

(2) 调压设备/阀门——以空气动力噪声为主导：调压设备(如调压阀)用于调节气体压力。当高压气体通过调压阀时，由于节流作用，流速突然增加，导致压力骤降，可能产生强烈的湍流和涡流[2]，从而引发空气动力噪声。此外，如果调压阀内部的机械部件(如阀芯、阀座)因高速气流冲击而振动，也可能产生机械噪声。不过，调压设备的主要噪声来源通常是气体流动过程中的动力效应，因此一般情况下，空气动力噪声可能是主要的。

(3) 过滤设备——以空气动力噪声为主导：输气工程中的过滤器主要用于去除气体中的杂质。当气体流经过滤器时，可能会因为流体的阻力、湍流或者滤材的振动产生噪声[2]。如果过滤器内部结构导致气体流动受阻，形成湍流或涡流，这种情况下产生的噪声可能属于空气动力噪声。但如果噪声是由于过滤器内部部件(如滤网)的振动或机械结构松动引起的，则属于机械噪声。一般情况下，过滤设备的噪声以空气动力噪声为主。

(4) 汇气管——以空气动力噪声为主导：汇气管用于将多个管道的气流汇总到一个管道中。气体在汇合时可能因流速变化、流向改变而产生湍流、涡流，导致空气动力噪声。此外，如果汇气管的结构设计不佳，可能引起振动，进而产生机械噪声。但主要噪声来源还是气流的混合和流动变化，因此以空气动力噪声为主，声能量主要集中于50~1050Hz的频率范围[3]。

表1 分输站主要工艺设备、建筑单体噪声理论值

设备/单体名称	声压级/距声源距离理论值/[dB(A)/m]	噪声特性	备注
清管设备	65/1	机械振动噪声	表格中所标注的数值均为正常压力、流量下，设备的常规声压级，均为稳态噪声
过滤设备	65/1	空气动力性噪声	
调压设备	65/1	空气动力性噪声	
汇气管	65/1	空气动力性噪声	
阀门	85/1	空气动力性噪声	
放空立管	100/1	空气动力性噪声/机械振动噪声	偶发噪声，正常工况下不会产生
综合值班室	≤50/1	人员活动噪声	非明显的噪声源，对厂内及厂界的声环境均无明显的影响
门卫	≤50/1	人员活动噪声	

综上，部分设备可能同时存在两种噪声，例如调压阀在极端工况下可能因振动加剧机械噪声。气体流速、压力、设备设计（如消声结构）及维护状态（如部件磨损）会影响噪声类型占比。分输站其他噪声源，如放空立管的瞬时噪声为偶发噪声，可不作为主要噪声源；生活区综合值班室人员活动声对厂界噪声贡献较小，也不作为主要噪声源。

以上述噪声值为基准，带入总平面布置，利用Soundplan噪声模拟分析软件对输气站场进行噪声模拟分析，理论情况下，分输站不会产生厂界噪声超标和声敏感点噪声超标的情况（图2）。

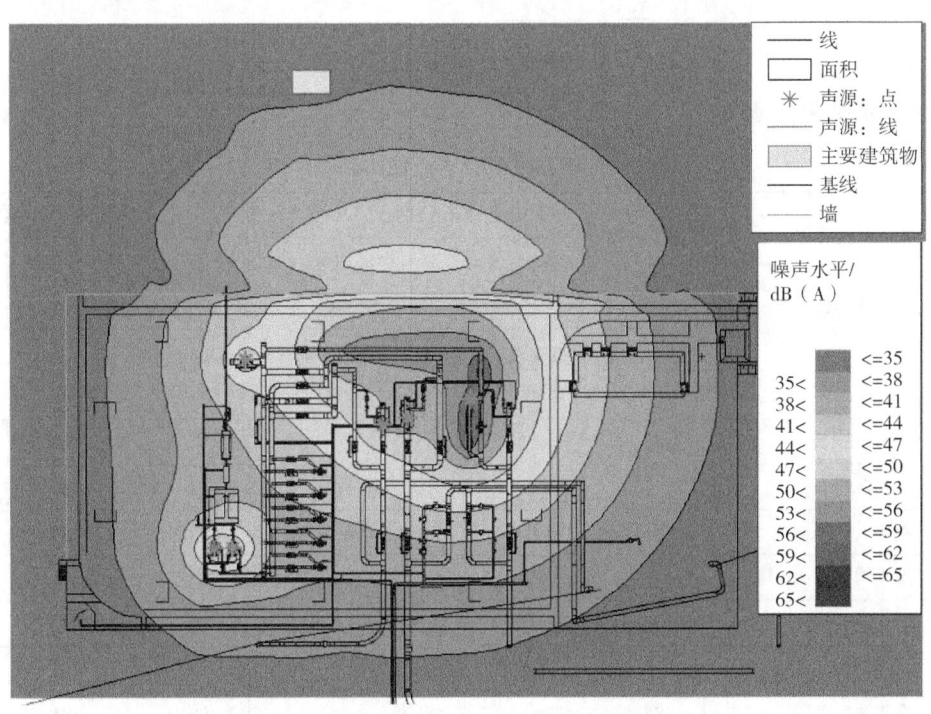

图2 理想情况下分输站噪声情况模拟结果

3. 某分输站噪声现场实测及分析

某分输站设计压力10MPa，管径1016mm，设计日输气能力为9000×10⁴m³/d（标准状况）。站内管道布置情况为：进气为DN1000mm，支管DN600mm与调节阀连接。调节阀前后5m处设有弯头和

17

球阀，再经变径后汇入 DN1000mm 汇气管，延伸架空升至距地面约 6m 高，架空部分管道长度约 34m。架空管线距场界北围墙约 10m，站场围墙高度约 2.5m。

该分输站实际运行时反馈厂界噪声约 60~70dB(A)，已超过 GB 12348—2008《工业企业厂界环境噪声排放标准》中 2 类限值；居民区噪声值约 55~65dB(A)，已超过 GB 3096—2008《声环境质量标准》1 类标准限值。实测数据与理论模型产生偏差较大。根据现场实测数据，汇气管及调节阀对厂界噪声贡献最大，过滤设备、清管设备基本在理论值范畴附近，对厂界噪声值贡献较小。

针对汇气管及调节阀，分别选取调节阀输气中的 10%、30% 两个开度，选取关键点位，使用噪声仪对进行噪声数据采集(图 3)。

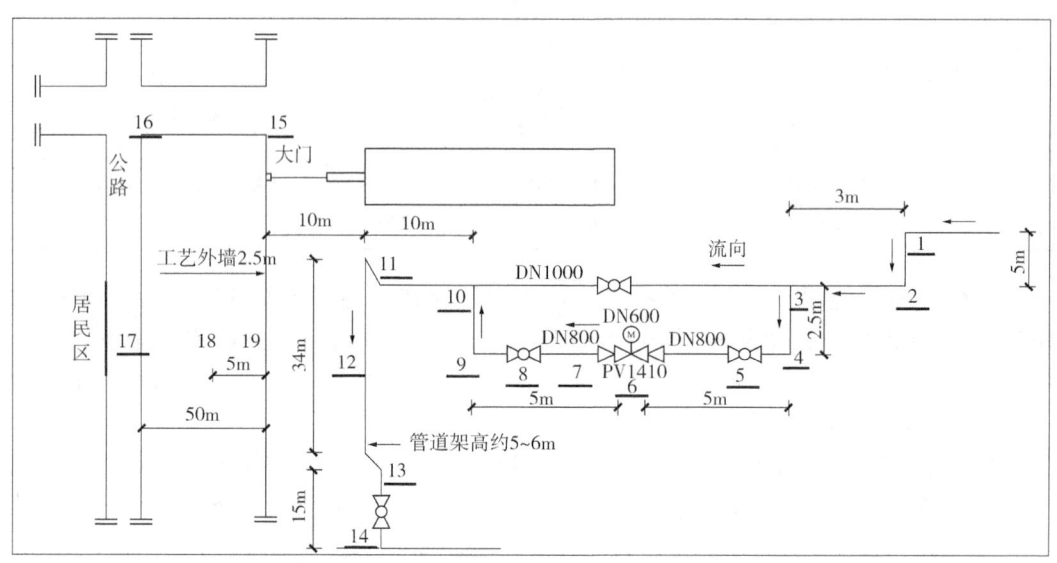

图 3 测试点分布

噪声数据采集结果见表 2。

表 2 分输站主要噪声点位实测噪声值

测量点位	位置名称	开度 10%/dB(A) 对比			开度 30%/dB(A) 对比		
		实测值	设备要求限值	环境要求限值	实测值	设备要求限值	环境要求限值
① DEC 调节阀要求，距离阀门 1m 处的噪声不得超过 85dB。							
② GB 3096—2008 中 1 类功能区—环噪限值，夜间 45dB，昼间 55dB							
1	入口三通	78.6	<85	—	94.5	<85	—
2	入口弯头	76	<85	—	91.1	<85	—
3	旁通入口三通	81.9	<85	—	97.4	<85	—
4	调节阀前弯头	78.9	<85	—	93.3	<85	—
5	调节阀前球阀	77.6	<85	—	92.1	<85	—
6	调节阀	79.7	<85	—	92	<85	—
7	调节阀后管段	85.5	<85	—	96.9	<85	—
8	调节阀后球阀	82.2	<85	—	92.1	<85	—
9	调节阀后弯头	83	<85	—	92.9	<85	—
10	旁通出口三通居民区对面	88.3	<85	—	97.9	<85	—

续表

测量点位	位置名称	开度10%/dB(A)对比			开度30%/dB(A)对比		
		实测值	设备要求限值	环境要求限值	实测值	设备要求限值	环境要求限值
		① DEC 调节阀要求,距离阀门1m处的噪声不得超过85dB。 ② GB 3096—2008 中1类功能区—环噪限值,夜间45dB,昼间55dB					
11	架空管线入口居民区对面	80	<85	—	88.5	<85	—
12	架空管线下方居民区对面	76.1	<85	—	85.1	<85	—
13	架空管线出口居民区对面	79.9	<85	—	88.5	<85	—
14	汇管三通居民区对面	82.2	<85	—	88.7	<85	—
15	场界大门外	44.9	—	<50<60	55.5	—	<50<60
16	场界外公路旁	44.7	—	<50<60	48.6	—	<50<60
17	场界外公路旁居民区	57.9	—	<45 <55	66.2	—	<45 <55
18	场界外与居民区中间空地	62.5	—	<50<60	72.2	—	<50<60
19	场界围墙外墙根处	52.1	—	<50<60	58.5	—	<50<60

对场区设备布置进行分析导致厂界噪声及声敏感点噪声超标主要为以下几方面因素:

(1) 调节阀。

来气主管路口径为DN1000mm,支管变径至DN600mm与调节阀法兰连接。压降和噪声功率的正相关,调节阀开度较小时,高压气体通过调压阀管路导致流速增加产生的湍流和涡流,从而引发较大的空气动力噪声。

调节阀10%开度时(开度极小,流速低),场站内测量点位6~9噪声参数小于85dB符合DEC规范调节阀距离阀门1m处的噪声不得超过85dB的要求,但站内测量点位10~14为多弯头不利于降流速的架空管线布置,致使噪声叠加至最高88dB。

调节阀30%开度时(开度较小,但流速已开始提高)场站内测量点位6~9噪声参数超过85dB,不符合DEC规范调节阀距离阀门1m处的噪声不得超过85dB的要求。调节阀设计需满足远期输送量,对于近期小流量工况,调节阀开度处于60%以下,并叠加调节阀后多弯头管件的不利降流速因素,因此场站内测量点位10~14噪声最高达97dB。

(2) 汇气管。

调节阀经扩径后汇入DN1000主管路,延伸架空升至距地面约6m长度约34m。因前段高速气体汇合产生较大扰动,引发较大的空气动力噪声。汇气管设计标高约6m,高于厂界实体围墙3.5m。架空管线距场界北围墙距离仅10m,且汇气管与对面村庄关键测量点位17的居民区无遮挡噪声屏障(如树林或高墙)。根据声传播原理,汇气管噪声将直接作用于声环境敏感点,实体围墙对于高处汇气管噪声控制几乎无效,噪声传递至居民区附近超过55dB(A)。

三、噪声控制方案设计与仿真验证

噪声控制应考虑声学系统中三个基本环节,即声源、传播途径、接受者。

1. 源头控制

降低声源噪声是控制噪声最有效和最直接的措施。结合站场工况,通过选择低噪声设备,如有限采用阻流构件少且具有较强流通能力的设备,以降低噪声源的强度。或者改进工艺流程,对于调节压差大、流量波动大、瞬时流量大等情况,可采用多段式调压,将压力突变转换成多段式压力渐变[2]，即可显著降低噪声约15dB(A)。对于调压阀下游汇气管，管内流速较高，可采用增大管径等方法，减小气体紊流，从而减小管壁冲击噪声。

对于本项目已经运行投产，调整设备和管路布置会对于在运行的站场造成较大影响，因此源头控制更适用于设计时对噪声的统筹考虑。

2. 传播途径控制

当无法降低声源的噪声时，可以在噪声的传播途径上采取适当的措施。如优化场区布局，高噪声设备远离声环境敏感点及站场内办公区域；利用低噪声建筑分隔、补充绿化等手段将高噪声源与声环境敏感点分隔开，利用噪声在传播中自然衰减作用缩小污染面。这同样需要再设计时就对噪声防治统筹考虑。

如果依靠上述办法仍不能有效控制噪声，就需要在噪声传播途径上直接采取声学措施，包括吸声、隔声、隔振、消声等一些常用的噪声控制技术。例如针对高噪声设备设置隔声屏障、隔声罩等隔声措施；设置阻尼消声器，阻止声音传播而允许气流通过，从而降低空气动力性噪声；将高噪声设备放置在房间内，房间墙体设置吸声材料，吸收声能，减小噪声反射，从而降低噪声值。

对于本文内提及的典型案例，可采用以下隔声措施：

（1）方案1：对调节阀及之后管线包覆隔音棉，预计降低噪声25~30dB，残余噪声传递到居民区的检测点将至45~50dB以下，解决管线工艺布置和场站选址与居民区距离较近的噪声扰民问题。

（2）方案2：在场站内北围墙上增设不小于3.5m高隔音屏障，屏障高度超过架空管线的高度，当噪声撞击屏障后被吸附和减弱且不向居民区方向扩散。残余噪声传递到居民区检测点位将至45~50dB以下，解决管线工艺布置和场站选址与居民区距离较近的噪声扰民问题。

方案2虽然理论降噪量大，但会破坏站内景观，且围墙上方增设隔声屏障需对围墙基础进行加固，工程量较大。因此，推荐采用方案1对分输站进行降噪优化，并通过soundplan噪声模拟控制软件对方案1进行仿真验证(图4)。选取噪声较大的工况(30%开度)，以实测值作为噪声源基础数据，采用"包裹5cm隔音棉+阻尼层+5cm隔音棉错缝搭接"方法，设置计算面高度为1.5m，对管道进行降噪控制模拟。根据图4模拟结果，厂界及居民区(声环境敏感点)均可达到相应标准。

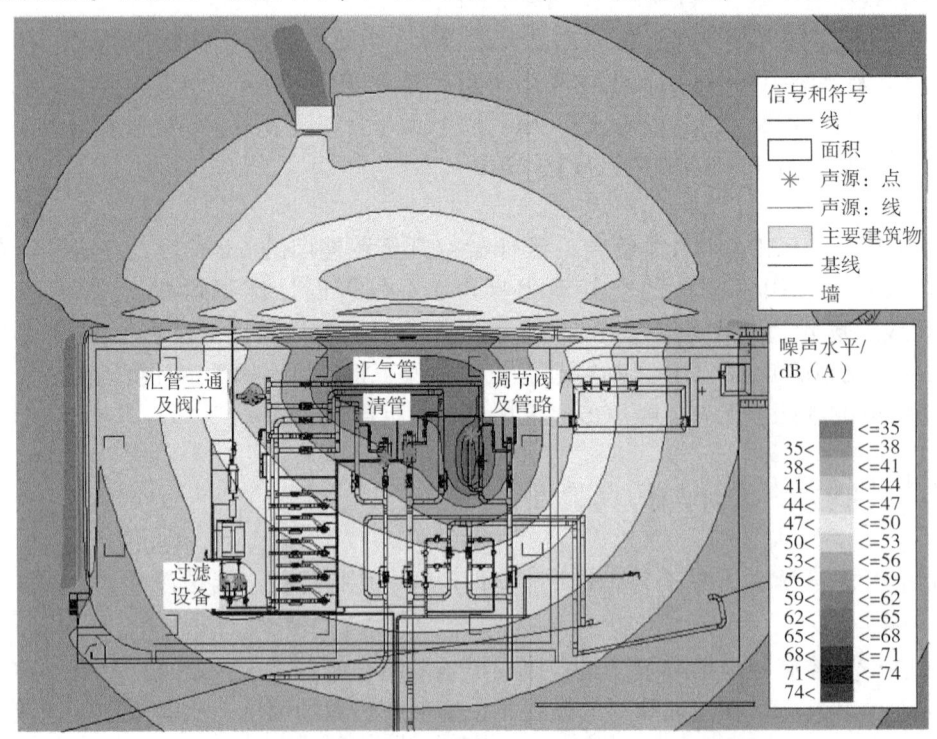

图4 降噪后噪声模拟网格图

3. 接收终端防护

除声源和传播途径上采取措施，还可对接收终端进行个人防护，如采用为运行人员佩戴个人防护措施。个人的防护措施只要包括在耳道内塞防声棉、防声耳塞或佩戴耳罩、头盔等防护用具，这些防声用具主要起隔声作用，使强烈的噪声，特别是其中的高频噪声成分不至于进入耳内造成危害。

四、结论与展望

天然气场站作为能源输配的关键节点，其噪声治理不仅是环保合规的必然要求，更是保障周边居民健康与生活质量的重要举措。通过系统分析及仿真模拟可知，分输站的噪声主要源于机械振动、空气动力性噪声，其频谱特性与传播路径的复杂性对治理技术提出了更高要求。为有效降低噪声污染，需立足场站实际工况，采取多维度综合治理策略：优化设备结构以减少振动源强度，加装复合隔声屏障与吸声材料阻断噪声传播，改进供气工艺以降低气流冲击等。

基于以上噪声识别与仿真的输气站场降噪优化研究方法，可应用于设计期仿真预判及运行期噪声治理。在设计期仿真预判阶段，通过 SoundPlan 构建站场声学模型，结合设备布局、噪声参数及地形数据，可精准预判噪声热点区域（如调压阀下游 10m 范围、汇气管辐射角 60°方向）。仿真生成的噪声云图与设备选型建议，不仅能够指导设备选型与空间布局优化，还能显著降低后期改造的经济成本。这一阶段的核心价值在于通过虚拟设计验证，从源头规避噪声污染风险，实现"预防优于治理"的环保理念。在运行期噪声治理阶段，基于 SoundPlan 的噪声控制模型进一步发挥动态优化功能。通过实时运行数据，可快速识别噪声超标区域，并有效检测形成推荐降噪方案，使得噪声治理从"经验驱动"转向"数据驱动"，大幅提升降噪效率与效果。目前本技术已应用于西气东输三线等各类输气站场，在初步设计阶段即前瞻性融入噪声精准识别与多物理场仿真技术，为设备空间布局优化、设备声学性能指标设定及场站总体规划提供科学的量化指导依据，系统性保障站场声学环境与运行舒适度。

未来，通过建立输气站场噪声数据库，涵盖典型设备噪声频谱、传播衰减参数及降噪案例，为仿真模型提供高精度输入，显著降低输气站场的噪声污染，助力工业噪声治理体系标准化建设。

参 考 文 献

[1] 张圣兵，刘良果，王博．基于有源降噪技术的天然气输气场站汇管噪声控制[C]//2021年浙黑苏鲁沪渝四省二市声学技术学术会议论文集．2021：39-43.

[2] 赵梓琪，赵洁，王筱，等．天然气场站噪声的主要来源及治理方法[J]．石油化工建设，2025，47(1)：151-153.

[3] 孙文，张伟，闫鑫豪．天然气汇管噪声数值模拟及降噪分析[J]．石油工业技术监督，2025，41(2)：12-16，22.

离心泵管口载荷分析

李 英[1] 严佳伟[2] 周东霞[1]

(1. 中国石油天然气管道工程有限公司 沈阳分公司工艺室;
2. 国家石油天然气管网集团有限公司东北分公司)

摘 要：针对石油化工管道工程中离心泵的实际工作状况，利用三维建模软件PDMS和应力分析软件CAESARⅡ，结合某石油管道工程离心泵管道系统实例，分析了离心泵进出口管道支撑摩擦系数、直管段长度、支撑形式、支撑位置等关键因素对泵管口载荷的影响，总结出通过优化管道工艺安装以降低泵管口载荷的方案，为工程设计和实施提供技术参考。

一、引言

离心泵由于其结构简单、维护方便、运行可靠、效率高等特点，被广泛应用于石油化工、铁路、航天、轻工业等领域。离心泵是一种回转机械设备，主要用于流体介质的输送，其在实际运行过程中会受到各种载荷的影响，其中泵管口载荷的影响尤为突出。过大的泵管口载荷会造成泵管口变形失效，进而引起设备的振动和噪声，甚至损坏设备。因此，离心泵管口载荷分析至关重要。

CAESAR Ⅱ是由美国COADE公司研发的应力分析专业软件，其功能强大、操作简单，是当今石油化工行业通用的管道应力分析软件。采用CAESAR Ⅱ软件，对离心泵管口应力进行建模与分析，并对分析结果进行评估，提出根据实际情况对离心泵管道系统进行优化的方法，以保证管道及设备的安全运行。

PDMS是由英国AVEVA公司(原CAD-Centre公司)开发，拥有独立数据库结构的三维设计软件，广泛应用于石油、天然气、工厂、化工等行业。通过PDMS软件建立三维模型，再导入CAESAR Ⅱ中进行应力分析，可大大缩短CAESAR Ⅱ建模时间，提高设计效率。

本文针对石油管道工程中离心泵的实际工作状况，结合工程实例，利用三维建模软件PDMS和应力分析软件CAESAR Ⅱ，分析离心泵进出口管道支撑摩擦系数、直管段长度、支撑形式、支撑位置等关键因素对离心泵管口载荷的影响，总结出通过优化管道工艺安装以降低泵管口载荷的方案，为工程设计和实施提供技术参考。

二、离心泵管道系统应力分析

1. 应力分析模型

本文以某石油管道工程中离心泵管道系统为例，采用PDMS软件进行三维建模，再将三维模型导入CAESAR Ⅱ软件中进行应力分析，应力分析模型如图1所示。此离心泵管道系统由4台离心泵(P-421、P-422、P-431、P-432)、4台立式过滤器(SR-421、SR-422、SR-431、SR-432)、工艺阀门、工艺管道组成，操作温度20~40℃，设计温度85℃，操作压力0~0.8MPa，设计压力1.2MPa。P-421、P-422离心泵进口为DN500，出口为DN400，压力等级均为Class300；P-431、P-432离心泵进口为DN250，出口为DN200，压力等级均为Class300。泵管口的许用值取设备厂家提出的允许受力值，见表1。在正常操作时，P-421、P-422离心泵一用一备，P-431、P-432离心泵一用一备。根据工艺条件，本工程离心泵处于备用状态时，进口阀门全开，出口阀门开10%，管道均保温伴热至操作温度，因此备用泵与运行泵的压力和温度状况相同。据此，管道应力分析按照4台泵同时操作考虑。

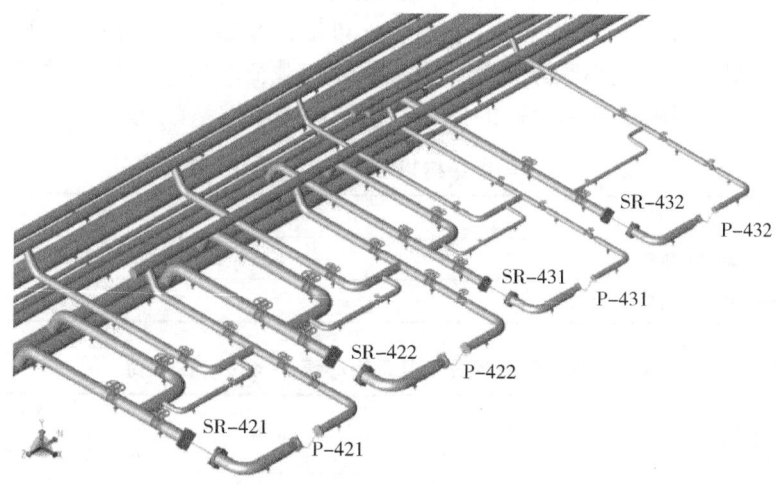

图1 应力分析模型

表1 离心泵进出管口载荷允许值

管口/mm		FX/N	FY/N	FZ/N	FR/N	MX/(N·m)	MY/(N·m)	MZ/(N·m)	MR/(N·m)
进口	DN500	±29900	±26900	±33200	±52100	±28900	±23600	±20500	±42600
	DN250	±16020	±13350	±20010	±28900	±15060	±11400	±7320	±20200
出口	DN400	±16900	±13340	±20460	±29700	±14640	±10840	±7320	±19640
	DN200	±11340	±9930	±14670	±20700	±10590	±7740	±5280	±14100

2. 泵管口载荷分析

基于建立的应力分析模型，在操作工况(温度40℃、压力0.8MPa)下离心泵管口载荷见表2。由表2可知，在图1工艺安装方案和操作工况下，4台泵进出管口的力均能满足许用载荷要求，但竖向弯矩MY及总弯矩MR除泵P-431、P-432出口外均不满足许用弯矩的要求，且弯矩超值较大，尤其是竖向弯矩MY。

表2 操作工况下离心泵管口载荷

设备编号	管口/mm	FX/N	FY/N	FZ/N	FR/N	MX/(N·m)	MY/(N·m)	MZ/(N·m)	MR/(N·m)
P-421	进口 DN500	23448	-7063	-5125	25019	15628	71559	642	73248
	出口 DN400	9040	-4191	-422	9973	-11217	-23165	2469	25856
P-422	进口 DN500	23211	-7081	-3893	24577	15561	71731	586	73402
	出口 DN400	6953	-4161	-417	8114	-11211	-17521	2248	20922
P-431	进口 DN250	12580	-1475	-2423	12896	2619	30640	1214	30776
	出口 DN200	3334	-2254	692	4084	-2041	-7177	928	7519
P-432	进口 DN250	8907	-1034	-2361	9272	2511	21552	950	21719
	出口 DN200	2349	-1267	710	2762	-1334	-4985	86	5161

三、工艺安装参数对泵管口载荷的影响

离心泵管口载荷影响因素较多，本文基于建立的应力分析模型，以离心泵P-421为例，选取离

心泵进出口管道支撑摩擦系数、直管段长度、支撑形式、支撑位置等关键因素对离心泵管口载荷的影响进行分析，优化调整安装参数，以便确定合理的工艺安装方案，降低泵管口载荷。

1. 摩擦系数

在石油管道工程中，支撑与钢结构接触面及对应的摩擦系数通常有2种情况，见表3。不同摩擦系数工况下离心泵 P-421 管口载荷见表4。由表4可知，摩擦系数对轴向力 FZ、竖向弯矩 MY 的影响较其他方向的力明显，且减小摩擦系数后泵进出管口载荷均减小，但整体变化幅度较小，竖向弯矩 MY 和总弯矩 MR 仍不满足许用弯矩的要求，说明调整摩擦系数能一定程度改善泵管口受力。

表3 支撑与钢结构接触面及对应的摩擦系数

接触面	摩擦系数
碳钢—碳钢	0.3
碳钢-PTFE，PTFE-PTFE	0.1

表4 不同摩擦系数工况下离心泵 P-421 管口载荷

设备编号	管口/mm	摩擦系数	FX/N	FY/N	FZ/N	FR/N	MX/N·m	MY/N·m	MZ/N·m	MR/N·m
P-421	进口 DN500	0.3	23448	-7063	-5125	25019	15628	71559	642	73248
		0.1	23419	-7057	-4944	24954	15615	71362	640	73053
	出口 DN400	0.3	9040	-4191	-422	9973	-11217	-23165	2469	25856
		0.1	8964	-4170	-27	9887	-11184	-22669	2460	25397

2. 直管段长度

直管段长度影响管道系统的柔性，进而影响泵管口载荷的分布。为比较不同直管段长度对泵管口载荷的影响，基于建立的应力分析模型，分别对泵进口管道直管段长度为1600mm、1800mm、2000mm、2200mm、2400mm、2600mm，泵出口管道直管段长度为1100mm、1300mm、1500mm、1700mm、1900mm、2100mm 的离心泵管道系统进行分析，泵进出管口载荷绝对值随直管段长度变化曲线分别如图2、图3所示。由图2、图3可知，在一定范围内，随着直管段长度的增大，泵进口轴向力 FZ、轴向弯矩 MZ 及泵出口轴向力 FZ 先减小后增大，但其整体数值均较小，其余泵进出管口载荷均减小，说明适当增大泵进出口管道直管段长度能有效降低泵管口载荷。此外，增大直管段长度后，泵进出管口竖向弯矩 MY 和总弯矩 MR 数值仍较大，远超弯矩许用值，这是因为竖向弯矩的超标是由径向位移较大引起的，仅通过增大泵进出口管道直管段长度不能很好地缓解泵口受力。

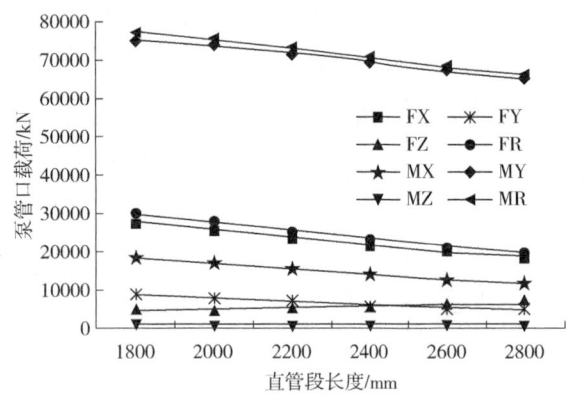

图2 离心泵 P-421 进管口载荷绝对值随直管段长度变化曲线

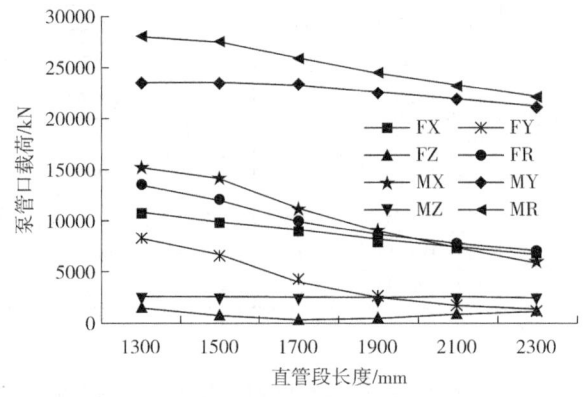

图3 离心泵 P-421 出管口载荷绝对值随直管段长度变化曲线

3. 管道支撑

虽然在一定范围内增大泵进出口管道直管段长度能有效降低泵管口载荷，但在石油化工站场、库区安装空间紧张的情况下，直管段长度不宜过长。此外，针对增大直管段长度，泵管口竖向弯矩MY和总弯矩MR仍不能满足许用值的情况，需调整工艺安装方式，从而有效控制管道系统径向位移。据此，基于建立的应力分析模型，通过调整泵进出口管道支撑来探究泵管口载荷。

（1）支撑形式。

在泵P-421进出管口设置3种管道支撑形式(滑动支撑、防振支撑、止推支撑)对泵管口载荷进行分析，泵进出管口载荷如表5所示。由表5可知，与滑动支撑相比，防振支撑和止推支撑均能有效改善泵管口受力，且泵P-421进出管口载荷均能满足设备厂家许用值的要求。防振支撑采用U型钢管卡对管道进行约束，能限制管道的径向位移和竖向位移，改善泵管口受力，同时对离心泵管道系统的振动也有良好的改善作用，因此防振支撑在石油管道工程中应用更为广泛。防振支撑示意图如图4所示。

表5 不同管道支撑形式下离心泵P-421管口载荷

设备编号	管口/mm	支撑形式	FX/N	FY/N	FZ/N	FR/N	MX/N·m	MY/N·m	MZ/N·m	MR/N·m
P-421	进口DN500	滑动	23448	-7063	-5125	25019	15628	71559	642	73248
		防振	-13075	-7533	-19627	24757	16652	11845	499	20441
		止推	6874	-7390	-11626	15396	15091	15189	396	21421
	出口DN400	滑动	9040	-4191	-422	9973	-11217	-23165	2469	25856
		防振	-4588	-4290	4177	7543	-11388	-4655	2443	12543
		止推	2517	-7570	205	7980	-15202	-5157	2080	16187

（2）支撑位置。

为了进一步探究管道支撑对泵管口载荷的影响，在泵P-421进出管口均设置防振支撑，分别对泵进口至其管道支撑的距离为1800mm、2000mm、2200mm、2400mm、2600mm、2800mm，泵出口至其管道支撑的距离为1200mm、1400mm、1600mm、1800mm、2000mm、2200mm的离心泵管道系统进行分析，泵进出管口载荷绝对值随支撑位置变化曲线分别如图5、图6所示。由图5、图6可知，随着泵管口至防振支撑的距离增大，除轴向弯矩MZ，泵进出管口各载荷均减小。轴向弯矩MZ虽在增大，但增大幅度较小，而且整体数值也较小，都在许用值范围内，说明防振支撑设置在远离泵管口的位置，能有效降低泵进出管口载荷。

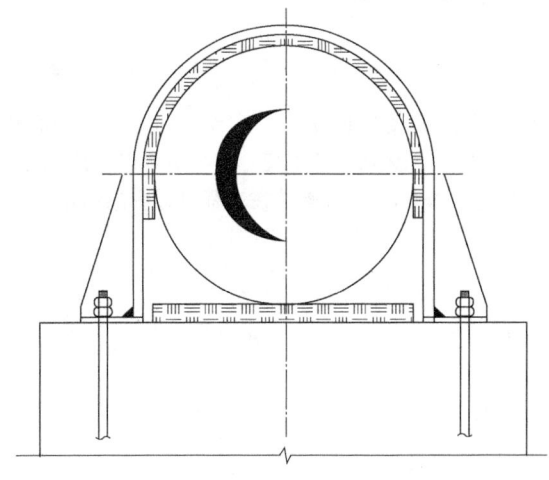

图4 防振支撑示意图

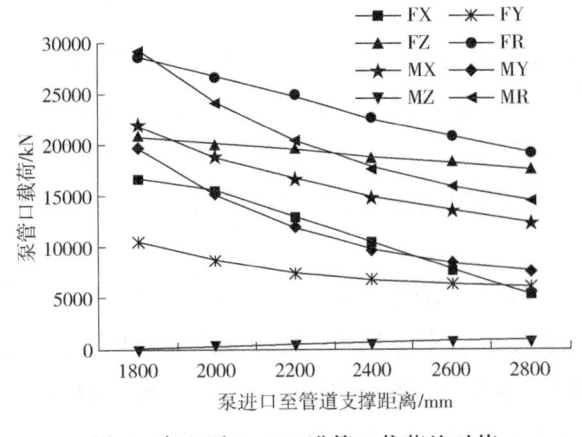

图5 离心泵P-421进管口载荷绝对值随支撑位置变化曲线

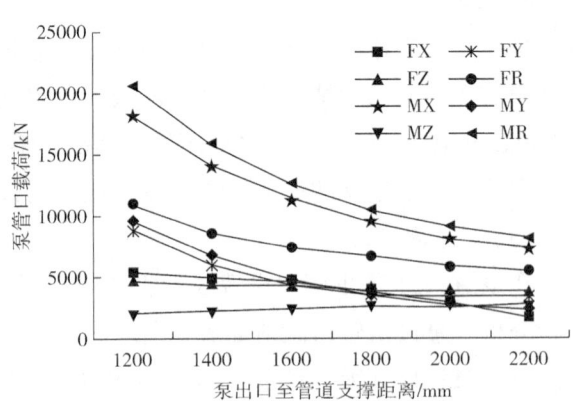

图6 离心泵P-421出管口载荷绝对值随支撑位置变化曲线

四、结论和建议

泵管口载荷是石油化工管道工程中离心泵管道系统应力分析的重点内容,本文结合工程实例,利用三维建模软件PDMS和应力分析软件CAESAR Ⅱ,通过调整安装参数,对泵管口载荷进行分析,结果表明合理的工艺安装方案能有效降低泵管口载荷。因此,为保证离心泵管道系统运行安全,结合本文应力分析结果,总结出降低泵管口载荷的方法:(1)通过在管道支撑与管道接触面之间增加PTFE垫板来减小摩擦系数,能一定程度降低泵管口载荷,尤其是轴向载荷。(2)在安装空间允许的情况下,适当增大泵进出口管道直管段长度能有效降低泵管口载荷。(3)在泵进出口管道上合理设置防振支撑能有效降低泵管口载荷。在离心泵管道系统中,影响泵管口载荷的因素较多,在实际工程建设中,需根据具体情况进行分析,优化调整安装参数,以便确定合理的工艺安装方案,降低泵管口载荷。

参 考 文 献

[1] 唐永进. 压力管道应力分析[M]. 北京:中国石化出版社,2003.
[2] 王春霞,程久欢,孙继超. 离心泵管口载荷优化方案研究[J]. 石油和化工设备,2020,23(12):22-26.
[3] 万金发. PDMS三维软件在工程设计中的运用[J]. 钢铁技术,2002(6):49-51.

线路与勘察

基于荷载—结构模式的盾构隧道与内部管道力学性能相互影响分析

詹胜文　张　磊　铁明亮　杨春玲

(中国石油天然气管道工程有限公司)

摘　要：中俄长江盾构隧道是目前国内最大、距离最长的油气管道盾构隧道，隧道内敷设三根D1422mm输气管道，隧道运营期，采用泡沫混凝土回填。本文基于荷载—结构法建立三层复合盾构油气隧道有限元模型，分析了盾构隧道的外衬管片、内部泡沫混凝土、输气管道在不同工况下的受力影响情况。揭示了隧道结构及管道在施工及运营工况下的受力变化规律，为类似项目的受力及风险分析提供了参考。

一、工程概况

长江盾构穿越工程是中俄东线永清—上海段的控制性工程，长江盾构穿越从江苏南通市穿越长江，盾构隧道内径6.8m，隧道外径7.6m，盾构隧道穿越水平长度为10226m(北岸竖井中心—南岸竖井中心，图1)，为目前世界范围内单向掘进距离最长的水域油气管道盾构隧道，也是国内油气管道内径最大的盾构隧道。隧道底最大水压为72.57m，盾构隧道内敷设3根D1422mm管道。环片与环片之间的连接采用专用螺栓连接，设计环片的宽度为1500mm，厚度为400mm。衬砌采用C60混凝土。

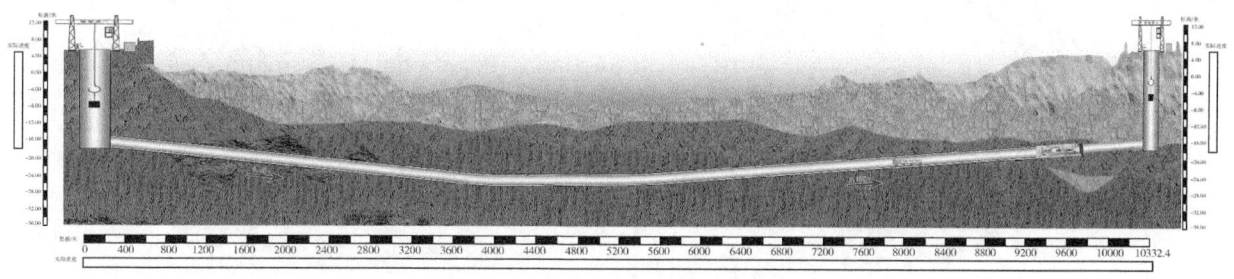

图1　中俄东线长江盾构方案图

中俄东线长江盾构穿越工程，是中俄东线天然气管道工程的控制性工程，本工程单次盾构穿越长度达到10.205km。始发竖井位于江苏省南通市海门市经济开发区，为矩形结构，竖井内断面为26m×14m；接收竖井位于常熟市经济开发区姚家滩，竖井为圆形结构，内径为16m。本工程主要穿越地质以淤泥质土、粉质黏土、粉土、粉细砂及中砂等低地层为主。隧道首先以0.4%的坡度下行3865.6m；平巷段掘进1409.8；0.32%的坡度上行4929.6m。总长度10332.4m

隧道内敷设3根管道D1422mm×32.1mm X80M直缝埋弧焊钢管(图2)，设计压力为10MPa，输送气体温度为0.8~20.9℃，管道安装均采用自动焊接工艺。

隧道北岸工作井为始发竖井，内衬净尺寸为26m×14m方形井，竖井开挖深度28.2m。南岸工作井为接收竖井，内衬内径16m圆形井，竖井开挖深度29.6m。

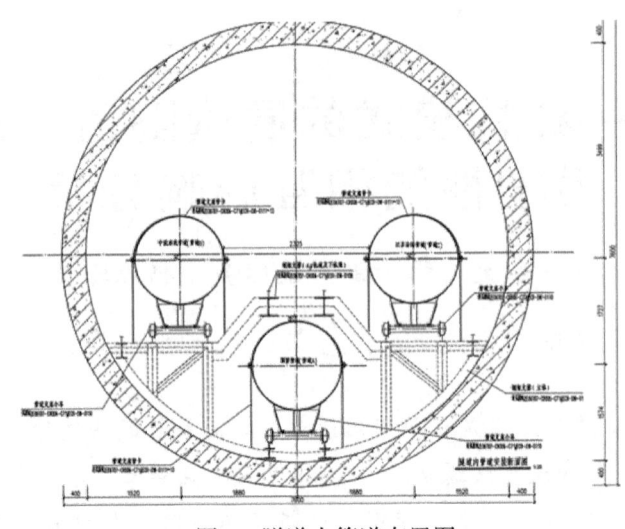

图 2　隧道内管道布置图

二、计算模型与计算参数

计算模式采用荷载—结构模式，根据荷载—结构模式的基本原理，选取 3 个典型断面进行分析(北岸工作井断面、江中深槽断面及江中最大覆土断面)，结果表明江中最大覆土断面 K5+169.4 受力最为不利，因此针对最危险断面 K5+169.4，分别计算施工期(未充填泡沫混凝土和安装内部管道)和运营期(充填泡沫混凝土和安装内部管道)，即不同工况下隧道及内部结构的内力和变形特征。计算采用有限元软件 ANSYS 分析，用梁单元模拟外衬管片及内部钢架，用 PIPE16 单元模拟内部管道，用平面单元模拟充填混凝土和小车支座，用弹簧单元模拟隧道和围岩的相互作用。施工期和运营期的有限元模型如图 3 和图 4 所示。

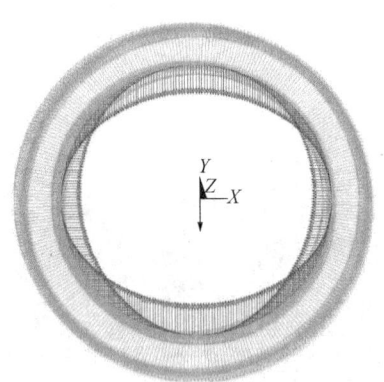　　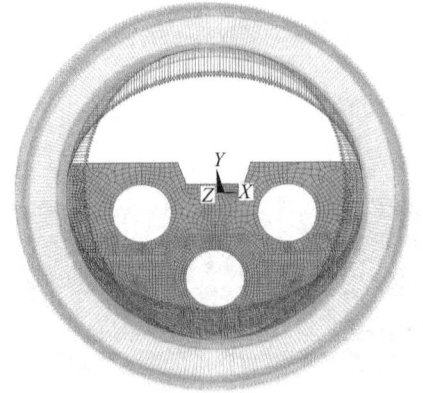

图 3　施工阶段计算模型　　　　　图 4　运营阶段计算模型

在断面附近的隧道地层主要以粉砂为主，上覆粉土和粉质黏土。管片衬砌选用 C60 混凝土，combin14 单元的弹性抗力系数即围岩的弹性抗力系数，经现场勘查资料，得计算参数见表 1。

表 1　计算参数表

材料	密度/(kg/m³)	弹性模量/(N/m²)	泊松比
外衬管片	2600	3.45×10^{10}	0.2
泡沫混凝土	1100.0	3000×10^{6}	0.3
钢材	7850.0	2.06×10^{11}	0.3

三、计算结果分析

1. 管片变形

选取最危险断面 K5+169.4 断面分析，当盾构管片装配完成后，受到周围土体的挤压作用，管片竖向向隧道中心方向收敛，横向向外扩张，如图5、图6所示，提高放大系数可以观察到，管片整体呈现扁椭圆形状。当油气隧道建设完成并输气时，由于外侧土压力和管内水压力作用方向相反，可以观察到管片的扁椭圆变形趋势有所缓解。

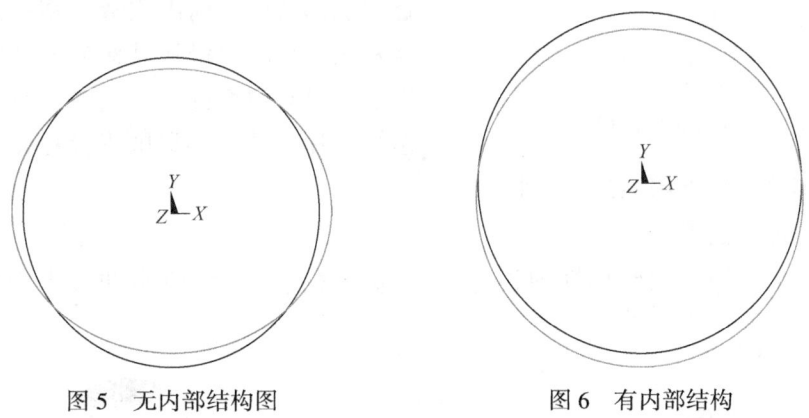

图5 无内部结构图　　　　　　　图6 有内部结构

当油气隧道尚未输气时，管片顶底向内收敛位移为 1.043cm，水平向外扩张位移为 0.797cm，说明隧道所受的竖向向内荷载大于侧向土压力对其产生的约束，当隧道内部结构建成之后，隧道的顶部位移为 0.964cm，水平向外扩张位移为 0.068cm，说明由于内部结构的约束作用可以抵抗隧道向内收敛的趋势，导致隧道变形有所收敛，同时由于结构自重的存在，导致整体位移向下。

管片变形随内压变化情况如图7和图8所示。

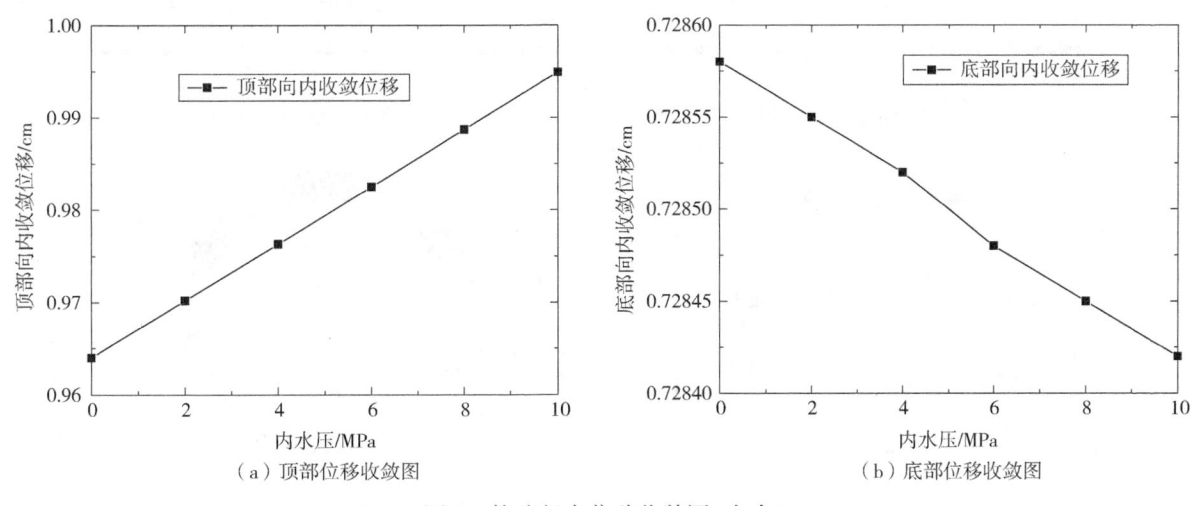

图7 管片竖向位移收敛图(向内)

当隧道未输气时，隧道底部位移为 0.72856cm，顶部位移为 0.964cm，随着内压的增大，隧道底部收敛位移逐渐减小，顶部收敛位移逐渐变大，直到 10MPa 时，隧道底部位移为 0.72843cm，顶部位移为 0.9964cm，说明未输气时，土层压力使隧道管片向内收敛，而管内输气时向外的内压力可以抵抗隧道底部的向内收敛趋势，使其底部竖向相对位移减小；当输气隧道未

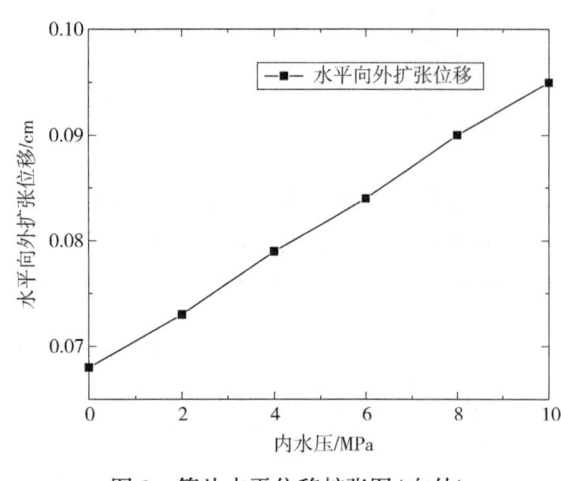

图8 管片水平位移扩张图（向外）

输气时，管片水平向外扩张位移为0.068cm，随着内压逐渐增大，管片水平向外扩张位移也随之增加，当内压为10MPa时，管片的水平相对扩张位移为0.096cm，说明在内压可以增加管片腰部的水平扩张量。

由此可知，由此可知，当油气隧道运营时，内压对油气钢管的作用力沿混凝土向外传递给管片，因此对下侧土压力产生抵抗作用，从而降低管片底部的竖向向内收敛位移；内压作用力传递至两侧管片时会增加其横向向外扩张位移，而由于上部没有填充混凝土，内压对钢管的力无法传递给管片拱顶，导致拱底管片在拱腰管片的扩张下受拉，从而增加管片顶部的竖向向内收敛位移。

2. 管片和泡沫混凝土受力

混凝土管片在未建设内部结构和建设完成内部结构的最大主应力和最小主应力云图如图9所示。

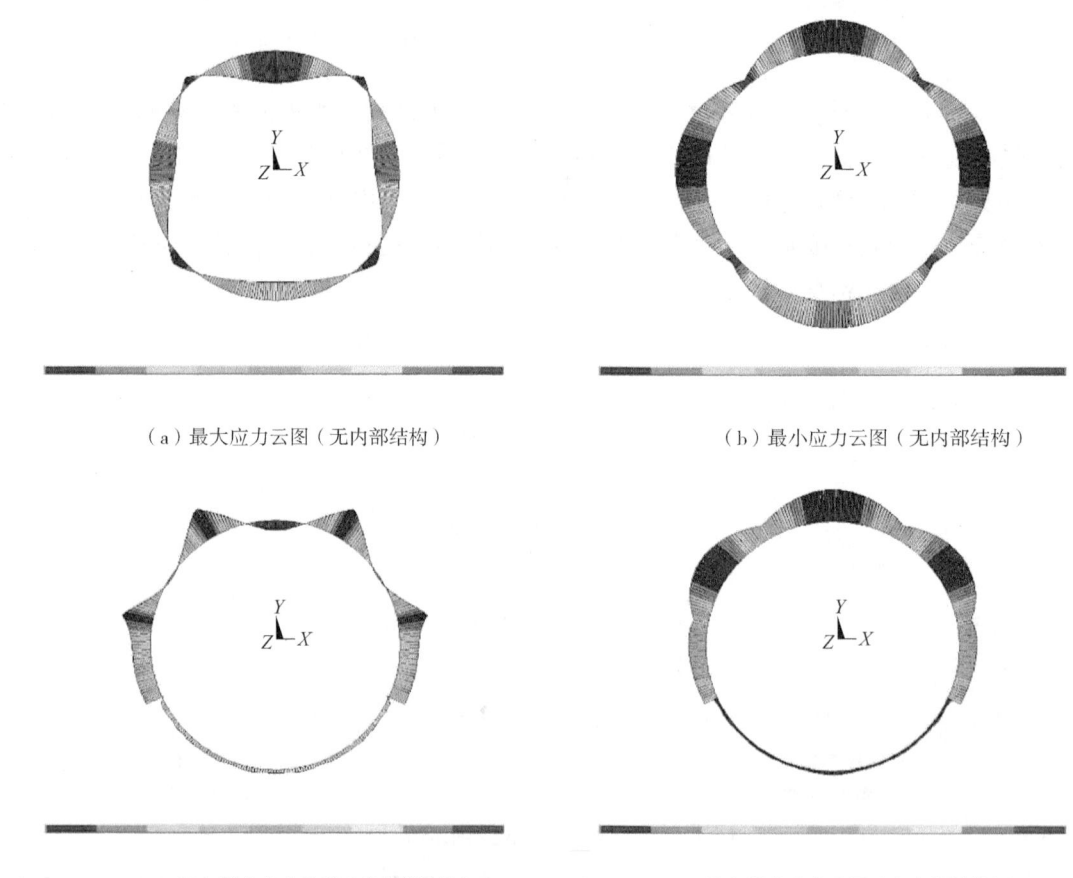

（a）最大应力云图（无内部结构）　　（b）最小应力云图（无内部结构）

（c）最大应力云图（有内部结构）　　（d）最小应力云图（有内部结构）

图9 管片主应力云图

由图10可知，最大拉压应力出现在管片衬砌的顶部，同时由于隧道底部内部有预制钢架的存在，导致其内力在管片下部急剧减小。隧道在建设完成内部结构后，其内力和应力都有很大程度的减小,并使得有些部位的拉应力转变为压应力,极大减少了管片的受拉区域,这对混凝土管片结构受力是有利的。

管片最大压应力和最大拉应力随内压变化情况如图11所示,随着内压的增大,管片的最大压应力和最大拉应力逐渐增加,最终达到10.01MPa和2.03MPa,最大拉应力接近C60混凝土的抗拉强度设计值2.04MPa,因此在油气隧道运营时,内压会使管片应力增加,严重时可能会出现受拉破坏。管片的最大压应力远小于抗压强度设计值27.5MPa,因此油气隧道在输气时,几乎不会发生受压破坏。

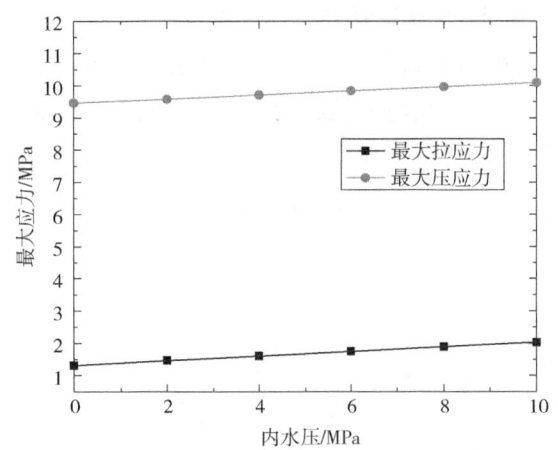

图10 管片主应力随内压变化情况

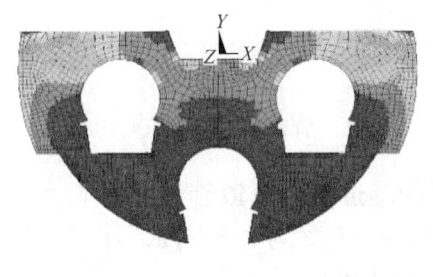 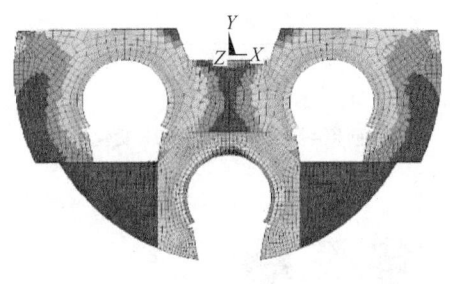

(a) 等效主应力云图(0MPa)　　　　(b) 等效主应力云图(10MPa)

图11 充填泡沫混凝土应力云图

隧道外部衬砌管片与油气钢管之间填充泡沫混凝土,由于混凝土占据较大体积,其在灌注时会产生对钢管产生浮力,增加施工难度。在灌注完成后,也会产生较大的重力,且其可以将钢管所受的内压力传递给外侧管片,与管片所受的土体压力相互作用,从而影响油气隧道的整体应力分布。未输气时和10MPa内压作用下内部混凝土的最大应力云图如图9所示。未输气时泡沫混凝土的最大应力发生在混凝土与管片接触处,内部泡沫混凝土的应力分布较为连续,最大应力为1.00MPa;10MPa内压下最大应力集中在下部管道附近,应力分布不均匀,最大应力为2.63MPa,超过泡沫混凝土最大抗压强度2.2MPa,即下部管道附近的泡沫混凝土可能发生受压破坏,其他部位的泡沫混凝土处于安全状态。

泡沫混凝土最大应力随内压变化情况如图12所示,未输气时的最大应力发生在与管片接触处,是由于外部土压力通过管片传递至内部混凝土导致。当管道开始输气时,内部的压力通过管道传递给泡沫混凝土,由于方向与外侧土压力相反,导致一开始抵消了管片传递给泡沫混凝土的压力,使得混凝土最大应力减少。随着内压的逐渐增大,管道附近的泡沫混凝土受到管道传递的压力也逐渐增大,并使得内部混凝土应力分布变得不均匀。

由此可知,盾构隧道在回填泡沫混凝土后更加安全,其结构内力有很大程度的减小。而管道输气则对结构受力是趋向不利的,具体体现在管片拉压应力都随着输气而增大,最大拉应力甚至接近设计值;管道处泡沫混凝土应力增大,甚至可能产生破坏,但总体上运营期结构受力要优于施工期结构受力。

3. 油气管道受力

油气钢管最大应力随内压变化情况如图13所示，由于钢管处于油气隧道内层，直接承受输气压力，因此其应力值随内压变化趋势较为直观，随着内压的增大，钢管应力逐渐增加，最大应力基本与内压呈线性相关关系。

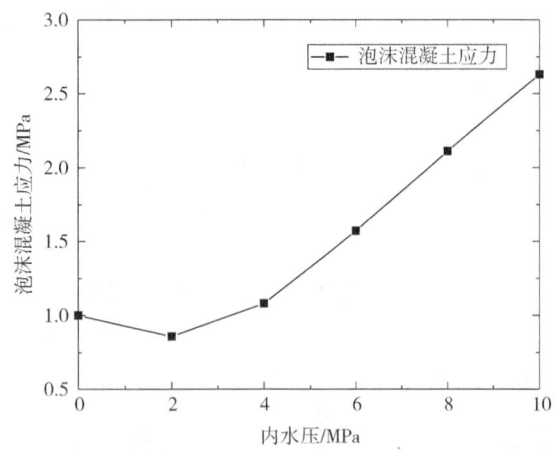

图12 充填泡沫混凝土应力随内压变化图

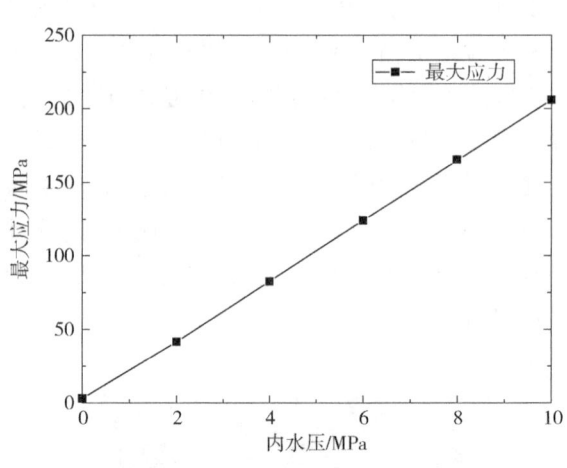

图13 管道应力随内压变化图

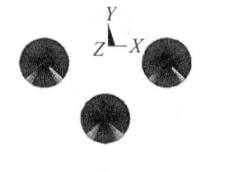

图14 管道最大应力云图（10MPa）

长江盾构隧道运营阶段管道最大应力云图如图14所示，最大应力为206MPa，小于容许应力220MPa，未发生破坏。

四、结论

对三层复合盾构油气隧道进行数值模拟，基于荷载—结构法建立三层复合盾构油气隧道有限元模型，分析了盾构隧道的外衬管片、内衬混凝土、输气钢管的受力情况。主要结论如下：

（1）油气隧道盾构施工完成后由于受到外侧土层压力的作用，外衬管片竖向向内收敛，水平向外扩张，提高放大系数可发现其整体呈现扁椭圆形变化趋势。在回填混凝土后，内部结构的存在限制了盾构管片的变形，降低了竖向收敛位移，极大降低了水平扩张位移。油气管道输气后，由于内压可以通过泡沫混凝土无法传递给上部管片，导致管片下部竖向收敛位移降低，水平扩张位移增加，且上部竖向收敛位移在水平扩张位移的增加下受到拉力而增加。

（2）盾构隧道在建设完内部结构后更加安全，其结构内力有很大程度的减小，并且极大减少了盾构管片的受拉区域，对于结构受力是有利的。在油气管道输气后，盾构管片的最大拉压应力都随着内压的增大而增大，最大拉压应力出现在管片顶部，这也验证了上一条结论，最大拉应力接近设计值，最大压应力远小于设计值，说明盾构隧道管片顶部有受拉破坏的风险，需要验证配筋和裂缝计算来保证其安全性。总体上，运营期盾构隧道结构受力优于施工期受力。

（3）泡沫混凝土的最大应力一开始出现在与隧道管片接触处，在油气管道输气后，接触处的最大应力开始降低，当内压超过4MPa后，最大应力处转移到管道周围，说明在无内压的情况下，泡沫混凝土受到管片传递的压力，导致最大应力在与管片接触处，当内压逐渐增加，内压通过管道传递给混凝土，方向与外侧土压力方向相反，导致与管片接触处应力降低，与管道接触处应力增加，最后达到2.63MPa，可能产生破坏。同时由于内压的存在，使得泡沫混凝土应力分布变得不均匀，这对结构受力是不利的。

（4）管道应力随着内压的增加而增加，运营状态下的最大应力为206MPa，小于容许应力220MPa。

参 考 文 献

[1] 覃智泽，韦向高，许显龙．荷载对盾构隧道管片力学性能影响的模拟分析[J]．混凝土与水泥制品，2021(11)：4．
[2] 叶飞，何川，王士民．盾构隧道施工期衬砌管片受力特性及其影响分析[J]．岩土力学，2011，32(6)：8．
[3] 刘云花．盾构隧道管片受力分析[D]．石家庄：石家庄铁道大学(原名：石家庄铁道学院)，2015．
[4] 石锦江．济南地铁盾构隧道管片衬砌受力分析[J]．冶金丛刊，2021，6(11)：114-115．
[5] 陈正发，张杰，闫治国，等．富水闪长岩地层中盾构隧道水土压力作用模式研究[J]．工业建筑，2021：25-30．

采空区天然气管道应力分析及隐患治理

李 朝

(中国石油天然气管道工程有限公司线路室)

摘 要：天然气管道经过采空区时，地面沉降对在役管道安全影响很大，通常采用的治理方法是根据经验采用开挖露管和抬升管道释放应力的方法，效果比较明显，但对一些地形起伏变化较大、存在较多弯管的地段，采用这种经验做法无法判定是否从根本上消除了管道附加应力，这就需要采取定量分析的方法准确推算采空区地面沉降位移、管道应力水平状态，从而为管道治理措施提供可靠依据。本文以山西灵石—段纯天然气管道采空区隐患治理为例，介绍天然气管道经过采空区时，如何采用定量分析方法确定采空区沉降位移、分析管道应力水平，并据此提出管道应急处置措施，对永久治理措施进行比选论证，最终确定采用断管释放应力的实施方案，成功解决了该采空区管道安全隐患问题。

一、引言

天然气管道作为一种线性工程，受地形地貌和地方规划等各种因素限制，管道线路不可避免会经过各种采矿区或采空区。采空区具有隐蔽性、复杂性、突发性和长期性等特点，当地表采空沉降直接作用到管道时，会导致管道受到拉、压、剪、扭、弯等荷载作用，从而造成管道变形、断裂等事故。天然气具有易燃、易爆、有毒等特性，一旦发生泄漏爆燃，将会给周边人民群众生产生活及社会稳定带来较大影响，因此，如何保证采空区天然气管道安全运行一直例是备受关注的难题。各管道公司积极开展相关研究工作，并结合实际情况努力开展采空区天然气管道沉降治理的探索与实践。山西天然气有限公司所属灵石—段纯天然气管道经过晋中灵石煤矿采空区时的隐患治理就是其中的一个典型案例。

二、灵石—段纯天然气管道采空区问题

灵石—段纯天然气管道投产于2011年，管道全长50km，采用D355.6mm×6.3mm 螺旋缝埋弧焊钢管，设计压力4.0MPa，管道在JP9号桩附近经过山西晋中灵石煤矿有限公司的开采区域(图1)。

该煤矿开采区长约1000m，宽约140m，开采速度约为1~2m/日，开采方式为机械化综合采煤，开采时采取液压顶杆支护方式，开采完毕后立即撤离液压顶杆支护，为长壁全垮落开采方式。

煤矿开采造成管道沿线地表开裂并发生台阶状沉降，威胁管道安全，2016年4月29日采空区地面发生塌陷，塌陷范围内有多条地裂缝，最大开裂宽度约20cm，最大高差约70cm，裂缝发育至管道沿线，并有裂缝穿过管道线位(图2)。

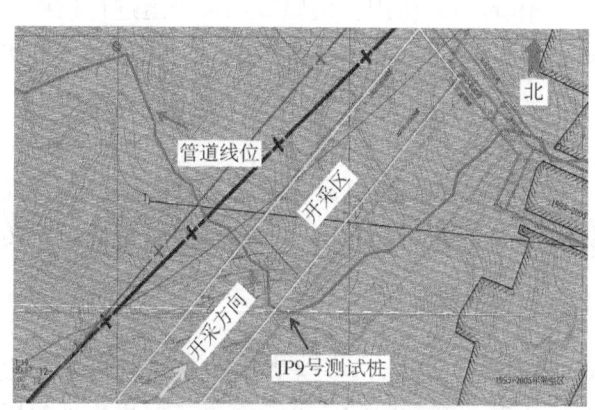

图1 煤矿开采区与管道线位关系图

图2 采空区现场地表开裂情况

三、灵石采空区隐患治理

为保证灵石—段纯天然气集输管道JP9#桩附近采空区范围内管道运行安全，运营管理单位组织相关部门并邀请专家召开技术研讨会，确定采取以下治理方案：

（1）计算分析：计算预测采空沉陷区地表位移和变形，并校核管道在采空区地表变形情况下的应力状态。

（2）应急处置措施：首先根据管道在预测地表变形情况下的应力状态，确定采空区发展活跃期的应急处置措施。

（3）永久治理方案：根据计算分析结果和进一步采空区沉降观测数据，确定采空区管道长期治理方案和实施条件。

1. 计算分析

（1）基本资料收集。

① 根据工程竣工资料、相关标准规范和文献资料，收集该处管道参数。

② 根据工程竣工资料，分析确定管道初始位置、地理坐标信息和弯管布置情况。

（2）计算方法确定。

ANSYS软件是美国ANSYS公司研制的大型通用有限元分析（FEA）软件，是世界最具权威的有限元产品。ANSYS功能强大，操作简单方便，融结构、流体、电场、磁场、声场分析于一体，在石油化工、航空航天、机械制造、能源、土木工程、造船、地矿、水利等领域有着广泛的应用，现在已成为国际最流行的有限元分析软件。本项目采用了ANSYS 11.0软件进行管道应力分析和校核[1-2]。

① 确立有限元模型：包含管道本体模型（力学模型、单元选择）、管周土体模型（力学模型、单元选择、管土相互作用土弹簧）。

② 确立荷载加载方式：采空沉陷区管道主要受到内压、温差、自重以及沉陷引起的位移载荷影响。

（3）应力校核准则确定。

① 埋地管道的应力校核规范：GB 50251—2015《输气管道工程设计规范》中有埋地管道的当量

应力校核要求，但无轴向应力的校核要求，因此计算管段的当量应力按照此规范进行校核，轴向允许附加应力参考 ASME B31.8—2016《Gas Transmission and Distribution Piping Systems》中的公式进行校核。

② 开挖管道的应力校核规范：开挖管段，管周无土体的约束作用，按照非约束管道进行校核计算。本项目根据 ASME B31.8—2016《Gas Transmission and Distribution Piping Systems》(简称 ASME B31.8)中非约束管道的定义及方法进行校核。

(4) 采空区沉陷预测参数分析确定。

根据煤矿调研和相关规范、文献，分析确定煤矿开采和沉陷预测参数，包括：开采深度、煤层倾角、下沉系数、时间系数、水平移动系数、拐点偏移距/H、基岩裂缝角、松散层裂缝角、影响传播角等。

(5) 采空沉陷地表位移预测计算。

对于水平煤层或近水平煤层地表的沉陷情况大量观测实践表明：开采影响区的破坏程度与地表的下沉速度有很大的关系，然而下沉速度又与各个开采块段的开采时间、开采深度、覆岩岩性等因素有关[3]，根据相关规范，数学模型的表达式如下：

$$D(x, y, z) = \sum_{i=1}^{m} C_i \sum_{k=1}^{l} \int_{q_k}^{q_{k+1}} f_{j1}(R_k, z) f_{j2}(q) \mathrm{d}q \tag{1}$$

式中 (x, y, z)——计算点的坐标；

C_i——时间影响系数；

m——计算块段数目；

l——计算开采任一块段的拐点数；

q_k——使用计算的直角坐标系中 x 轴与通过计算点和拐点 k 连线间的夹角；

f_{j1}, f_{j2}——运算函数；

$R_k = R_k(q, x, y)$——极坐标半径。

$$R_k = \frac{(x_k - x)(y_{k+1} - y_k) - (y_k - y)(x_{k+1} - x_k)}{(y_{k+1} - y_k)\cos q - (x_{k+1} - x_k)\sin q} \tag{2}$$

式中 x_k, y_k——计算开采块段拐点的坐标，其中当 $k \geq m$ 时，$x_{k+1} = x_1 y_{k+1} = y_1$，上述模型为普适模型。

以概率积分法为基础，结合上述数学模型可以得出开采区域的下沉值预计公式为：

$$w(x, y, t) = \frac{w_{\max}}{2\pi} C_i \sum_{k=1}^{l} \int_{q_k}^{q_{k+1}} \left(1 - \mathrm{e}^{-\pi \frac{R_k^2}{r^2}}\right) \mathrm{d}q \tag{3}$$

式中 H——开采深度；

β——主要影响范围角；

$w_{\max}$——地表充分采动的最大下沉值；

$C_i = (1 - \mathrm{e}^{ct_i})$——采深、覆岩岩性、开采速度决定的地表下沉时间系数。

根据采空区沉陷预测公式和煤层参数计算得到，计算管段内最大沉降量为 2.5m，沿管道轴向最大水平位移为 0.68m；垂直管道轴向最大水平位移为 0.51m。

(6) 管道应力状态分析。

根据前面各节确定的计算参数、有限元计算方法及相关规范规定的应力校核准则，校核管道在最大沉降变形情况下的应力状态[4-5]，可知管道最不利的轴向应力和当量应力均超出了许用值 324MPa，且超过了管材的最小屈服强度 360MPa，超出了规范要求，见表1。

表 1 管道应力校核结果

校核内容	计算值/MPa	许用应力/MPa	校核结果	最不利位置
轴向应力	445.027	324	不满足规范要求	WG8 处
当量应力	443.515	324	不满足规范要求	WG11～WG12 之间

计算结果表明采空区管道在沉陷期间若不采取措施，将处于危险的应力状态。根据工程经验，采空区管道在地表下沉期间，开挖管道释放土体对管道的约束作用后，可以显著改善管道的应力状态，因此决定采空区管道采取开挖释放应力的应急措施。

2. 应急处置措施

根据前面计算可知，管道无法承受采空区最大沉陷变形，为保持管道应力在允许范围内，需要开挖管道进行应力释放，并进行应急治理。经分析论证，考虑采取以下应急措施：

（1）对采空沉降范围管道开挖释放应力。

（2）管道附近地面发生较大错动后，应及时测量挖开段管道坐标以进行应力分析。

（3）回填管道附近的地表裂缝，防止雨水灌入裂缝加剧地表沉陷。

（4）关注开挖段管道悬空情况，当管道轴线方向发生≥20m 的悬空时，应将管道局部吊起并在管道底部采用袋装土支护，使管道保持平直状态，避免管道长距离悬空产生较大挠度。

（5）密切观测管道的变形和地表沉陷情况，发现问题及时处理。

3. 永久治理方案

1）治理方案比选

结合本工程实际情况及以往工程经验，拟采取的治理方案主要有：抬管、换管、断管、改线、设置支撑方案[6,7]。

（1）方案 1：抬管。

抬管是治理采空区管道沉陷变形问题的有效措施之一。

由于初始应力状态的不确定性，难以通过计算制订抬管方案，在此情况下实施抬管作业可能带来管道应力恶化问题。另外，抬管过程中要做到管道变形协调，而该采空区地形条件复杂，坡度较大，存在多个弯头，管道变形协调控制难度很大，因此，不建议采用此方案。

（2）方案 2：换管。

根据计算分许和地表沉降变形情况，需要换掉沉降严重，应力较大的 290m 管段。换管方案是最有效的改善管道应力的措施，但是费用较高。

（3）方案 3：断管。

由于管道大部分应力水平都较低，只有局部应力水平超出了允许范围，所以管道还可以继续使用，可以只在管道应力集中的地段割断管道，进行应力释放，并检查管体和焊缝的状态，如果符合施工标准，则原管道可以继续使用。初步判断，需要在两处断开管道并释放应力。

（4）方案 4：改线。

经过现场踏勘，并与矿区结合了解，该矿区分布范围较大，且区域地形、地质条件复杂，没有更好的改线路由可以完全避开此矿区和不良地质条件，如果大改，将涉及部分站场和阀室、甚至整个管线全部改动，相当重建条新管道，费用很高，而且影响到下游供气。另外考虑到该采矿区范围内地面所有村庄房屋都已整体搬迁，目前荒无人烟，因此决定不改线，保持原位整改。

（5）方案 5：设置支撑。

采空区支撑方案就是在采矿过程中，在管道下方采空部位设置相应的支撑防止地面塌陷沉降，如预留煤柱、设置混凝土桩(墩)、浆砌石桩(墩)、注浆填充等措施。经管道业主和矿区业主双方协商，认为此方案占压煤矿储量太大，煤矿赔偿费用很高，本工程管径、输量较小，太高的赔偿费用不值得，因此舍弃此方案。

综合从经济、安全可靠的原则出发，本项目最终确定采用断管的治理方案。

2）断管方案实施

断管治理方案实施的主要工序、步骤包括：

（1）上下游阀室（或站场）之间的管道内气体放空，并用氮气置换管内气体。

（2）开挖断管操作坑，断口设在原有环焊缝附近。

（3）剥除局部防腐层及补口材料。

（4）断开管道释放管道应力。

（5）采用短管对两处断口组焊连接。

（6）管道环焊缝检测、防腐层完好性检查、补口补伤。

（7）安装管道应变及管道位移监测设施。

（8）回填开挖段管沟、恢复通气。

3）治理效果

灵石采空区 2015 年底初步发现裂缝，在 2016 年、2017 年采空区发展活跃期间，采取了局部挖沟露管释放应力的应急治理措施，在 2018 年 10 月份采空区沉降基本稳定后，成功实施了永久断管的治理方案，目前一直保持地表位移和管道应变监测，检测数据显示，目前采空区沉降稳定，管道应力应变状态稳定，符合相关规范要求。

四、采空区天然气管道隐患治理建议

目前天然气管道行业在采空区治理方面有过不少成功的先例，主要采用的治理方案有：开挖露管释放应力、原位抬管释放应力、断管、换管释放应力、管道改线等，但大部分都以工程经验为主，定性直观地采取了相应的治理措施，缺乏充分的应力计算分析环节。灵石采空区治理则是从定量分析角度出发，为采空区治理提供了一个全面系统、定量分析、精确可靠的科学方法和参考，通过本项目的成功实施，对天然气管道运行管理期采空区治理提出以下建议：

（1）认真分析建设期工程竣工资料，掌握了解管道沿线矿产分布情况、开采计划，建立台账，重点监管。针对运行过程中发现的采动/采空区，应积极主动与采矿区业主沟通联系，制订应急预案，研究防治对策。

（2）基于管道建设期间安装的地表位移及管道应变监测设施，密切跟踪监测采空区地面沉降变形和管道应力发展情况，并及时分析评估，采取措施。建设期间未安装管道监测预警设施时，应在采矿开始前、采动初期即安装监测预警设施。

（3）发现采空区后，首先应进行必要的计算分析，定量预测采空沉陷区的地表位移和变形，计算并校核管道在采空区地表变形情况下的应力状态。主要包括资料收集、计算方法确定、校核准则、采空区地表位移计算预测、管道在最大沉陷量工况下的应力状态预测等计算分析过程。

（4）根据地表位移、管道应变监测数据及相应的应力计算分析，及时确定采空区发展活跃期的应急抢险措施，通常采用的措施挖沟露管释放管道应力，当采空区累计沉降量较大，简单挖沟露管措施不足以释放管道应力时，应根据现场情况适当抬升管道以最大程度释放管道应力。由于采空区发展活跃期地面沉降一直呈现无规律的变化状态，因此这个阶段宜采用临时应急措施，待采空区沉降稳定以后再进行永久性治理。

（5）永久治理措施应根据管道在最大沉陷量工况下的应力状态来确定，通常可采用挖沟露管释放应力、抬升管道释放应力、局部换管、断管释放应力、管道改线、采空区设置支撑等方案措施，实际工程中也可采用几种方案组合使用，具体应根据不同采空区和管道的实际情况进行综合比选确定。永久治理措施的目的是要保证采空区管道应力状态水平符合相关规范要求，管道安全平稳输送。

参 考 文 献

［1］高贤成．煤矿采空塌陷区埋地管道力学分析［J］．中州煤炭，2011，33（9）：38-42.
［2］河海．采空区地表沉陷对上覆天然气管道变形的影响分析［D］．北京：北京交通大学，2012.
［3］何国清，杨伦，凌赓娣等．矿山开采沉陷学［M］．徐州：中国矿业大学出版社，1994.
［4］吴韶艳，文宝萍．采空区埋地天然气管道变形数值模拟分析［J］．安全与环境学报，2014，14（4）：87-91.
［5］史永霞．埋地管线在沉陷情况下的响应分析［D］．大连：大连理工大学，2007.
［6］么惠全，颜宇森，冯伟，等．天然气管道穿越采空区灾害风险评价标准与防治规范研究［R］．上海：西气东输管道公司，2009.
［7］郭文朋，杜德荣，袁玉，等．煤矿采动/采空区天然气管道受损规律研究［R］．太原：山西天然气有限公司，2016.

油气管道作业带横断面设计系统研发

叶 明　郑 鑫　杨 建

(中国石油天然气管道工程有限公司线路室)

摘 要：国家管网集团对设计精细化程度要求越来越高，在中俄东线(永清—上海)安平-泰安段，西气东输三线中段(中卫—吉安)中卫—枣阳段工程(甘宁段)等项目中均要求在山区段开展扫线设计。本文结合地形地貌、管道规格、管道敷设方式、焊接方式、下沟方式等，建立一套适用于油气管道行业的作业带横断面设计模型，并开发相关系统，将设计方法、流程固化到系统内，提高设计效率和设计精度。

一、引言

目前管道线路在施工图设计阶段以纵断面图为主，利用原始地面线定义管道纵断面，进而细化弯头弯管、穿跨越设计、水工保护及防腐通信设计。

在纵断面设计过程中，缺乏对作业带范围内施工扫线工序的考虑，使得管道埋深与实际布置有差异，而随着地面起伏加大，在山区、丘陵地段作业带设计不符合实际情况，使得管线施工图在施工过程中无法准确指导施工。

管道行业尚未形成针对作业带扫线进行横断面设计的方法及系统，现行的技术方案是借助公路行业横断面设计软件来实现作业带扫线设计。主要问题在于：一方面，同现有线路纵断面设计软件线下进行数据交互，设计效率低；另一方面，设计成果质量较差，公路横断面设计的算法与管道行业有较大差别，套用公路软件的设计思路，造成扫线工程量偏大。

二、技术路线

油气管道横断面设计需结合地形地貌、管道规格、管道敷设方式、焊接方式、下沟方式，建立作业带横断面模型，并开发相应的软件。

1. 作业带横断面模型

1) 作业带宽度确定

仅考虑单管情况，作业带典型图分为5种情况，详见表1。

表1　作业带典型图统计表

序号	作业带典型图	序号	作业带典型图
1	一般段作业带	4	崾岘、山脊段作业带
2	横坡敷设段(8°~15°)作业带	5	顺坡敷设段作业带
3	横坡敷设段(15°~25°)作业带		

本文以较为常见的一般段作业带、顺坡敷设段作业带为例，给出计算方法。

一般段作业带布置如图 1 所示。

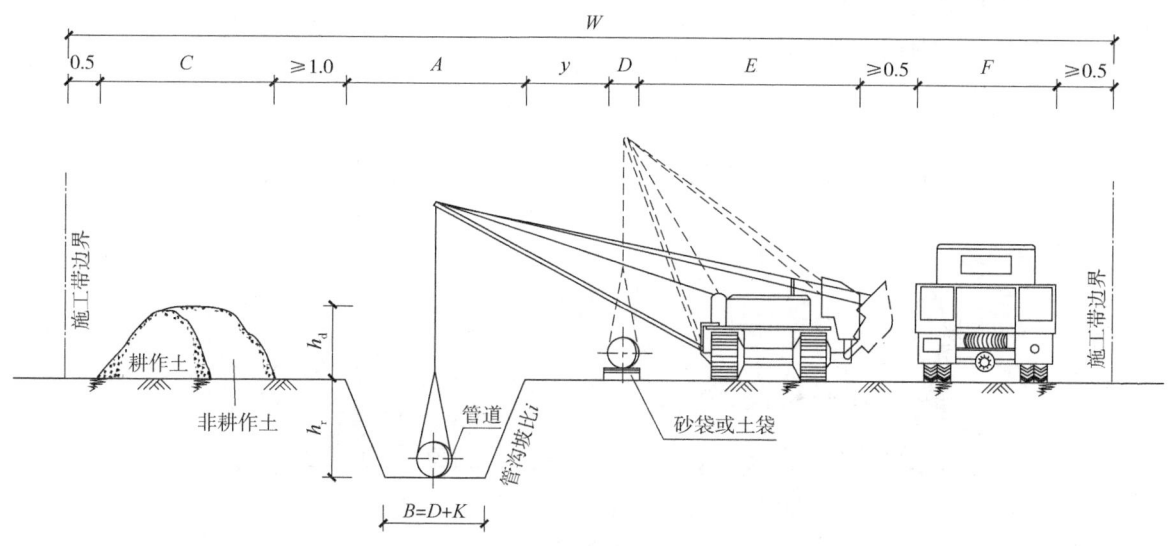

图 1　一般段作业带布置图

$$W = 0.5 + C + 1 + A + y + D + E + 0.5 + F + 0.5 \tag{1}$$

$$C = (2V/h_d + 2h_d \times 1.5)/2 \tag{2}$$

式中　A——管沟顶宽；

　　　B——管沟底宽；

　　　C——堆土宽度；

　　　D——管道结构外径；

　　　E——吊管机宽度；

　　　F——运输车辆宽度；

　　　h_w——管沟挖深；

　　　h_d——堆土高度，堆土坡比 1∶1.5，堆土高度≤2.0m，管沟土挖方松散系数 1.3；

　　　y——安全距离；

　　　K——沟底加宽裕量；

　　　i——管沟坡比；

　　　W——作业带宽度；

　　　V——每米沿管沟挖方体积。

顺坡敷设段作业带布置如图 2 所示。

$$W = 0.5 + C + 1 + A + y + E + 0.5 \tag{3}$$

$$C = (2V/h_d + 2h_d \times 1.5)/2 \tag{4}$$

式中　A——管沟顶宽；

　　　B——管沟底宽；

　　　C——堆土宽度；

　　　D——管道结构外径；

　　　E——吊管机宽度；

　　　h_w——管沟挖深；

　　　h_d——堆土高度，取值同上；

　　　K——沟底加宽裕量；

i——管沟坡比;
y——安全距离;
W——作业带宽度;
V——每延米管沟挖方体积。

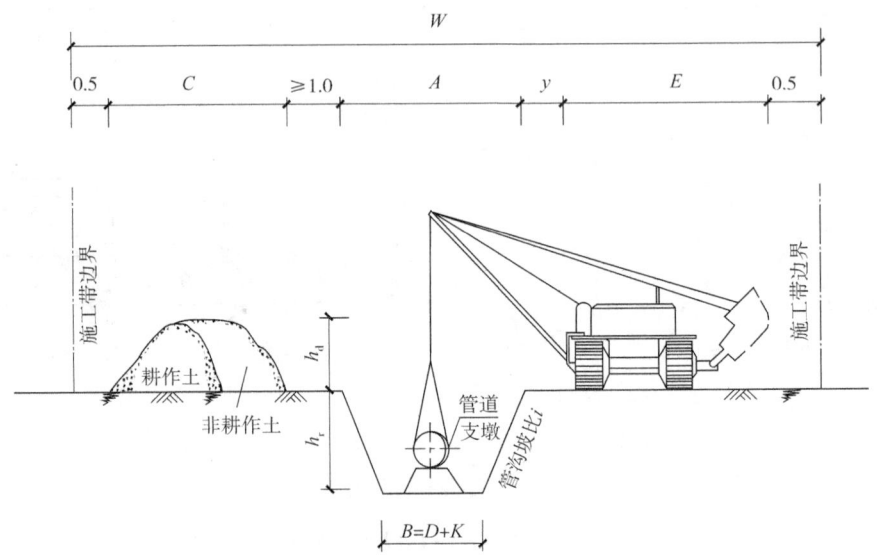

图 2 顺坡敷设段施工作业带布置图

2) 劈方算法

作业带内挖方包括管沟及作业面两侧坡体的削方量,作业带内填方包括横坡敷设段、嶙岘、山脊段的坡体填方量。以横坡敷设段为例,给出横坡敷设段的劈方算法。劈方模型如图3所示。

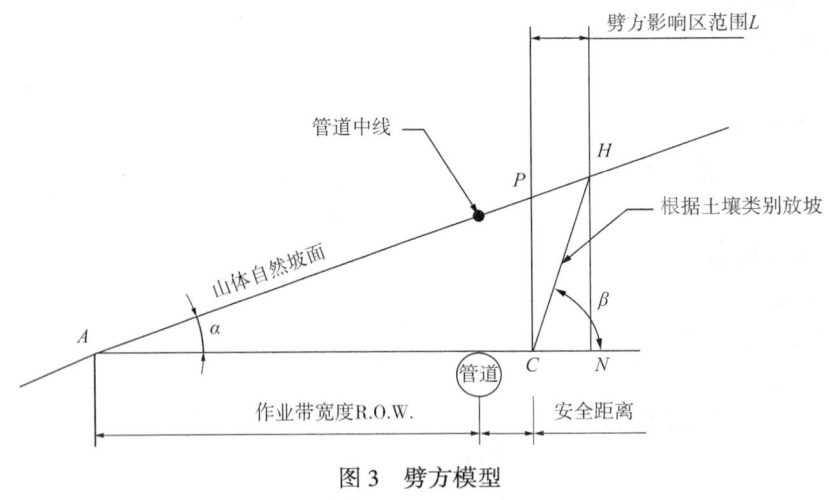

图 3 劈方模型

每延米的劈方量:
$$S_{ACHP} = AN \times HN \times 0.5 - CN \times HN \times 0.5 = (R.O.W + 安全距离 + CN) \times \\ (R.O.W + 安全距离 + CN) \times \tan\alpha \times 0.5 - CN \times HN \times 0.5 \tag{5}$$

式中 R.O.W——作业带宽度根据管径、施工机具、焊接形式、管道敷设方式和埋深等综合确定,详细算法见上节;
α——山体自然坡度;
β——劈方坡面的坡度(坡率1:m),根据地质条件取值;
PC——管顶埋设高程,$PC = (R.O.W + 安全距离) \times \tan\alpha$;

CN——管道上方劈方影响范围，$CN=(R.O.W+安全距离)\times\tan\alpha/(\tan\beta-\tan\alpha)$；

HN——劈方后边坡高度，$HN=AN\times\tan(\alpha)=(R.O.W+安全距离+CN)\times\tan\alpha$。

2. 系统研发路线

系统研发路线总体技术方案如图4所示。

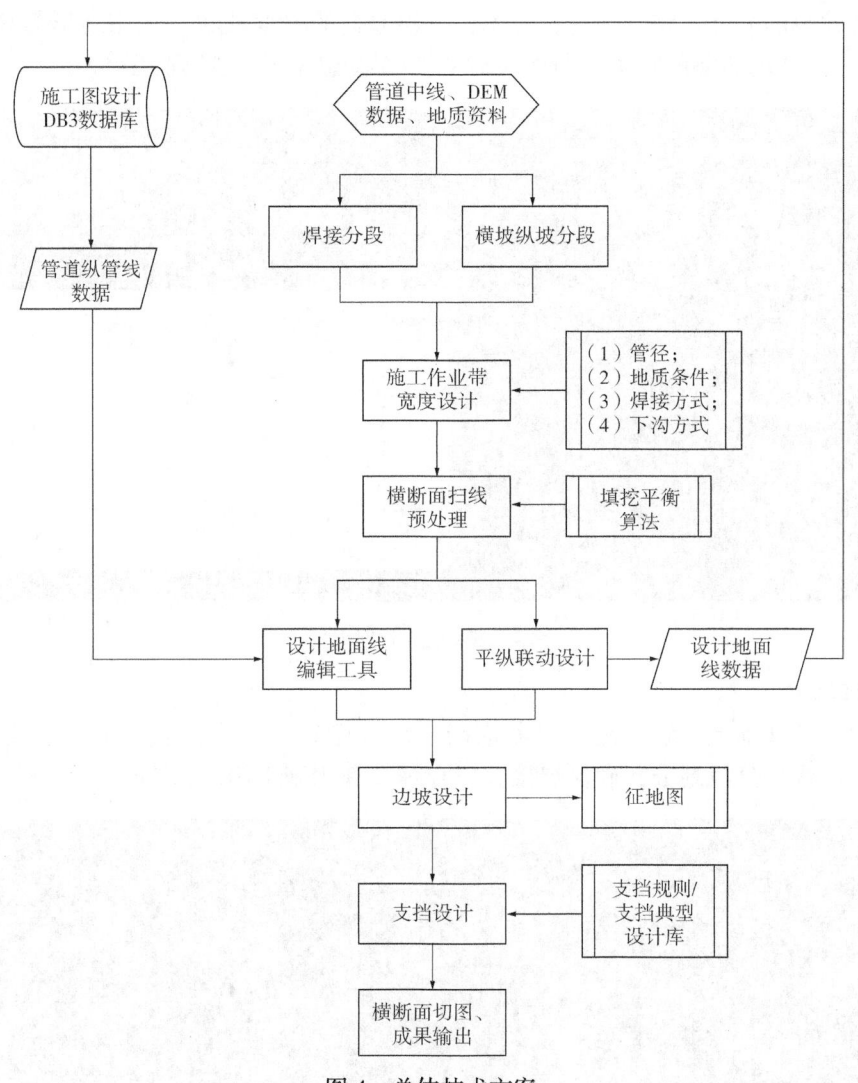

图4 总体技术方案

系统以管道中线、DEM数据、地质数据为输入数据，构建管道周边地形三角网，解析原始地面线，进行焊接分段划分；再根据焊接分段成果和地形的横坡、纵坡坡度，进行典型管沟断面和作业带布置设计；根据填挖算法进行自动扫线，并进行人工优化、调整设计地面线，最终进行横断面扫线和支挡设计，输出作业带横断面图和相关工程量表。

（1）在管道中线、DEM（或等高线）、地质资料基础上，构建地形三角网，解析地形纵断面，并进行焊接分段设计和横坡纵坡分段设计。

（2）根据管径、地质条件、焊接方式、下沟方式，进行作业带及管沟断面设计，再按照填挖算法，进行扫线预处理。

（3）设计人员根据横断面预览图，进行平横联动设计、边坡设计和支挡设计。

（4）输出设计成果：平面图、纵断面图和横断面图。

三、系统研发关键技术

1. 地形三角网构建

基于横断面建模的需要,结合当前管道工程测绘数据的精度现状,采用地形等高线、高程特点构建 DEM 数据,并采用实测的管道纵断面线对 DEM 数据进行平差处理(图5)。

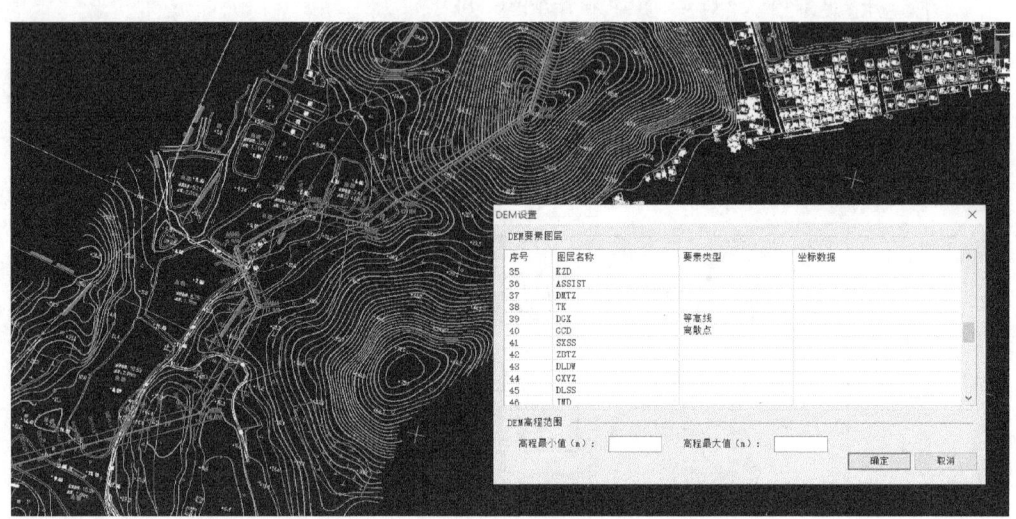

图5 地形三角网构建

2. 焊接分段划分

在地形三角网的基础上,解析地形纵断面线,结合管径、管道焊接方式、管道焊接方式等因素,可视化的开展焊接分段划分,确保焊接分段合理,利用施工组织(图6)。

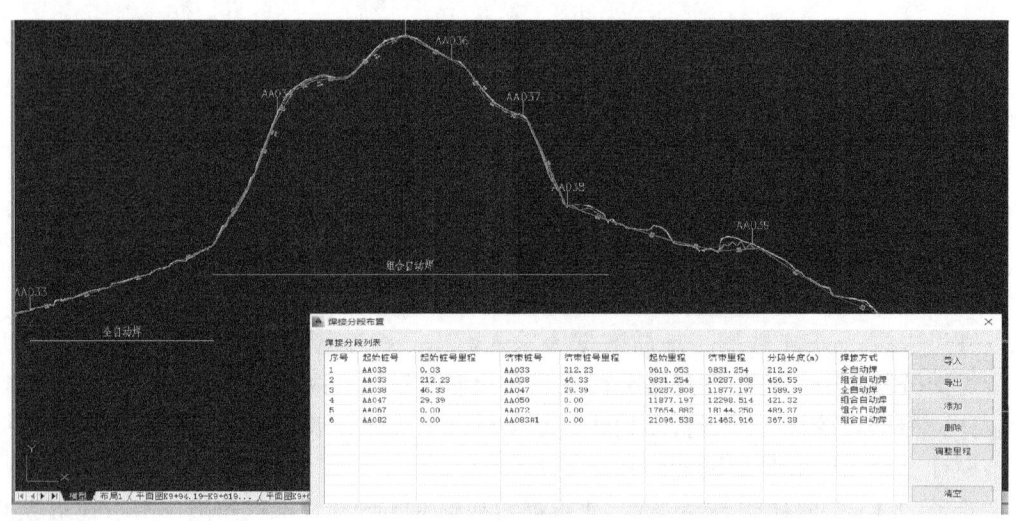

图6 焊接分段划分

3. 管道敷设分段自动划分

根据设定的管道与等高线的夹角、顺坡坡度值、横坡坡度值,对管道沿线的地形进行自动划分。

4. 组件式横断面典型图定义

将作业带横断面布置,拆分为最小单元,并提取最小单元关键参数,实现最小单元的自由组合，关键参数的自定义，能适应当前各种地形、工况的横断面典型图定义(图7)。

5. 地形与横断面典型图自动匹配

提取横断面典型图特征参数，建立与地形自动匹配规则，在管道沿线的地形进行自动划分的基础上，实现地形与横断面典型图自动匹配(图8)。

6. 填挖算法

结合地形地貌、管道规格、管道敷设方式、焊接方式、下沟方式，在满足最小埋深的前提下，确定作业带标高，尽量减少填挖方量(图9)。

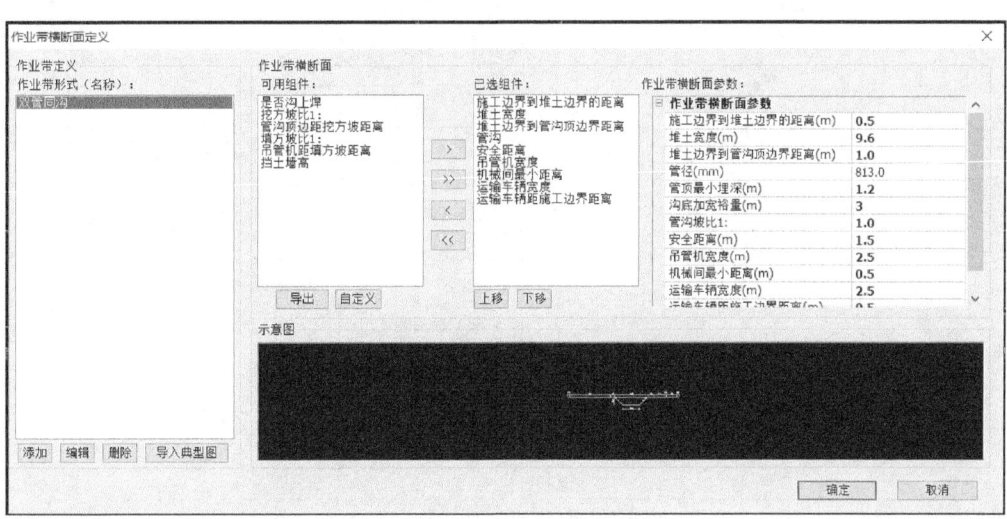

图7 横断面典型图自定义

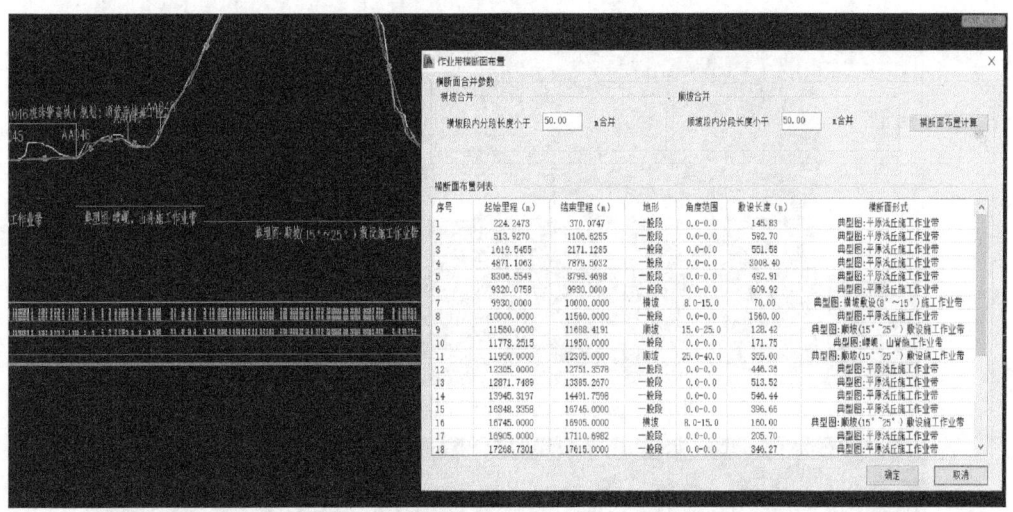

图8 地形与横断面典型图自动匹配

7. 平、纵、横联动设计

为满足多维度作业带设计的需要，把扫线设计场景划分为平面视图，纵断面视图和横断面视图三个窗口，采用"多窗口动态视口追踪"技术，追踪各视图窗口的视口变化，同步关联设计关注的重点位置，实现在同一场景下平、纵、横联动设计(图10)。

8. 多约束条件的支挡设计

实现了限定用地宽度、限定挡墙高度和限定挡墙位置3种约束条件进行支挡设计，满足不同工况支挡设计需求(图11)。

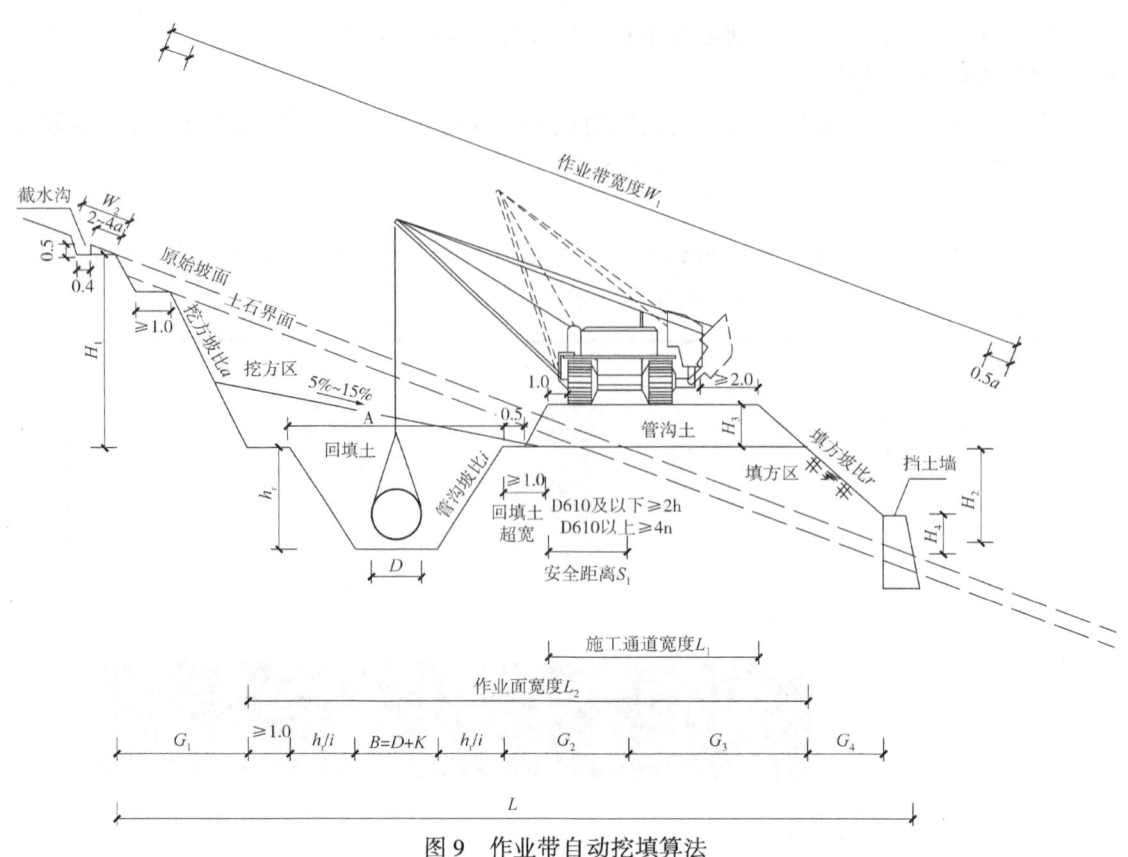

图 9　作业带自动挖填算法

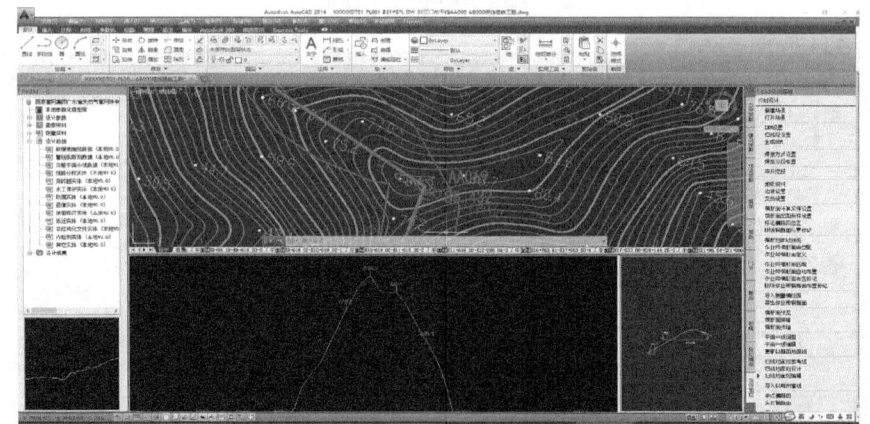

图 10　多窗口动态视口追踪联动设计

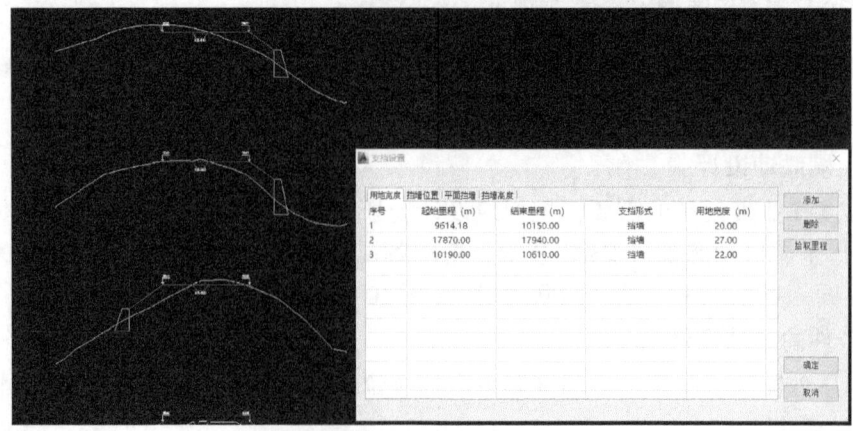

图 11　多约束条件的支挡设计

四、应用效果

本研究建立了管道线路三维设计方法,开发了基于 DEM 数据、等高线、高程特征点数据构建地形三角网的横断面扫线设计软件,将管道线路设计由平面设计、纵断面设计延伸到横断面设计,完善了从三维选线到三维管道安装设计的全流程三维设计方法,提升了管道设计水平。与现有技术相比,工作效率提升了 35%,工作质量提升 15%。

2022 年 12 月,将本研究成果应用于西气东输三线中段(中卫—吉安)项目中卫—枣阳段工程(陕西段),指导了陕西段商州丹凤和商南的山区段扫线图设计,提升了山区管道作业带设计精细化程度,更好地指导了后续施工。实施效果图纸成果如图 12 所示。

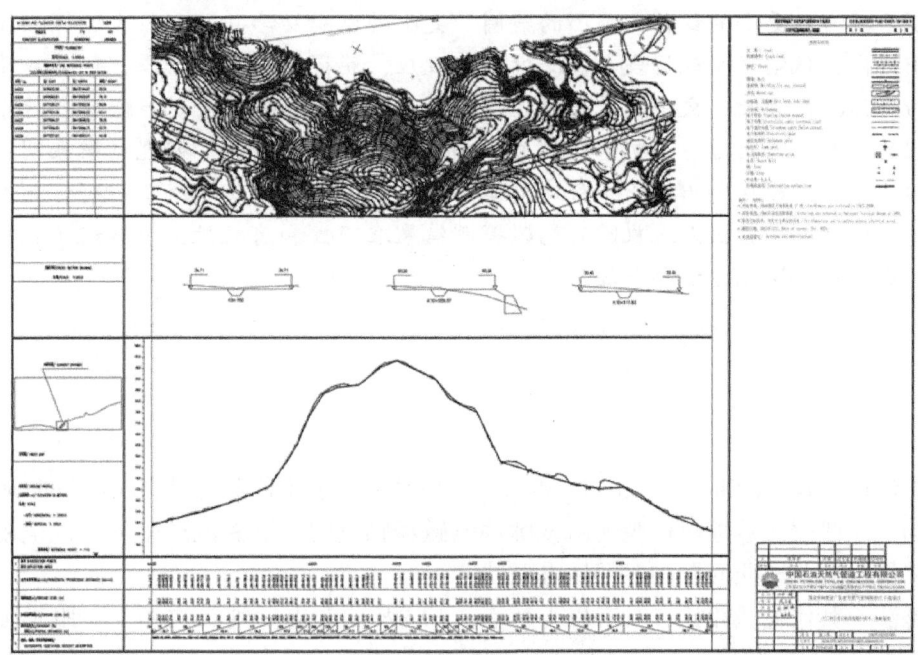

图 12　实施效果图纸成果

无人机航空瞬变电磁探测技术及应用

任海宾　高　波　范明明

(中国石油天然气管道工程有限公司勘察与地下储库工程事业部)

摘　要：近年来，随着无人机的飞速发展，不但极大地降低了探测成本、消除飞行员安全隐患，还可以以更低的高度飞行，大大降低了由于飞行高度造成的信号衰减。无人机瞬变电磁系统可以更小的载荷、更小的线圈、更小的发射功率，获得较大的探测深度；可以采用小线圈，低空减小磁场发散，降低体积效应，获得更好的分辨率，使其应用于工程勘查成为可能。基于此，文中提出采用无人机搭载的瞬变电磁装置进行隧道、地下洞库等地下工程的勘察，采用理论分析和野外实验相结合方法进行研究。研究结果表明：无人机瞬变电磁探测方法能反映出地下工程地质体的特征，依托某项目隧道工程将探测结果与现场实际情况相比较，验证无人机瞬变电磁探测结果准确性和有效性，为隧道工程勘察提供更有效、更快速的探测方法和手段。

一、引言

瞬变电磁法(Transient Electromagnetic Method，TEM)是利用不接地回线或电极向地下发送脉冲式一次电磁场，用线圈或接地电极观测由该脉冲电磁场感应的地下涡流产生的二次电磁场的空间和时间分布，来解决有关地质问题的时间域电磁法[1]。

瞬变电磁法与其他电法相比，具有以下特点：(1)观测断电后纯二次场，克服了强一次场背景问题。(2)接收信号为宽频信号，反映地下一定深度范围内地质信息，纵向分辨率高。(3)单脉冲激发就可得到多信息的整条瞬变电场衰减曲线，通过加大发射功率和多次叠加，可大幅度地提高信噪比，加大勘探深度。(4)采用不接地回线装置，适宜于各种复杂环境下的野外工作。(5)由于瞬变电磁法的探测深度仅取决于大地电阻率和仪器的采样时间，故可通过调节发送功率、仪器采样时间，方便地控制探测范围。(6)采用不同的装置形式，可以相应地提高横向、纵向分辨能力。(7)对发送回线的形状、方位和点位要求不严，施工简单，可通过流水作业达到极高的工作效率。(8)在高阻围岩地区不会产生地形起伏的假异常，在低阻围岩区，由于是多道观测，早期场的地形影响也较易分辨。

近年来，随着无人机的飞速发展，无人机不需要飞行员，可以极大地降低探测成本，消除飞行员安全隐患；可以以更低的高度飞行，大大降低了由于飞行高度造成的信号衰减；可以以更低的速度飞行，增加了叠加次数，大大增强了信噪比；无人机瞬变电磁系统可以更小的载荷、更小的线圈、更小的发射功率，获得较大的探测深度；可以采用小线圈，低空减小磁场发散，降低体积效应，获得更好的分辨率，使其应用于工程勘查成为可能[2]。故无人机搭载的全航空瞬变电磁法成为极具发展潜力的物探方法。

本文通过依托某项目隧道工程，将探测结果与现场实际情况相比较，验证无人机瞬变电磁探测结果准确性和有效性，为隧道工程勘察提供更有效、更快速地探测方法和手段。对降低隧道工程勘察成本、保证工期、提高围岩等级判断准确性具有十分重要的实用价值和理论意义。

二、方法原理

1. 基本原理

瞬变电磁法的激励场源主要有两种,一种是回线形式(或载流线圈)的磁性源,另一种是接地电极形式的电性源。其中,无人机航空瞬变电磁探测技术属于第一种回线形式,以下以均匀大地的瞬变电磁响应为例,来讨论回线形式磁偶源激发的瞬变电磁场,从而阐述瞬变电磁法测深的基本原理。

在导电率为 σ、导磁率为 μ 的均匀各向同性大地表面敷设面积为 S 的矩形发射回线,在回线中供以阶跃脉冲电流。

$$I(t)=\begin{cases} I & t<0 \\ 0 & t \geqslant 0 \end{cases} \tag{1}$$

在电流断开之前(发射时),发射电流在回线周围的大地和空间中建立起一个稳定的磁场,如图 1 所示。

在 $t=0$ 时刻,将电流突然断开,由该电流产生的磁场也立即消失。一次磁场的这一剧烈变化通过空气和地下导电介质传至回线周围的大地中,并在大地中激发出感应电流以维持发射电流断开之前存在的磁场、使空间的磁场不会即刻消失。

由于介质的欧姆损耗,这一感应电流将迅速衰减,由它产生的磁场也随之迅速衰减,这种迅速衰减的磁场又在其周围的地下介质中感应出新的强度更弱的涡流。这一过程继续下去,直至大地的欧姆损耗将磁场能量消耗完毕为止。这便是大地中的瞬变电磁过程,伴随这一过程存在的电磁场便是大地的瞬变电磁场。

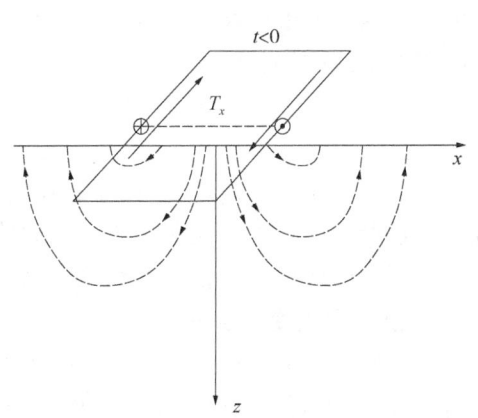

图 1 矩形框磁力线

应该指出,由于电磁场在空气中传播的速度比在导电介质中传播的速度大得多。当一次电流断开时,一次磁场的剧烈变化首先传播到发射回线周围地表各点,因此,最初激发的感应电流局限于地表。地表各处感应电流的分布也是不均匀的,在紧靠发射回线一次磁场最强的地表处感应电流最强。随着时间的推移,地下的感应电流便逐渐向下、向外扩散,其强度逐渐减弱,分布趋于均匀。美国地球物理学家 M. N. Nabghan 对发射电流关断后不同时刻地下感应电流场的分布进行了研究[3],研究结果表明,感应电流呈环带分布,涡流场极大值首先位于紧挨发射回线的地表下,随着时间推移,该极大值沿着与地表成 30°倾角的锥形斜面向下、向外移动、强度逐渐减弱。

任一时刻地下涡旋电流在地表产生的磁场可以等效为一个水平环状线电流的磁场。在发射电流刚关断时,该环状线电流紧接发射回线,与发射回线具有相同的形状。随着时间推移,该电流环向下、向外扩散,并逐渐变形为圆电流环。图 2 给出了发射电流关断后不同时刻地下等效电流环的示意分布。从图中可以看到,等效电流环很像从发射回线中"吹"出来的一系列"烟圈",因此,人们将地下涡旋电流向下、向外扩散的过程形象地称为"烟圈效应"。

"烟圈"的半径 r、深度 d 的表达式分别为:

$$r=\sqrt{8c_2 t/(\sigma\mu_0)+a^2} \tag{2}$$

$$d=4\sqrt{t/\pi\sigma\mu_0} \tag{3}$$

式中 a——发射线圈半径,$c_2=8/\pi-2=0.546479$。

当发射线圈半径相对于"烟圈"半径很小时,可得"烟圈"将沿 47°倾斜锥面扩散,其向下传播的

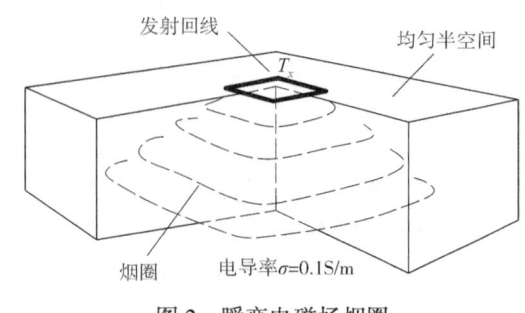

图2 瞬变电磁场烟圈

速度为：

$$v=\frac{\partial d}{\partial t}=\frac{2}{\sqrt{\pi\sigma\mu_0 t}} \qquad (4)$$

从式(2)至式(4)可以看出，地下感应涡流向下、向外扩散的速度与大地导电率有关。导电性越好，扩散速度越慢，这意味着在导电性较好的大地上，能在更长的延时后观测到大地瞬变电磁场。

从"烟圈效应"的观点看，早期瞬变电磁场是由近地表的感应电流产生的，反映浅部电性分布；晚期瞬变电磁场主要是由深部的感应电流产生的，反映深部的电性分布。因此，观测和研究大地瞬变电磁场随时间的变化规律，可以探测大地电位的垂向变化，这便是瞬变电磁测深的原理。

瞬变电磁场的探测深度主要由测量时间和地下介质的电阻率来确定。当地下为均匀介质时，地面发送线圈中的电流被切断后，感应电流随时间向地下扩散，电流被关断后某一时刻地下最大涡流所在深度由式(5)计算：

$$h=\sqrt{\frac{2t\rho}{\mu_0}} \qquad (5)$$

当地下介质的平均电阻率为 $15\Omega\cdot m$，测量时间取 20ms，探测深度即达 218m。至于发送回线(接收回线)与探测深度的关系，只是为了保证接收线框内有足够的信号强度。同时，由于回线在一定的范围内线框越小，其体积效应也越小，其横向、纵向分辨率也越高。

2. 全航空瞬变电磁法

时间域航空电磁法的探测原理如图3所示，发射线圈通以双极性脉冲电流(梯形波、半正弦波、三角波等)，发射一次电磁信号，地下介质在一次电流脉冲场的激励下产生涡流。在发射电流关断期间，涡流不会立即消失，在其周围空间形成随时间衰减的二次场。二次场随时间衰减的规律主要取决于地下异常体的电导率、体积规模和埋深，以及发射电流的形态和频率，其中早期测道数据主要包含高频成分，反映浅层地电信息；晚期测道数据主要包含低频成分，反映深部地电信息。通过对采集的电磁信号进行反演成像，可以研究地下介质从浅到深的电性分布特征。

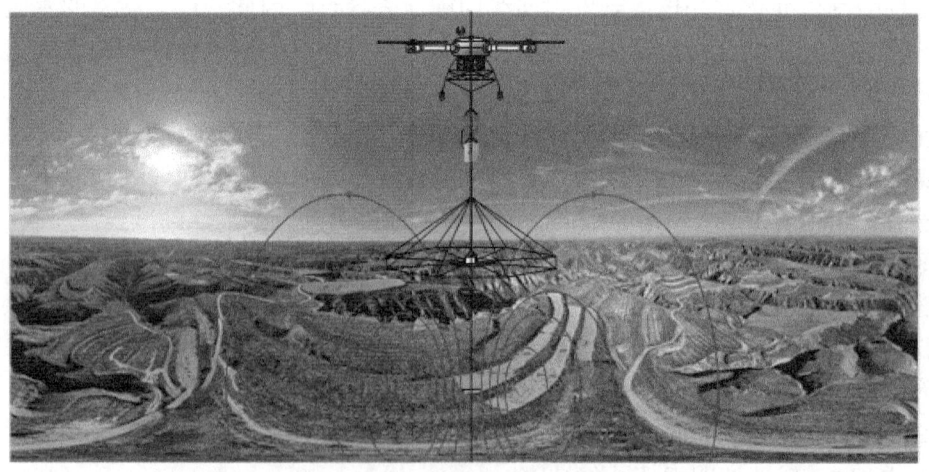

图3 全航空瞬变电磁法原理

全航空瞬变电磁法具有不受地形限制的巨大优势，施工效率极高。由于电磁波在空气中衰减严重，故需要大功率发射源才能保证含有地电信息的响应不会被噪声淹没，而大功率发射源体积与重量都较大，国外机载瞬变电磁发射电流最大可达 400~500A；探测深度由发射磁矩、信号分辨率决定，为了获得较大发射磁矩，一般需采用较大发射线圈，国外机载瞬变电磁发射线圈直径可达24～32m；发射功率和大线圈决定了系统重量，机载瞬变电磁系统一般在200～800kg，只能由直升机搭载；由于直升机飞行安全考虑，飞行高度一般较高，造成激发信号损失和二次场信号削弱；大发射线圈、较大的离地高度，造成体积效应较大，分辨率较低；此外，低空飞行难度大，导致合适的飞行员比较难找，且飞行员工资极大地增加了探测成本。基于以上原因，全航空瞬变电磁系统由直升机搭载，主要用于矿产勘查，相关技术仅由加拿大、丹麦等极少数西方国家掌握，我国在该领域发展缓慢。

3. 无人机载全航空瞬变电磁法

近年来，随着无人机的飞速发展，无人机不需要飞行员，可以极大地降低探测成本，消除飞行员安全隐患；可以以更低的高度飞行，大大降低了由于飞行高度造成的信号衰减；可以以更低的速度飞行，增加了叠加次数，大大增强了信噪比；无人机瞬变电磁系统可以更小的载荷、更小的线圈、更小的发射功率，获得较大的探测深度；可以采用小线圈，低空减小磁场发散，降低体积效应，获得更好的分辨率，使其应用于工程勘查成为可能。故无人机搭载的全航空瞬变电磁法成为极具发展潜力的物探方法。

三、外业执行

无人机全航空瞬变电磁法工作包括航拍测绘、路径规划与试飞和大载重无人机作业等三部分。其中，航拍测绘是整个项目前期工作内容，主要是查清物探工作区域内的地形地貌特征并为后续路径规划提供数据支持；路径规划与试飞是大载重无人机安全飞行的重要保障。作业者根据项目调查目标需求确定工作区域内的最佳飞行轨迹经纬度和离地高，保证物探数据丰富的前提下，制定出最佳施工方案和工作量。在试飞中确定路线安全可靠，查清并提前排除飞行隐患，保障设备安全和项目正常施工；大载重无人机作业是整个数据收集工作的重中之重。大载重无人机将搭载航空瞬变电磁设备在提前规划的路径下平稳飞行，执行规定飞行任务，完成野外数据采集。

1. 航拍测绘

现阶段下的航拍测绘有两种方案，第一种利用空中无人机对地面拍照（图4）；第二种是利用空中激光雷达采集地面点（图5）。第一种方案快捷方便，设备经济实惠，其精度满足现行航空瞬变电磁物探要求；第二种方案精度高，多用于建筑物三维重建，特别注意的是，激光雷达发射的激光脉冲信号对植被具有一定穿透能力，导致无法确定大载重飞机飞行的最佳高度，从而对大载重无人机安全飞行产生一定影响。

图4　精灵4RTK

图5　经纬M350RTK

后期三维建模可用多种商用软件进行解算，其中DJI Terra和Context Capture是两款较为成熟的软件。DJI Terra为大疆开发的一款提供自主航线规划、飞行航拍、二维正射影像与三维模型重建的PC应用软件。Context Capture是Bentley公司收购法国Acute3D软件技术后推出的首款实景三维建模软件,该软件在Smart3D Capture软件的基础上进行升级,采用世界上最先进的数字图像处理技术和计算机视觉图形算法,通过简单的连续影像即可生成层次细节丰富的3D模型。从精度上来说,Context Capture优于DJI Terra,但DJI Terra计算速度快于Context Capture,且模型精度满足航空瞬变要求。

2. 路径规划

现阶段大载重无人机平台较多,但没有一个统一的路径规划设计软件。大疆公司平台的路径规划方案仅能适用于大疆系列无人机,且限制较多,没有考虑悬挂吊舱情况,不利于航空物探灵活飞行需求。因此,通过开发的适用于航空瞬变电磁的路径规划软件,软件制定预飞航线,流程如图6所示。其中计算中考虑了悬挂吊舱半径,摆动的影响,保证大载重无人机按照预飞航线飞行过程中悬挂的吊舱不会与地表物探发生碰撞,实现安全飞行。

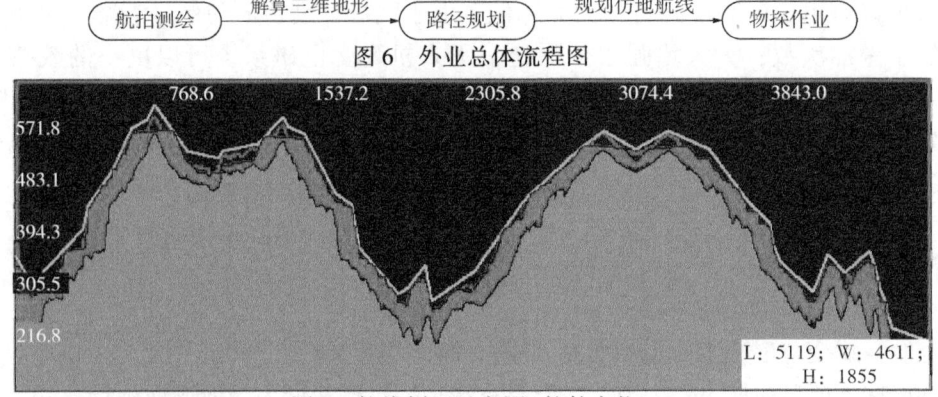

图6 外业总体流程图

图7 航线剖面示意图(软件实物)

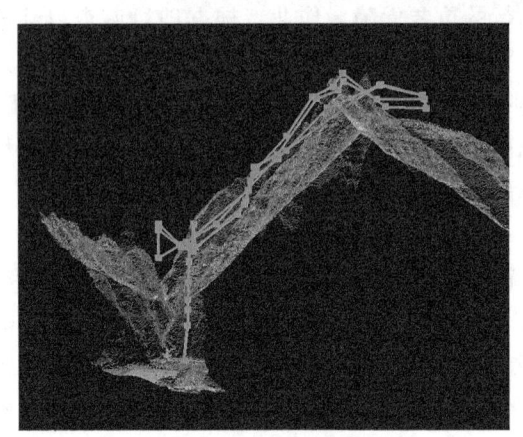

图8 规划航线三维展示

输入测线坐标,设置安全半径,线圈离地高,节点阈值,即可得到图7航线剖面示意图,其中灰色区域上限为测绘所得地表高程,绿色区域为考虑安全半径后高程,红线为添加线圈离地高后航线高程,绿色为节点优化后航线高程。以某项目隧道工程为例,软件提供了三维航线示意图(图8),以便操作人员确定飞行轨迹是否正确。

航线规划是大载重无人机飞行的向导,为了进一步保障大载重无人机飞行的安全,在正式飞行前需要进行试飞工作,即利用小无人机平台在预飞航线下进行快速飞行作业,在其中观察实时摄像头,查看地面情况是否正常,提前排查可能飞行隐患。

3. 航线作业

在上述仿地航线设计完成后,大载重无人机执行仿地飞行作业。

如图9所示,针对测区复杂地形下超视距飞行可能出现的信号丢失、遮蔽问题,使用中继无人机、监测无人机与大载重无人机构成无人机组网。中继无人机(或系留无人机)搭载中继信号器的方式,保障地面站与大载重无人机信号链路通畅,确保无线电距内飞行;监测无人机搭载高清云台相机,全程对吊舱状态进行监测,实时评估飞行风险,充当大载重无人机驾驶员的"眼睛",确保大载重无人机安全飞行。

外业施工现场分现场负责人、数据采集员、机长、中继驾驶员、监测驾驶员等角色各司其职,完成飞行作业。现场负责人主要承担沟通协调,明确飞行任务工作;数据采集员主要负责瞬变系统的组装、安装及数据采集;机长执飞大载重无人机;中继驾驶员执飞中继无人机;监测驾驶员执飞监测无人机。具体流程如图10所示。

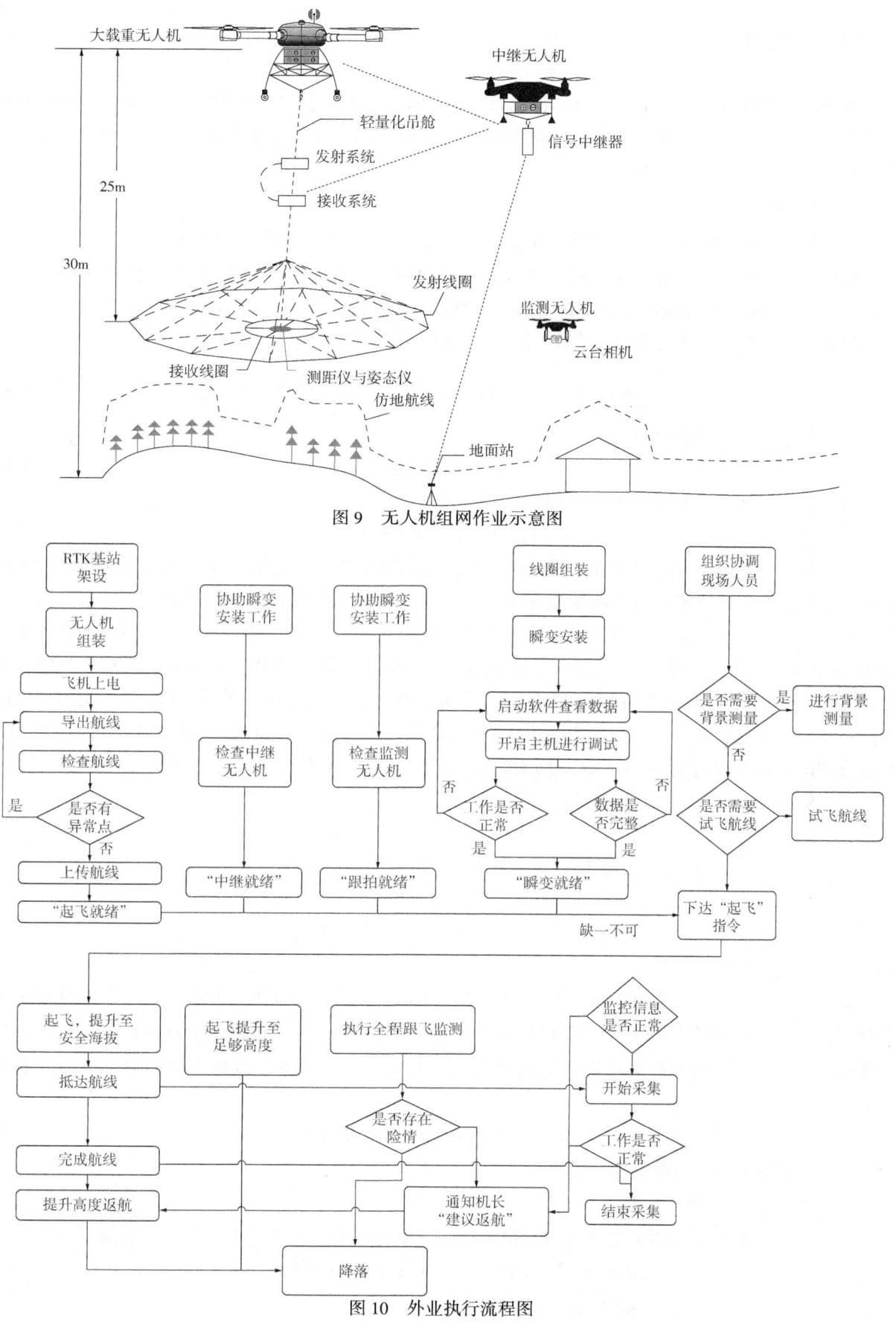

图 9 无人机组网作业示意图

图 10 外业执行流程图

四、反演处理

本技术采用线性横向带地形反演,首先设立初始模型,并正演其响应数据,通过计算目标函数评估是否满足迭代终止条件,不满足时对模型进行更新,再循环正演响应和计算目标函数等操作,直到满足终止条件时输出模型。

1. 线性算法

本项目使用的线性算法为基于阻尼最小二乘法的一维 OCCAM 反演,具体如下:

最小二乘反演算法的推导通常采用使目标函数导数为零的方法。假设实际观测数据为 $\boldsymbol{d}=[d_1, d_2, \cdots, d_{nm}]$,反演的目标是希望找到最佳的模型 m,使理论值 $f(\boldsymbol{m})$ 与观测值 $\boldsymbol{d}$ 的偏差最小,其中 f 为 TEM 正演算法。最小二乘(L2 范数)意义下的最小偏差可以表示为:

$$\boldsymbol{\Phi}(\boldsymbol{m}) = \|\boldsymbol{d} - f(\boldsymbol{m})\|^2 \sum_{i=1}^{md} [d_i - f_i(\boldsymbol{m})]^2 \tag{6}$$

经过数学推导,整理可得:

$$\boldsymbol{A}^\mathrm{T}\boldsymbol{A}\Delta\boldsymbol{m} = \boldsymbol{A}^\mathrm{T}\boldsymbol{b} \tag{7}$$

阻尼最小二乘反演就是在式(7)基础上引入阻尼因子

$$(\boldsymbol{A}^\mathrm{T}\boldsymbol{A} + \alpha\boldsymbol{I})\Delta\boldsymbol{m} = \boldsymbol{A}^\mathrm{T}\boldsymbol{b} \tag{8}$$

有限的观测数据中存在误差和干扰造成多个模型能够拟合观测数据,即反演存在多解性。当存在多个反演模型都可以满足目标函数要求时,需要考虑如何合理的缩小解空间的大小,选择哪个模型作为反演结果更好,或哪个模型更接近真实地质情况。为了解决上述问题,Constable 提出了 OCCAM 反演方法。内容简述为"如无必要,勿增实体"。当存在多个满足目标函数的反演结果时,选择最简单也就是最光滑的那个模型作为解是符合地质规律的。Constable 等在 1987 年首先在大地电磁反演中引入了这种算法思想,因为采用了 Occam's Razor 原理,所以称为 OCCAM 反演。OCCAM 反演合理的减小了解的空间。OCCAM 反演是通过引入粗糙度矩阵 $\boldsymbol{L}_z$ 实现模型粗糙度。

$$\boldsymbol{L}_z = \begin{bmatrix} 1 & -1 & & & 0 \\ -1 & 1 & \cdots & & 0 \\ \vdots & & \ddots & & \vdots \\ & & & -1 & 1 \\ 0 & \cdots & & 0 & 0 \end{bmatrix}_{nm \times nm} \tag{9}$$

式中 nm——1D 的总层数。

$\boldsymbol{L}_z\boldsymbol{m}$ 为模型 m 在 z 方向相邻元素的差分,表示了模型在深度方向的变化剧烈程度,或模型的光滑程度。$\|\boldsymbol{L}_z\boldsymbol{m}\|$ 为模型在深度方向所有 nm 个元素的变化率的平方和,根据 Occam 反演思想我们需要最光滑的模型,因此我们希望 $\|\boldsymbol{L}_z\boldsymbol{m}\|^2$ 最小。因此,可以建立一维瞬变电磁 Occam 反演目标函数:

$$\boldsymbol{\Phi}(\boldsymbol{m}) = \|\boldsymbol{d} - f(\boldsymbol{m})\|^2 + \omega z \|\boldsymbol{L}_z\boldsymbol{m}\|^2 \tag{10}$$

式中 $\|\boldsymbol{d}-f(\boldsymbol{m})\|^2$——数据拟合差项;

$\|\boldsymbol{L}_z\boldsymbol{m}\|^2$——模型光滑项;

ωz——加权算子,用来平衡模型光滑项在反演中的比重。基于最小二乘算法求解可得:

$$\begin{cases} \Delta\boldsymbol{m} = (\boldsymbol{A}^\mathrm{T}\boldsymbol{A} + \alpha\boldsymbol{I} + \omega_z\boldsymbol{L}_z^\mathrm{T}\boldsymbol{L}_z)^{-1}(\boldsymbol{A}^\mathrm{T}\boldsymbol{b} - \omega_z\boldsymbol{L}_z^\mathrm{T}\boldsymbol{L}_z\boldsymbol{m}^{kT}) \\ \boldsymbol{m}^{k+1} = \boldsymbol{m}^k + \Delta\boldsymbol{m} \end{cases} \tag{11}$$

2. 横向带地形约束反演

横向约束反演也叫拟二维瞬变电磁反演，该方法基于一维正演程序和二维模型。拟二维瞬变电磁反演通过在模型中加入横向约束建立二维模型网格之间的联系。在水平 x 方向和深度 z 方向同时加入模型光滑约束。水平方向模型光滑约束的加入，使不同测点之间的网格建立了联系，反演结果也更符合连续或分段连续的实际地质情况，增加了反演的稳定性。

拟二维瞬变电磁反演不同测点之间的关联，除了因为加入了横向约束，还因为采用了统一的目标函数，在反演中同时考虑了所有测点的观测数据。在常规基于一维反演的数据处理方法中，先对每个测点观测数据进行一维反演，然后将每个测点的反演结果进行拟二维成像，每个测点的反演都基于独立的目标函数，不同测点的反演互不相关。拟二维瞬变电磁反演将所有观测数据都包含在一个目标函数中，每个测点观测数据的改变都会影响目标函数值，进而影响其他测点的模型修正。

具体来说，就是在式(10)中加入 x 方向上的约束，如式(12)所示。

$$\Phi(m) = \|d - f(m)\|^2 + \omega z \|L_z m\|^2 + \omega x \|L_x m\|^2 \tag{12}$$

式中 $\|d-f(m)\|^2$——数据拟合差项；

$\|L_z m\|^2$——z 方向模型光滑项；

$\|L_x m\|^2$——x 方向模型光滑项。

ωx、ωz——加权算子基于最小二乘算法求解可得：

$$\begin{cases} \Delta m = (A^T A + \alpha I + \omega_z L_z^T L_z + \omega_x L_x^T L_x)^{-1}(A^T b - \omega_z L_z^T L_z m^{k^T} - \omega_x L_x^T L_x m^{k^T}) \\ m^{k+1} = m^k + \Delta m \end{cases} \tag{13}$$

3. 超算云平台

使用基于超算平台的瞬变电磁数据远程处理软件（αTEM 软件），主要功能有拟二维反演，其在主流的一维平滑反演的基础上加入了二维的横向反演平滑/聚焦约束[4]。

软件包含采集数据可视化，处理结果等值线绘制等功能；支持地面，隧道，航空模式；实现了数据实时共享，快速交互的需求。反演结束后可在任务窗口实时查看各测线的多测道曲线拟合情况（图 11）及反演图（图 12）。而后可下载反演计算后的数据（三列明码数据），可导入 surfer 等第三方软件进行网格化成图。

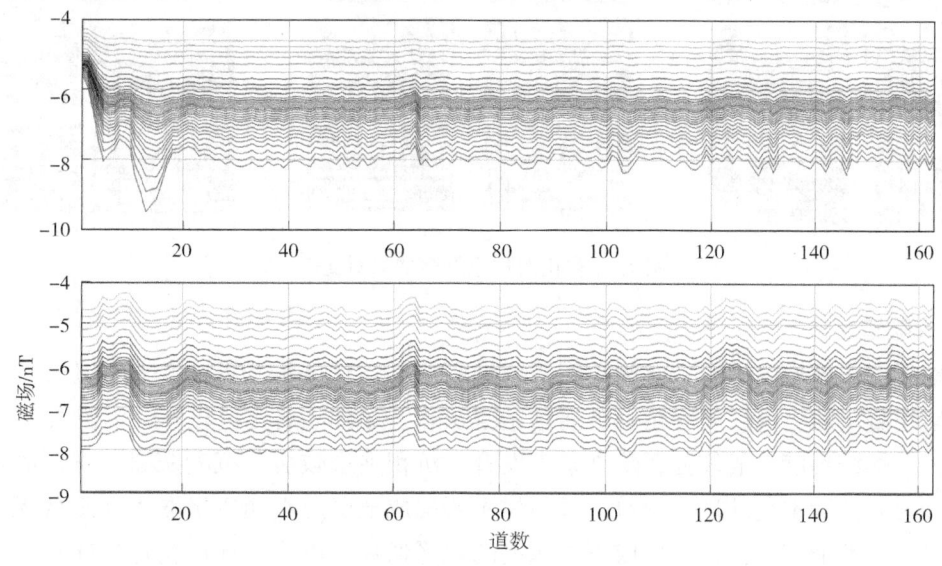

图 11 多测道曲线拟合情况

（上图为：原始曲线；下图为：拟合曲线）

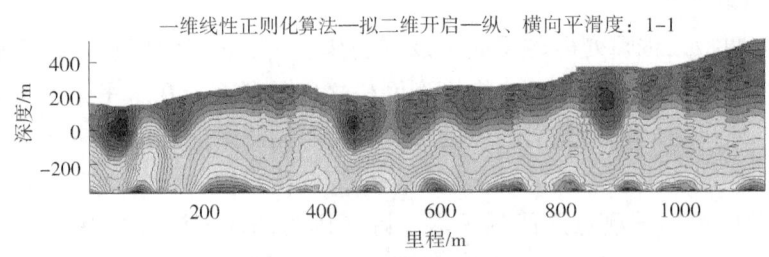

图12 反演结果成图展示

五、成果分析

采用无人机全航空瞬变电磁法，分别在长春—石家庄天然气管道工程和川气东送二线天然气管道工程两个项目开展试飞。其中，以以上工程中的桃花沟隧道和马山头隧道为例，与钻探成果进行对比验证情况分析。

1. 桃花沟隧道

据项目区域地质资料，隧址区域主要发育阜平群团泊口组（Art）及南营组（Arn）变质岩。坡体表面主要覆盖第四系上全新统残坡积层，基岩为阜平群团泊口组（Art）黑云二长片麻岩地层，受地质构造影响，隧道轴线存在地层间的不整合接触。

根据图13所示，自左至右分别为ZK2、ZK3和ZK5钻探成果，ZK2和ZK5孔位于推测低阻带，多段岩心揭露破碎带，ZK3位于高阻段，其岩心完整，无人机航空瞬变电磁反演图中所揭露的低阻异常，其他推测的破碎带或节理密集带与钻孔具有明显的一致性。

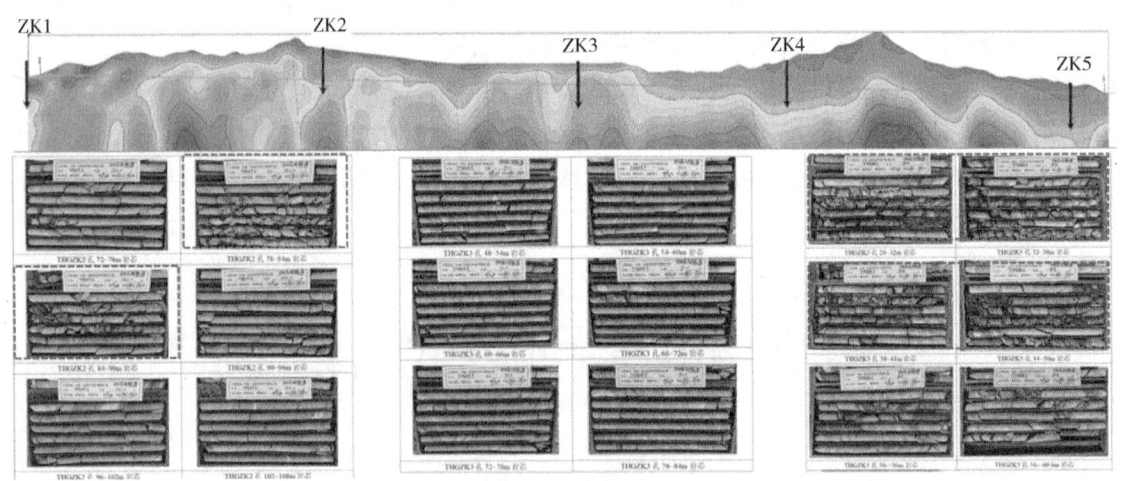

图13 桃花沟隧道勘察成果对比图

2. 马山头隧道

据区域地质图，区域内地层主要为第四系残坡积层，下伏基岩为西山头组（K1x）：岩性主要为流纹质玻屑熔结凝灰岩，流纹质含角砾玻屑熔结凝灰岩，局部晶屑含量较高，为流纹质（含）晶屑玻屑熔结凝灰岩。熔结程度一般较强，熔结条带发育。沉积夹层较多，沉凝灰岩、含砾凝灰质长石岩屑砂岩、粉砂岩等。为本隧址进出洞口区域山体主要构成地层。本隧道采取了往复式无人机全航空瞬变电磁，采取平面形态数据，并形成不同深度的水平切片，以确定地质构造展布情况，航线路径图如图14所示。

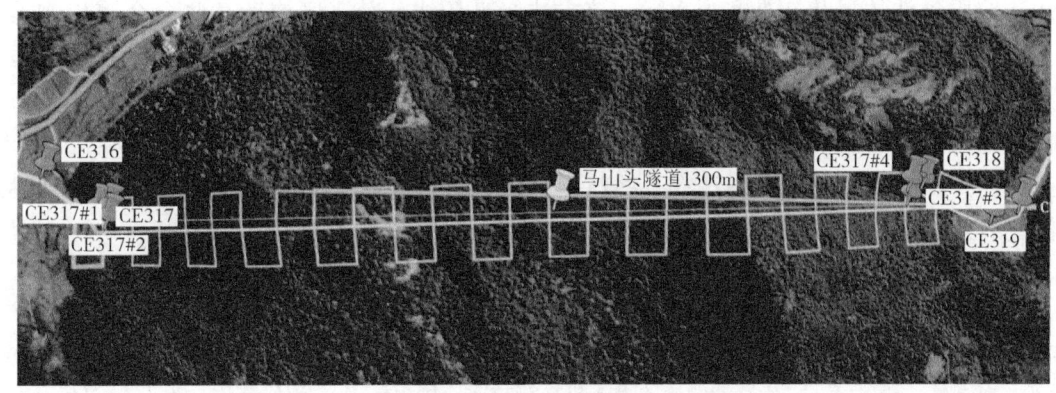

图 14 马山头航线路径图

本隧道无人机航空瞬变电磁成果与已完成的微动探测进行对比，显示在瞬变电磁成果的反应上不如的微动效果明显，但无人机航空瞬变电磁成果的效果能进行构造的追索，有一定的借鉴意义。以 XK2 钻孔为例，如图 15 所示，钻探岩心及细节显示该处存在明显的断层构造，验证了无人机航空瞬变电磁成果在此处的低阻异常。

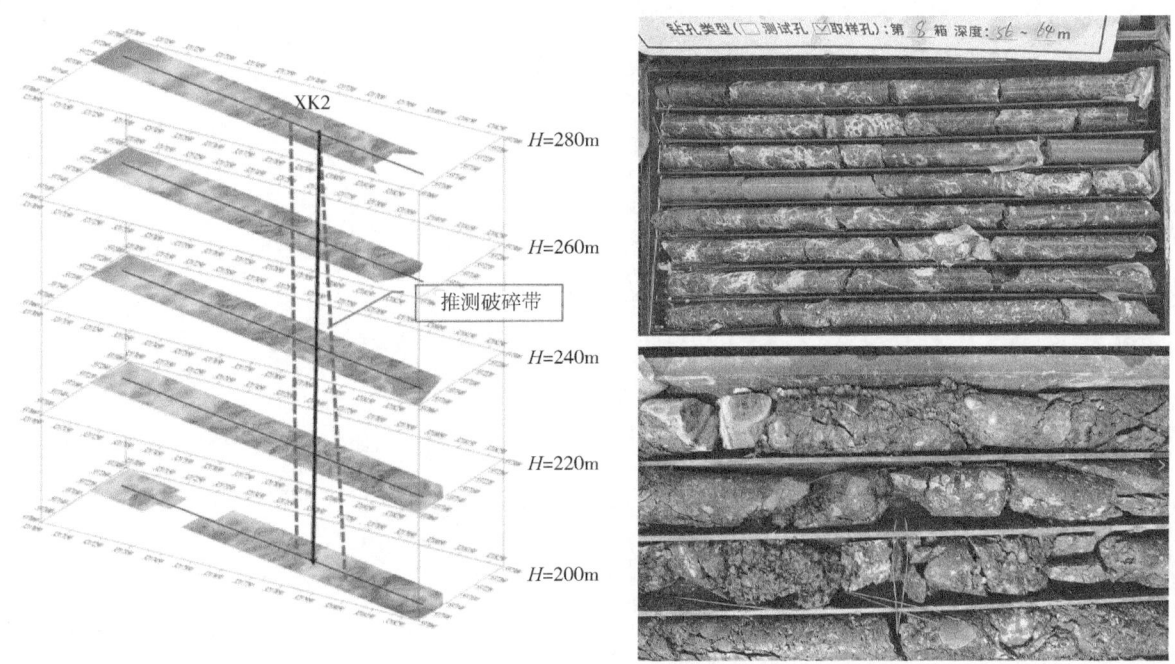

图 15 马山头隧道勘察成果对比图

六、结语

无人机航空瞬变电磁技术，近年来发展迅速，已广泛应用于区域性填图、矿产、水资源勘察等，精度和深度比早期有了很大提高。该技术不但大幅降低了成本，而且无人机航空瞬变电磁法具备在较短的时间内，满足复杂地形下的物探勘察需求。但是，使用无人机方式，则要求设备及系统应满足体积小、重量轻、探测深度大、分辨率高等一系列问题进一步研究解决。

经过两个项目的试用与研究分析，在隧道工程(或地下储库等地下工程)勘察过程中，采用无人机航空瞬变电磁法进行的勘察成果，与其他物探方法有明显的一致性，也取得了钻探方法的直接验证，同时能够快速的采集平面形态数据，形成平面维度的成果，有助于追索构造展布。但物探方法的多解性和地质条件的复杂性是客观实际,该方法受高压线、禁飞区或者某些含金属矿物地层等方面限制,并有一定的物探放大效应(实际的破碎带宽度可能比物探成果窄),并在个别的隧道,效果略差与微动的效果,与大地电磁法相当,物探作为一种间接探测手段,与其他物探方法类似,无人机航空瞬变电磁法仍需要与其他钻探、原位测试方法进行配合使用。

综上所述,认为航空瞬变电磁法在某些特定的场区,其效果能符合勘察的要求,可为隧道工程勘察提供更有效、更快速地探测方法和手段,并具有实际采用价值。

参 考 文 献

[1] 薛国强,李貅,底青云. 瞬变电磁法理论与应用研究进展[J]. 地球物理学进展,2007(4):1195-1200.
[2] 陈唯实,黄毅峰,卢贤锋. 多传感器融合的无人机探测技术应用综述[J]. 现代雷达,2020,42(6):15-29.
[3] 嵇艳鞠. 浅层高分辨率全程瞬变电磁系统中全程二次场提取技术研究[D]. 长春:吉林大学,2004.
[4] 付志红,赵俊丽,周雏维,等. WTEM高速关断瞬变电磁探测系统[J]. 仪器仪表学报,2008(5):933-936.

几种常用商业 GNSS 数据处理软件比较分析

方广杰　黄利军　寇明明

(中国石油天然气管道工程有限公司勘察与地下储库工程事业部)

摘　要：目前我公司 GNSS 设备已经完成国产化，国产的南方、中海达和华测 GNSS 设备逐渐替代了美国天宝接收机，而笔者在进行 GNSS 数据处理时使用的还是美国天宝公司的 Trimble Business Center(TBC)软件。为了让大家了解国产商业软件的性能和精度，笔者特意对几种常用 GNSS 数据处理软件进行了比较，供技术人员使用时参考。

一、引言

笔者选取了南方公司的 SGO 南方地理数据处理平台软件，中海达公司的 Hi-Target Business Center 软件，华测公司的 CHC Geomatics Office 软件与美国天宝公司的 Trimble Business Center 软件进行 GNSS 数据处理比较，这些软件全部为最新版本。本文通过实测数据在相同参数设置下对四种软件处理结果进行比较和分析，为工程人员选取合适的软件提供一些参考。

二、软件功能

1. Trimble Business Center 软件

Trimble Business Center(TBC)软件是美国天宝公司出品的新一代功能强大的办公软件，为用户提供了测量、GIS、CAD、制图、表面、点云、施工数据、摄影测量、隧道、移动测绘、工地土方搬运等多种功能。软件支持 GNSS 基线处理和 RTK 数据处理。基线解算支持 GPS、GLONASS、BDS、Galileo、QZSS 五个星座的解算。本次分析选用 2023.10 版本。

2. SGO 南方地理数据处理平台软件

SGO 南方地理数据处理平台(SGO)软件采用全中文操作境、流程化管理与操作，具有更出色的图形操作界面和良好的图形服务功能，可进行包括基线网图、误差椭圆等各种图形的输出、打印；采用建立项目文件的管理方式，用户可方便地自定义椭球投影参数和选择不同的坐标系统，增加了软件的可操作性；在功能方面，具有比以往版本功能更强大、自动化程度更高、操作更方便的基线向量解算、闭合环搜索、网平差处理等功能[1]。本次分析选用 2.30.230717 版本。

3. Hi-Target Business Center 软件

Hi-Target Business Center(HBC)是中海达推出的第二代静态解算软件。该软件设计支持 GPS、GLONASS、BDS 多系统解算，支持静态、动态(走走停停，后处理 RTK)等多种作业模式，用于高精度测量用户的基线数据处理，网平差和坐标转换，能够解算超长时间的静态数据，并能智能剔除粗差数据；同时配套完整的解决软件工具，包括全新的 RINEX 转换软件、坐标转换软件、精密星历下载软件等[1]。本次分析选用 2.0.1 版本。

4. CHC Geomatics Office 软件

CHC Geomatics Office(CGO)是华测公司完全自主研发的第二代全功能后处理软件。其主要特点概括为：高效的解算引擎，优越的自动化及长时间解算，自由组合的 GPS、GLONASS、BDS 数据解算；静态、快速静态、动态后处理(PPK)等多种作业方式，兼容天宝、科傻基线解算文件；国内外多种 GNSS 天线认证与自动化识别；多种报告输出(平差报告、基线报告、网图报告、闭合环报告、项目总结报告等)，自我配置的平差检验报告，符合国际化、行业化标准；具有精细的操作日志记录，以便实时了解当前操作与后期回放[1]。本次分析选用 2.3.1 版本。

三、数据准备

1. 数据选用

本次测试选用某工程一处小型 GNSS 控制网为实验数据，由 6 个 GNSS 控制点组成。原始静态观测数据由三台南方公司 RT300 型双频 GNSS 接收机采集，采样间隔为 5s，观测时段长约 1h。控制网以边连接方式组成，该控制网的精度等级为国家 E 级 GNSS 网。测前根据网上下载的星历表，选择良好的时段进行外业数据采集，使用 SGO 南方地理数据处理平台软件进行数据检查，正确输入天线高，最后转换为 RINEX 3.02 版标准格式数据。

2. 基线处理参数设置

TBC 软件中目前版本已不支持选择具体基线处理参数，因此按其默认设置执行，选择 GPS、GLONASS、BDS、Galileo 卫星数据，卫星截止高度角设为 15°。SGO 软件、HBC 软件、CGO 软件同样选择 GPS、GLONASS、BDS、Galileo 卫星数据，卫星截止高度角设为 15°，对流层模型选择 Saastamoinen 模型，同时设置温度为 18 度，气压 101325 帕斯卡，相对湿度 50%。因只有 CGO 软件具备电离层改正模型，所以这几款国产软件都不加电离层模型改正。

评定基线解算结果质量的指标有两类，一类是基于测量规范的控制指标，另一类是基于统计学原理的参考指标。在工程应用中，控制指标必须满足，而参考指标则不作为判别质量是否合格的依据。判断基线解算结果的质量一般有三个参数：比率、参考方差和均方根误差 RMS。一般情况下，比率应大于 3，参考方差应为 1 左右，RMS 值越小越好[2]。

3. 网平差参数设置

TBC 软件中目前版本同样不支持选择具体网平差处理参数。因此这几款软件只做了最基本的设置，卡方检验显著性水平选择 5%，最大迭代次数选择 10 次。网平差前未对任何基线进行周跳探测、剔除不良观测时段及剔除不良卫星等操作，也未删除任何基线。

四、基线处理结果比较

采用四款软件分别导入转换好的原始观测数据，格式为 RINEX 3.02 版标准格式数据。导入数据后不做任何修改直接进行基线处理，处理完成得到基线处理结果，均方根误差和基线长度值见表 1 和表 2。

表 1　四款软件基线 RMS 值比较

软件	基线 1	基线 2	基线 3	基线 4	基线 5	基线 6	基线 7	基线 8	基线 9
TBC	0.0080	0.0090	0.0070	0.0080	0.0080	0.0060	0.0050	0.0060	0.0050
SGO	0.0090	0.0100	0.0070	0.0090	0.0060	0.0050	0.0050	0.0050	0.0050
HBC	0.0072	0.0079	0.0055	0.0082	0.0055	0.0058	0.0038	0.0044	0.0042
CGO	0.0061	0.0070	0.0055	0.0062	0.0056	0.0043	0.0042	0.0043	0.0039

表 2 四款软件基线长度比较（HBC 未提供椭球面距离）

软件	基线 1	基线 2	基线 3	基线 4	基线 5	基线 6	基线 7	基线 8	基线 9
TBC	741.558	1728.417	1280.806	1185.742	1325.658	696.692	671.704	345.704	504.960
SGO	741.559	1728.423	1280.811	1185.746	1325.663	696.693	671.706	345.705	504.962
CGO	741.560	1728.425	1280.812	1185.747	1325.663	696.694	671.706	345.705	504.962

从表 1 可以看出这四种软件处理基线的 RMS 值变化都不大，其中 CGO 软件显示值要小一些。从表 2 可以看出三种软件解算的基线椭球长度结果吻合的很好，尤其是长度小于 1km 的基线差值在 2mm 左右，但长度大于 1km 后基线解算结果的差值增大，但两款国产软件 SGO 与 CGO 的椭球基线长差值很小。

五、网平差结果比较

采用四款软件直接执行网平差，只固定 1 个已知控制点（DTK6）的三维坐标。平差后网点坐标结果见表 3（为方便比较只取每个坐标值的最后一位整数及三位小数）。

表 3 四款软件网平差坐标值比较

软件	DTK1(XYZ)			DTK2(XYZ)			DTK3(XYZ)		
TBC	6.624	8.239	1.708	0.595	7.702	2.625	8.066	8.487	3.582
SGO	6.624	8.244	1.648	0.594	7.707	2.555	8.065	8.487	3.583
HBC	6.625	8.243	1.644	0.594	7.706	2.555	8.064	8.486	3.581
CGO	6.625	8.243	1.703	0.595	7.706	2.621	8.064	8.487	3.583

软件	DTK4(XYZ)			DTK5(XYZ)			已知点 DTK6(XYZ)		
TBC	3.480	2.850	3.715	9.763	6.114	3.506	2.364	9.485	2.444
SGO	3.478	2.847	3.743	9.763	6.113	3.537	2.364	9.485	2.444
HBC	3.479	2.850	3.740	9.762	6.117	3.536	2.364	9.485	2.444
CGO	3.478	2.847	3.716	9.761	6.117	3.504	2.364	9.485	2.444

从表 3 可以看出 SGO、HBC、CGO 这三款软件网平差处理结果在 X、Y 方向上的稳定度及符合度都很好，而 CGO 与 TBC 两款软件网平差处理结果在 Z 方向上符合得较好。出现这种情况的原因是国产软件基线处理及网平差的算法同源，而 TBC 软件与国产软件不同。CGO 与 TBC 两款软件在 Z 方向上符合较好的原因是国产软件中只有 CGO 软件能加载大地水准面模型并能在网平差中应用。

六、结论

国产软件可以设定详细的控制网等级，并根据各控制网等级的限差值判定数据处理是否超限，对于国内规范的支持更好，报告的输出更符合规范要求，对于一般工程项目更加实用。而 TBC 软件虽然需要人工整理上述报告，但其基线解算和网平差功能算法严密，精度和可靠性较高，尤其适合观测条件较差的数据。

另外 TBC 软件能加载 EGM2008 全球大地水准面模型，并能基于模型进行三维平差，得出平差点准确的大地高和高程，在国产软件中只有 CGO 软件具备此功能。TBC 软件在平差时可以随意设定 1 个已知点或多个已知点，且误差分配策略符合实际，国产软件在处理多个已知点且保留非独立基线时会存在误差分配不合理现象，造成平差坐标精度不均匀。

通过采用 TBC 软件、SGO 软件、HBC 软件、CGO 软件进行小型控制网基线解算和网平差计算结果进行分析比较，可以得出这些软件处理结果较为一致，可以根据自身情况任意选用。如果要进行高程平差的话则需采用具备加载大地水准面模型的 TBC 和 CGO 软件。

参 考 文 献

[1] 孙国鹏，李建胜，郝向阳，等. 国产 GNSS 数据处理软件的比较和分析[J]. 全球定位系统，2017，42(1)：103-107.

[2] 刘紫平，余代俊，惠海鹏. 几款商用 GPS 数据处理软件基线解算结果比较分析[J]. 矿山测量，2011(1)：18-20，42.

超前预报技术在花岗岩风化槽探测中的综合应用

贺 洋 邹宗霖 西 原

(中国石油天然气管道工程有限公司勘察与地下储库工程事业部)

摘 要：风化槽是花岗岩地层中十分常见和突出的不良地质体，主要地质特征为全风化和强风化花岗岩。花岗岩风化槽的发育规模与断层破碎带的发育程度密切相关。因其深埋地下，其分布特征及工程特性难以判定，严重影响到隧道现场施工的安全性和高效性，如何准确的探测花岗岩风化槽的界面分布情况是花岗岩地层中隧道施工过程面临的巨大难题。本文介绍通过利用TST地震波法和地质雷达法来揭示花岗岩风化槽的分界面，后利用超前水平钻探法对掌子面前方花岗岩风化槽进行精准定位。结果表明，综合超前地质预报技术能够有效地揭示花岗岩风化槽的前后展布情况，其可以为后续隧道现场施工提供重要的地质参数。

一、引言

花岗岩地区隧道施工中常见的地质风险之一为风化槽，其是一种特殊的风化类型，由于风化槽的形成机制较为复杂，目前国内没有一个完整统一的定义。一般认为，当岩体中存在规模较大、延展性较深的断层破碎带或断裂交汇带、不稳定矿物富集带、岩脉与断裂交叉带及地下水循环交替较强的局部裂隙发育带时，常能见到这种现象。这时风化底部界线加深，形似槽状者称为风化槽[1]。

由于地表钻探手段的局限性，决定了勘察成果资料与实际地下地质情况存在一定的偏差，不能准确的发现花岗岩地区风化槽的具体位置。在地下施工期间若无超前地质预报，盲目施工会导致工程危险性增加，甚至对掘进掌子面前方即将出现的塌方、涌泥和涌水等地质灾害没有察觉[2]。

近年来，在国内已有的风化槽探测工程案例中，主要采用钻探法和物探法手段。钻探法能准确揭示风化槽在钻孔经过处的分布范围和特征，但探测范围十分有限。物探法可以从宏观的角度得到风化槽空间分布情况，应用十分广泛；目前针对花岗岩地层中风化槽探测的物探法多种多样，诸如TSP、TRT、红外探水和地质雷达等方法，由于每种探测方法是以地质介质的某一性质差异为物理基础的，其有各自的适用范围和优缺点，因此采用单一的物探法往往具有一定的局限性。

基此，本文以云南某地下隧道施工工程为例，运用综合超前地质预报技术对掌子面前方花岗岩风化槽位置和风化界面精准定位，其预报成果得到后期开挖验证。

二、工程概况及地质风险识别

云南某隧道施工区域地表覆盖层主要揭露中粗砂及少量角砾；基岩主要岩性为黑云二长花岗岩，属较坚硬岩，中间穿插辉绿岩、石英岩、辉长岩和闪长岩等岩脉。根据前期勘察和设计要求，隧道施工全段位于微风化花岗岩中，在详勘阶段已查明该施工区域存在一定的全风化和强风化软弱地层等不良地质段。

由于隧道工区位于云南山地区域，微风化层顶面起伏不定，详细勘察阶段地表布置钻孔数量有限，不可能完全准确地反映地下的地层分布情况和特殊地质环境。特别是一些详勘钻孔涉及不到的小型不良地质体，这些地段都是隧道施工中的高风险源。因此，建立可靠的超前地质预报体系，对施工过程中的地质风险把控具有指导性的意义。

三、隧道超前预报综合体系

1. 预报目的内容

本文介绍的云南某隧道施工过程中，首先利用地质雷达法和 TST 地震波法等超前预报方法来完成花岗岩风化槽分界面的探测，即对花岗岩风化深槽可能发育的区域进行预判，以指导钻探工作区域的选取；之后在预报结果中选取物探异常区域布置两个及以上超前水平钻孔，通过超前水平钻探成果对隧道局部地段花岗岩风化槽的发育情况和地质特征进行详细的揭示，为后续隧道现场施工提供重要的地质参数。

2. 预报总体方案

根据云南大量的超前地质预报实践经验和研究成果[3,4]，制定工区超前地质预报方案为：以掌子面超前水平钻探为主，以 TST 地震波法、地质雷达法等物探手段为辅，结合掌子面地质素描情况进行综合地质预报。范围见表1。超前地质预报总体方案布置如图1所示。

表 1　各种超前地质方法预报范围简介

超前预报方法	地质预报范围	备注
地质雷达法	掌子面前方 20~30m，搭接 5m	物探
TST 地震波法	掌子面前方 100~150m，搭接 20m	物探
水平钻探法	掌子面前方 20~30m，搭接 5m	钻速、岩屑

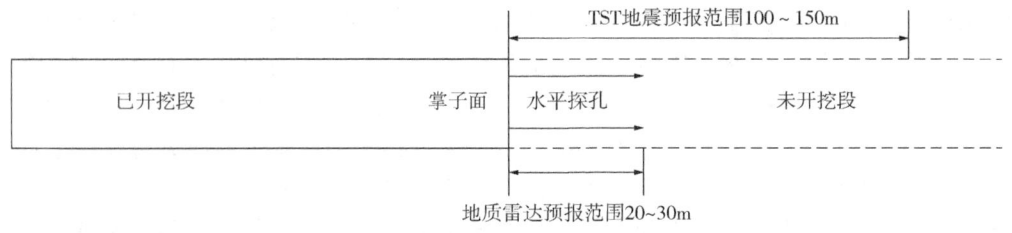

图 1　各种超前地质预报方法示意图

3. 预报方案实施

通过下述的预报步骤探明工区隧道掌子面前方花岗岩风化槽的发育形态及规模：

（1）初步利用 TST 地震波法判断掌子面前方 150m 内不良地质体和其大致位置，预报里程搭接 20m。

（2）之后利用地质雷达法来判断掌子面前方 30m 范围内地质异常体前后分界面，预报里程搭接 5m。

（3）最后通过掌子面地质素描和超前水平钻孔来预估掌子面前方 30m 的地质情况，较为精准的判断异常体发育形态规模及围岩破碎情况等，并判断有无涌水、突泥等危险。

其中，TST 地震波法预报距离可根据现场地质条件进行增减。地质雷达法预报解译过程中，优先选用超前水平钻钻杆长度来校正电磁波传播波速，即相对介电常数，其可以有效地增加预报准确性。在不具备钻探的条件下，可利用工区经验值来校正波速。超前水平钻探可利用钻探施工所用时间和深度，计算钻进速率，并记录实时钻进信息，包括卡钻位置、突进里程、返水颜色等。

四、预报结果分析

1. TST 地震波预报法分析

采用北京同度物探公司研发的隧洞地质超前预报系统（Tunnel Seismic Tomography，TST），探测段掌子面桩号为 $K_0+468.4m$，预报距离150m。部分成果如图2所示。

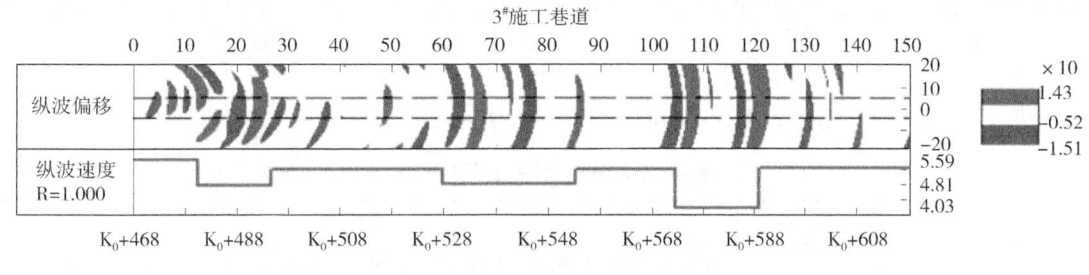

图2　TST 波速扫描和偏移成像

综合分析隧道偏移成像结果，推断在里程 $K_0+572.0～K_0+589.0m$，长度17m，该段围岩纵波波速约4230m/s，岩体强度较低，偏移图像中出现两组较大的红蓝相间条纹，推测该段围岩为花岗岩风化槽，岩性主要为强风化花岗岩，围岩完整性和稳定性较差。预报成果详见表2。

表2　TST 地震波预报法分析结果

序号	里程/m	长度/m	推断结果
1	$K_0+468.4～$ $K_0+481.0$	12.6	该段围岩纵波平均波速约5390m/s，岩体强度偏高，偏移图中红蓝条纹较少，围岩节理裂隙弱发育，围岩完整性较好，裂隙水不发育。结合掌子面岩性推测该段围岩为微风化花岗岩，隧道掌子面 $K_0+468.4m$ 雷达地质预报，在里程 $K_0+470.4～K_0+472.4$ 存在导水裂隙，在里程 $K_0+485.4m$ 附近存在反射增强区域，推测该位置存在厚层矿物填充的裂隙带
2	$K_0+481.0～$ $K_0+572.0$	91.0	该段围岩纵波波速为4760～5140m/s，岩体强度较前段降低，偏移图像中在里程段 $K_0+481.0～K_0+495.0m$，长度约14m，出现多组红蓝相间条纹，推测该段为微风化花岗岩，但该段节理裂隙较发育，围岩完整性较上段变差，地下水以基岩裂隙水为主，多呈滴水状。在里程段 $K_0+528.0～K_0+553.0m$，长度约25m，出现两组较大红蓝相间条纹，该段节理裂隙较发育，围岩完整性和稳定性变差，在上述两段里程段施工时应注意掉块等风险
3	$K_0+572.0～$ $K_0+589.0$	17.0	该段围岩纵波波速为4230m/s，岩体强度较前段降低，偏移图像中出现两组较大的红蓝相间条纹，推测该段围岩为微风化花岗岩破碎带或风化带，该段围岩节理裂隙较发育，围岩完整性和稳定性较差
4	$K_0+589.0～$ $K_0+618.4$	29.4	该段围岩纵波波速为5200m/s，岩体强度较前段升高，偏移图像中红蓝条纹较少，推测该段围岩为微风化花岗岩，围岩节理裂隙欠发育，围岩完整性和稳定性较好

2. 地质雷达预报法分析

采用美国 GSSI SIR 系列地质雷达，搭配100MHz屏蔽天线，探测段掌子面桩号为 $K_0+567.0$，预报距离30m。部分成果如图3所示。

综合分析地质雷达波列图，预报里程段为 $K_0+567.0～K_0+597.0m$，掌子面前方6～14m范围内，电磁波存在强烈反射信号，其反射波形杂乱，反射振幅增强，同相轴难辨识，结合 TST 地震波法预报结果，推测里程段 $K_0+573.0～K_0+581.0m$ 节理裂隙较发育，围岩存在深层风化现象，裂隙间夹厚层黏土矿物和砂粒，岩体自稳能力一般，推测为Ⅳ级围岩，地质现象对应为花岗岩场区不良地质体之一的风化深槽，即槽底微风化岩层顶比相邻地段凹陷较深段。掌子面前方14～30m范围内，围岩由于风化及含水率等影响,岩体内部会有些微弱的信号反射,其表现出来的特征就是一些中高频的反射信号,故推测异常区前方围岩较完整,稳定性较好。预报成果详见表3。

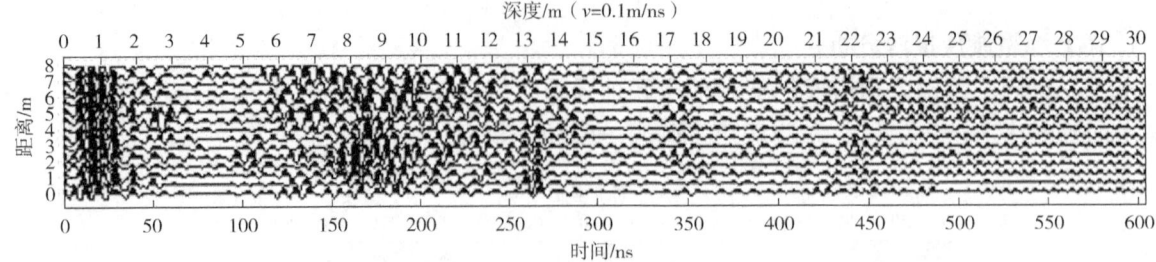

图3 地质雷达水平剖面反射波波列图

表3 地质雷达预报法分析结果

序号	里程/m	长度/m	推断结果
1	$K_0+567.0 \sim K_0+573.0$	6	里程$K_0+567.0 \sim K_0+569.0$m反射波同相轴连续且均一平行,为直达波信号,其余里程段没有明显的反射界面,电磁波基本没有反射信号,推测围岩较完整,岩体强度高,岩体自稳能力较强
2	$K_0+573.0 \sim K_0+581.0$	8	反射波振幅增强,波形较杂乱,信号频率多为不均匀中低频,信号衰减快,同相轴难识别,存在深层风化现象,围岩强度和完整性较差,岩体自稳能力一般
3	$K_0+581.0 \sim K_0+597.0$	16	反射信号振幅弱,仅存在些许微弱的反射信号,其表现为一些中高频的反射信号,整个范围内频率变化小,其多是由于裂隙间风化和含水导致,推测围岩完整性和强度较高,岩体自稳能力较强

3. 超前水平钻探法分析

结合地质素描情况和上述两种超前地质预报方法的探测结果,选取里程$K_0+567.0 \sim K_0+597.0$m作为超前水平钻探的探测段,在掌子面轴线中线两侧一定位置各布置一个钻孔(图4),利用BDY368型潜孔钻作业。

根据掌子面上$1^\#$和$2^\#$水平钻孔钻速随钻进里程变化曲线图(图5)及相应的钻孔施工记录表,进行钻进区段内的地质解译,并对掌子面前方围岩及地质情况进行判断。结果表明:在里程$K_0+570.0 \sim K_0+582.0$m段,钻进速度发生了较大变化,钻速较前后围岩明显升高,且在该里程段内钻孔返出物为黄褐色岩屑,但不存在出水,故推测上述里程段围岩风化程度较高,岩体较破碎,围岩存在深层风化现象。注:超前水平钻杆3m/节,共10节,故钻速曲线图中横坐标里程间距为3m。

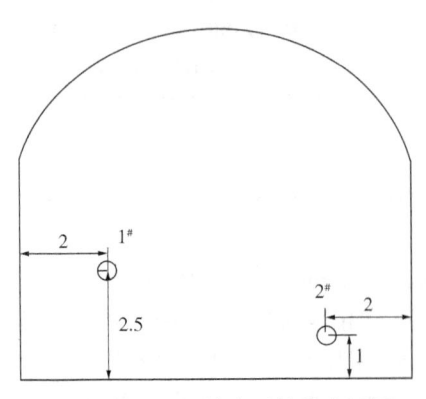

图4 掌子面超前水平钻孔布置图

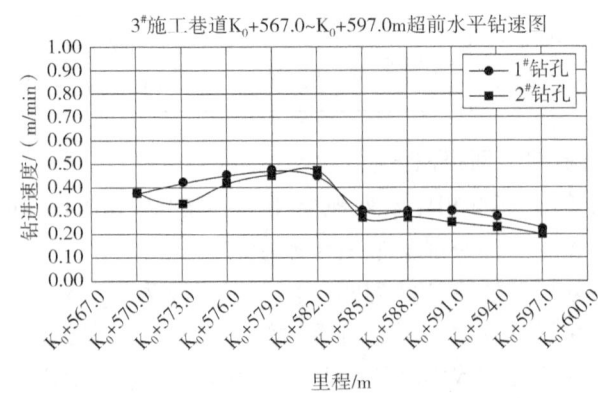

图5 $1^\#$和$2^\#$超前水平钻孔钻速曲线图

五、开挖验证结果及分析

花岗岩风化槽的各种超前地质预报结果及开挖揭露对比见表4。由表4可以看出,实际开挖揭露风化槽前后分界面与TST地震波法预报、地质雷达法预报存在的一定误差。其预测结果误差分析详见表4。从图6可知,该工区花岗岩风化槽地质变化非常剧烈,从微风化到强风化基本是突变的,主要表现为不存在地层过渡带,这样极大增加了预报和施工风险,没有缓冲带。此外,由于风化槽与洞身呈空间斜交关系,使得隧道断面上下左右可能并不是同时进入到花岗岩风化槽,TST、地质雷达难以全面反映这种空间关系,故最优方法是利用掌子面上多个水平钻孔成果判断风化槽与洞身空间交叉位置,如遇上述情况建议至少应施作3个以上水平钻孔[2]。

表4 预报结果与实际开挖验证对比

预报方法	隧道风化槽段/m	预测结果简分析
TST地震波预报	$K_0+572.0 \sim K_0+589.0$	TST预报风化槽,结束里程偏差8m,是由于预测距离已接近120m,波速扫描和偏移成像已出现较大误差,推荐预报距离为120m以内,可以有效地减小误差
地质雷达法预报	$K_0+573.0 \sim K_0+581.0$	地质雷达预报风化槽,整体往大桩号里程偏移,由于前期TST预报结果中,该里程段纵波波速较小,故雷达处理过程中相对介电常数选值偏大,导致异常解译位置偏大桩号
超前水平钻探法	$K_0+570.0 \sim K_0+582.0$	水平钻探法预报风化槽界面存在些许误差,主要受钻杆所限,预估平均钻进速度,风化槽界面位置无法准确划分
实际开挖揭露	$K_0+571.0 \sim K_0+580.0$m	

图6 隧道风化槽起始界面图

六、结语

以"TST地震波法+地质雷达法+超前水平钻探法"相结合的综合超前地质预报方法较成功地应用于云南某隧道工程中,其能够较为有效准确探测出花岗岩风化槽的分界面,可以为隧道设计和施工提供可靠的地质资料,能够为超前地质预报在花岗岩风化槽探测方面提供合理的指导意见[5]。

(1)对于未在详细勘察阶段探明的不良地质体,可通过TST地震波法和地质雷达法在宏观层面上对花岗岩风化槽界面进行揭示,并为钻探布置深度提供指导;钻探法可直观地揭露地层,能精准的定位异常位置和范围。

（2）基于本工程隧道实践经验，建立了隧道超前地质预报综合体系，即以掌子面水平超前钻孔为主，以 TST 地震波法和地质雷达法等物探为辅，结合掌子面地质素描进行综合预报。该体系经本工程风化槽超前地质预报工程实践检验，精度高，可靠性强，可推广应用到其他类似工程。

参 考 文 献

[1] 王贤能，李志波．深圳市南山区后海片区风化深槽的分布特征分析[J]．工程勘察，2022，50(4)：8-15.

[2] 程正明．海底隧道超前地质预报综合体系研究——以厦门翔安海底隧道为例[J]．长江大学学报(自然科学版)，2013，10(1)：49-52.

[3] 任喻云，杨航．云南某隧道施工中的地质超前预报方法应用实例分析[J]．建筑安全，2020，35(8)：4-8.

[4] 胡志航．云南小磨高速隧道超前地质预报综合分析方法研究[D]．武汉：武汉工程大学，2017.

[5] 朱俊，张志强．综合超前地质预报法在花岗岩球状风化体探测中的应用[J]．四川建筑，2021，41(4)：108-110.

微动探测在城市盾构隧道岩溶勘察中的应用

程少华　陈光联

(中国石油天然气管道工程有限公司勘察与地下储库工程事业部)

摘　要：本文探讨了微动探测技术在城市长盾构隧道岩溶勘察中的应用。随着城市地下空间开发的快速发展，盾构隧道工程面临着复杂地质条件带来的挑战，尤其是岩溶地质的勘察难题。微动探测作为一种新兴的地球物理方法，具有抗干扰能力强、无须人工震源、适合城市环境等优势。本文系统介绍了微动探测的基本原理、技术特点，详细阐述了其在城市长盾构隧道岩溶勘察中的具体应用方法，包括数据采集、处理与解释流程。通过工程案例分析，验证了该技术在岩溶探测中的有效性，并探讨了其技术优势与局限性。展望了微动探测技术的发展前景及其在城市地下工程中的应用潜力。

一、引言

随着城市化进程的加快和地下空间开发的深入，盾构隧道工程在城市基础设施建设中扮演着越来越重要的角色。然而，城市复杂的地质环境，特别是岩溶地质条件，给盾构隧道的安全施工和长期运营带来了巨大挑战。岩溶洞穴、溶蚀带等不良地质体的存在可能导致盾构机卡机、地面塌陷等工程事故，因此在勘察过程中准确查明岩溶分布对工程安全至关重要。

传统的地质勘察方法如钻探虽然精度高，但成本昂贵且效率低下，难以满足长隧道连续剖面勘察的需求。地球物理方法因其高效、经济的特点成为补充手段，但常规物探方法在城市环境中往往受到电磁干扰、空间限制等因素制约。微动探测技术作为一种被动源地球物理方法，凭借其环境友好、抗干扰能力强等优势，在城市岩溶勘察中展现出独特价值。

本文旨在系统探讨微动探测技术在城市长盾构隧道岩溶勘察中的应用，分析其技术原理、实施方法和工程效果，为类似工程提供技术参考。

二、微动探测技术概述

微动探测是一种基于天然背景振动信号的地球物理勘探方法。地球表面始终存在着由自然因素(如海浪、风力等)和人为活动(如交通、工业振动等)引起的微弱振动，这种振动被称为微动。微动信号包含丰富的频率成分，能够反映地下介质的弹性参数差异。

微动探测的基本原理是通过布设阵列式检波器采集地表微动信号，利用空间自相关方法提取瑞雷面波频散曲线，进而反演地下横波速度结构。与主动源地震勘探相比，微动探测具有以下显著特点：无须人工震源，环境友好；利用天然背景噪声，适合城市环境；对低速度带敏感，特别适合岩溶等不良地质体探测；探测深度范围大，从浅部数十米到深部数千米均可适用。

微动探测系统通常由三分量地震检波器阵列、数据采集单元和分析处理软件组成。根据探测深度需求，可灵活调整观测阵列的孔径和检波器间距。在城市环境中，微动探测能够有效克服电磁干扰、空间限制等问题，为地下工程提供可靠的地质信息。

三、城市长盾构隧道岩溶勘察的挑战

城市长盾构隧道工程因其工程设计规模、施工环境特点等因素在岩溶勘察工作中面临着独特的挑战。首先，城市环境限制了传统勘察方法的应用。密集的建筑群、繁忙的交通网络和复杂的地下管线使得钻探工作难以开展，而电磁干扰则影响了常规物探方法的效果。其次，长隧道的线性特征要求勘察工作必须高效连续，传统的点式勘察难以满足需求。

岩溶地质给盾构隧道带来的风险主要包括：岩溶洞穴可能导致盾构机突然失稳或卡机；溶蚀带影响围岩稳定性，增加支护难度；岩溶水可能引发突水突泥事故。这些风险要求勘察方法不仅能够识别岩溶的存在，还需要评估其规模、充填情况和连通性。

此外，城市隧道通常埋深较大，穿越复杂地层，这对勘察技术的探测深度和分辨率提出了更高要求。如何在有限的地面条件下获取准确的地下信息，成为城市长盾构隧道岩溶勘察的关键问题。

四、微动探测在岩溶勘察中的应用方法

在城市长盾构隧道岩溶勘察中，微动探测的实施主要包括三个关键环节：数据采集、数据处理与解释。数据采集阶段需要根据工程需求设计合理的观测系统。对于隧道勘察，通常沿拟建线路布置线性阵列，检波器间距根据目标深度确定，一般浅部勘察采用5~10m间距，深部勘察可增大至20~50m。每个测点的记录时间通常不少于30min，以确保获得稳定的微动信号。

数据处理阶段的核心是提取频散曲线。首先对原始数据进行预处理，包括去噪、分段和筛选；然后通过空间自相关或频率—波数分析等方法计算瑞雷波频散特性；最后利用反演算法获得地下横波速度剖面。岩溶在速度剖面上通常表现为局部低速异常，其形态和速度值与围岩的对比度可以反映岩溶的发育程度和充填情况。处理流程如图1所示。

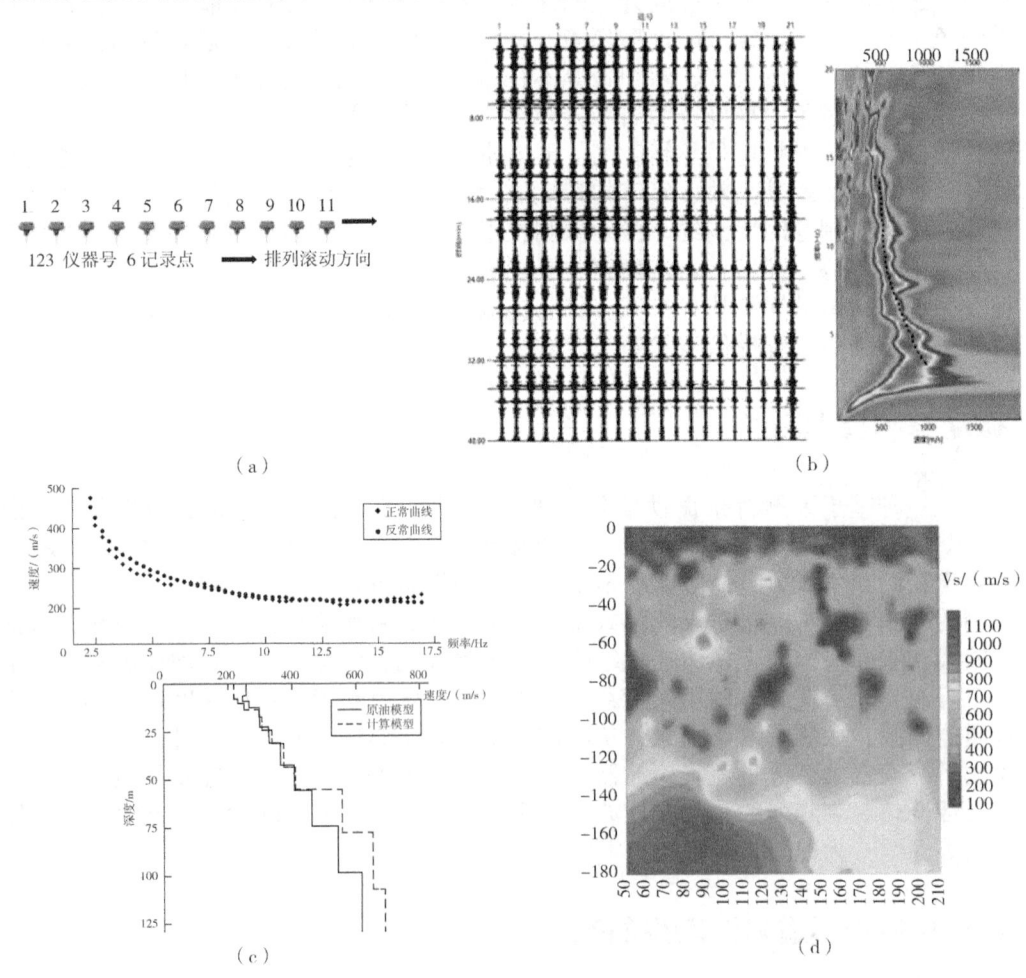

图1 微动探测数据处理流程

解释阶段需要综合地质资料和工程经验，区分真实的岩溶异常与其他因素引起的低速带。解释人员应注意分析异常的连续性、形态特征和速度梯度变化，评估岩溶对工程的影响程度。为提高解释精度，可采用钻孔资料进行标定，或与其他物探方法结果相互验证。

五、工程案例分析

1. 工程概况

某城市天然气输气管道盾构隧道全长 16.0km，下穿城市主街道、中心商业区、老旧居民区等。隧道主要穿越地层为第四系全新统人工填筑层、第四系全新统冲洪积或海积黏性土、砂土、震旦系变质长石石英砂岩、白云质灰岩、板岩、太古界黑云片麻岩；侵入岩以辉绿岩为主，以岩脉侵入。前期钻探显示，部分区域存在岩溶发育迹象，但因钻孔间距较大（平均 100m），无法确定岩溶分布范围及连通性。此外，在隧道轴线附近疑似存在隐伏断层，需进一步查明其位置与性质。

2. 微动探测实施过程

1）观测系统设置

沿隧道轴线每隔 10m 布设一个观测台阵，每个台阵由 6 个垂直分量检波器组成半径 20m 的圆形阵列，确保覆盖隧道开挖断面（直径 4.5m）及两侧各 10m 影响区域。在疑似不良地质区域（如岩溶发育区）加密观测点，间距缩小至 5m（图 2）。

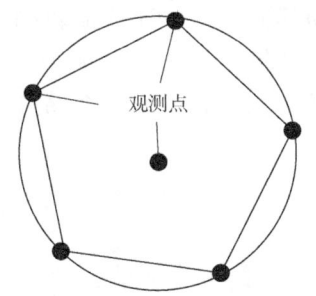

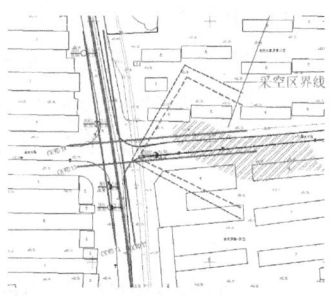

图 2 微动圆形台阵观测系统和物探测线布置示意图

2）数据采集

采用 24 位高精度地震采集仪，采样频率 2~5Hz，单次记录时间 40min，确保采集到足够的微动信号。为减少环境噪声干扰，数据采集主要在夜间（22：00-6：00）进行，避开交通高峰期。

3）数据处理与反演

空间自相关法（SPAC）是微动探测常用的数据处理方法，其核心原理基于公式（1）：

$$\overline{R}(r, w) = \frac{\iint_s R(x, x', w) \mathrm{d}x \mathrm{d}x'}{\iint_s \mathrm{d}x \mathrm{d}x'} \tag{1}$$

其中，$\overline{R}(r, w)$ 为半径 r 处的空间自相关函数，$R(x, x', w)$ 为两点 x 和 x' 之间的互相关函数，w 为角频率。

通过计算不同半径 r 下的空间自相关函数，可获得瑞雷波相速度频散曲线。利用 SPAC 法计算各台阵的瑞雷波相速度频散曲线，通过频谱分析剔除高频噪声信号。结合已有钻孔资料建立初始横波速度模型，采用遗传算法进行非线性反演，优化模型参数，建立地层速度模型，最终获得地下 0~80m 深度范围内的横波速度分布，从而推断地下地层结构。

3. 勘察成果分析

该盾构隧道穿越长约 12km 的岩溶发育区。为查明岩溶分布，采用了微动探测进行沿线勘察。工程中布置了间距 10m 的圆形阵列，使用 5Hz 低频检波器，每个测点记录 40min。数据处理后获得了深度达100m的速度剖面(图3)。

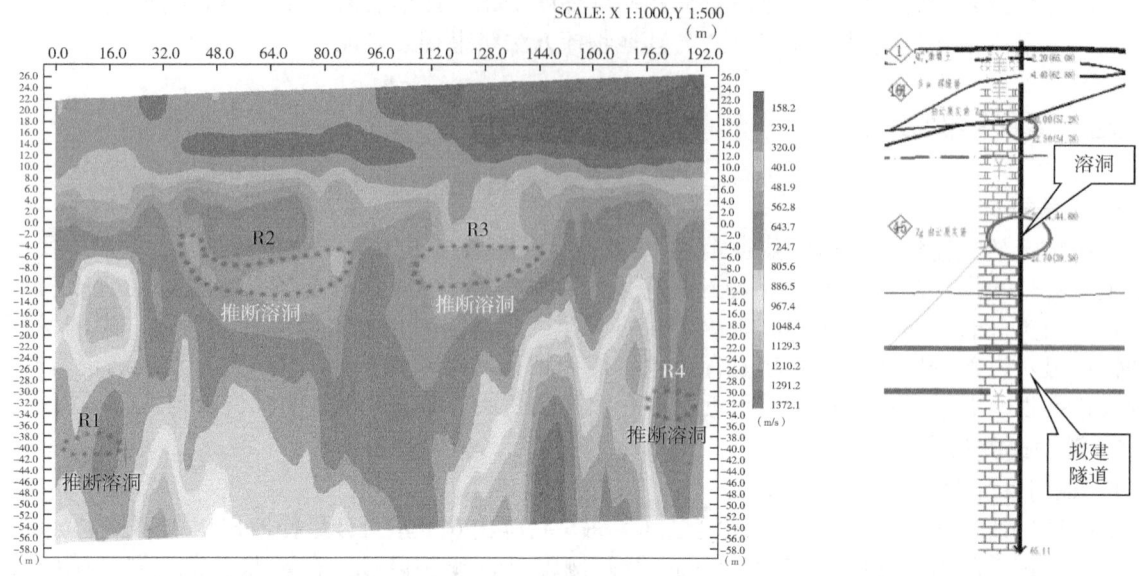

图3 L3线微动探测反演视横波速度剖面图(左)钻孔揭露岩溶发育(右)

L3线剖面探测结果清晰地揭示了多处岩溶异常,表现为明显的局部低速区,速度值较围岩降低30%~50%。其中在里程K_0+30~K_0+150m区段发现两处规模较大的溶洞群,深度范围30~40m,洞径2~6m,与后续钻孔验证结果吻合良好。根据微动探测成果,设计单位调整了盾构线路并制定了相应的预处理方案,有效避免了施工风险。

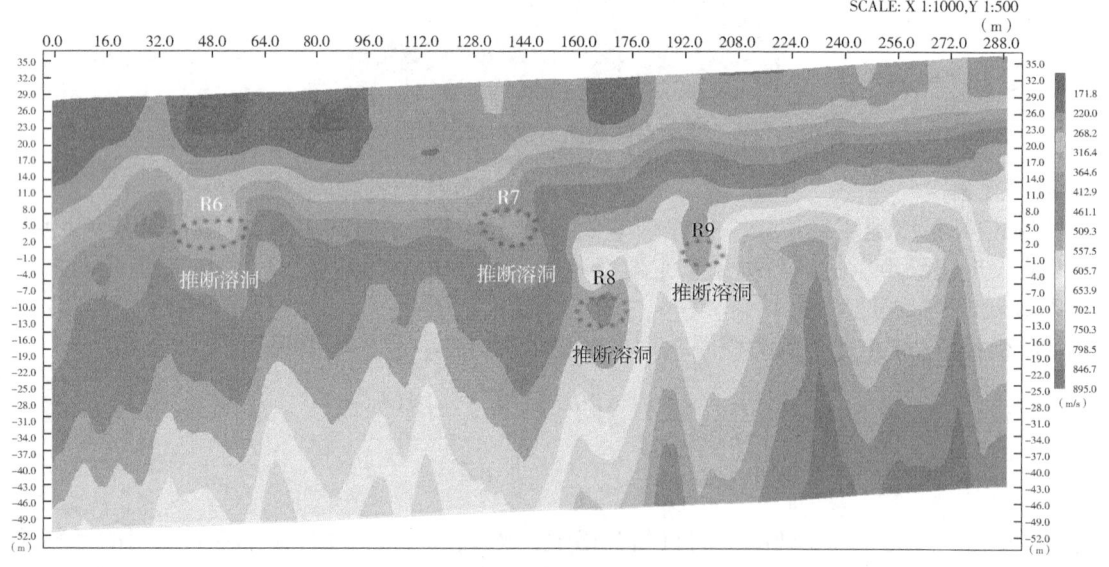

图4 L6线微动探测反演视横波速度剖面图

L6线剖面(图4)中,微动探测成功识别出一处断层破碎带,位于里程K_0+115~K_0+165m区段,其两侧速度值差异明显;同时该剖面在里程K_0+30~K_0+210m区段分布多个溶洞(反演横波速度通常300~450m/s)和完整灰岩(>750m/s)形成明显对比。这一信息为施工中的盾构机刀盘选型、注浆加固超前支护提供了重要依据。图5为岩溶发育段工程地质剖面图。

以上案例表明,微动探测能够有效识别城市环境下的岩溶发育情况,为盾构隧道工程提供可靠的地质依据。其连续剖面特征特别适合城市长隧道的勘察需求,且在城市环境中表现出良好的适用性。

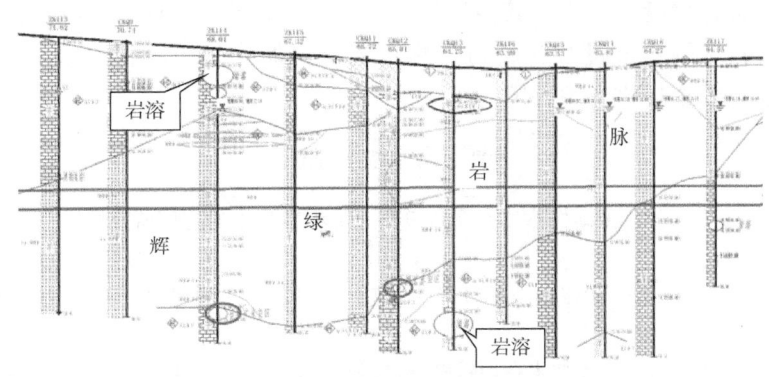

图5 岩溶发育段工程地质剖面图

六、技术优势与局限性分析

1. 方法技术优势

微动探测在城市岩溶勘察中具有显著优势。首先，其被动源特性使其特别适合城市环境，无须爆破或大型震源，避免了施工许可和安全问题。其次，抗干扰能力强，能够有效压制城市背景噪声，提取有效信号。再次，对低速异常敏感，特别适合岩溶等不良地质体探测。此外，微动探测效率高、成本低，能够实现长隧道的连续勘察。

2. 方法局限性

该技术也存在一定局限性，主要表现在以下方面：

（1）分辨率受深度限制，浅部分辨率较高，随深度增加而降低。

最佳探测深度：通常在10~70m深度范围内，微动信号的信噪比相对较高，能够获得较为准确的地层信息。

不同地层探测深度：对于浅层地层（5~30m），微动探测可以较好地识别不同地层的分层结构和速度变化，但对于一些非常薄的地层存在分辨率不足的问题；在中层深度（30~80m），能有效探测地层的速度结构，对地层的横向变化也有一定的分辨能力；对于深层地层（80m以上）可以进行探测，但随着深度增加，精度会逐渐降低，受地层复杂性的影响也更大。

（2）探测精度受场地条件和数据质量影响较大。

（3）对小型孤立溶洞的识别能力有限。

（4）解释结果存在多解性，需要结合其他资料综合分析。

此外，微动探测主要反映弹性参数差异，无法直接提供岩土力学参数或水文地质信息。

3. 解决措施

为克服这些局限，建议在实际工程中采取以下措施：(1)优化观测系统设计，针对不同深度目标调整阵列参数。(2)结合钻孔资料进行标定，提高解释精度。(3)与其他物探方法联合应用，互相验证。(4)开发更先进的反演算法，提高分辨率。

七、结论与展望

微动探测技术在城市长盾构隧道岩溶勘察中展现出独特优势和应用价值。工程实践表明，该方法能够有效识别岩溶发育区，为工程设计提供重要依据。其环境适应性强、高效经济的特点特别适合城市地下工程建设需求。

未来微动探测技术的发展方向包括：开发更灵敏的传感器和更智能的数据采集系统；改进反演

算法，提高分辨率和解释精度；探索与其他地球物理方法的融合应用；建立城市典型地质条件的微动特征数据库。随着技术的不断进步，微动探测有望成为城市地下空间开发中不可或缺的勘察手段，为工程安全和建设效率提供有力保障。

参 考 文 献

[1] 刘永勤，廖远国，李学专，等．微动探测技术在轨道交通工程勘察中的应用研究[J]．工程勘察，2010，（增刊1）：1-11．

[2] 高艳华，黄溯航，刘丹，等．微动探测技术及其工程应用进展[J]．科学技术与工程，2018，18(23)：146-155．

[3] 章飞亮，闫高翔，袁真秀，等．微动技术在地铁隧道区间孤石探测中的应用[J]．工程地球物理学报，2015(6)：817-822．

[4] 李传金，徐佩芬，凌甦群，等．微动勘探法圆形阵列台站数量和分布方式研究[J]．科学技术与工程，2016，16(7)：27-30．

[5] 张志豪，李荣先，梁延广，等．地下溶洞调查物探技术探讨[J]．工程地质学报，2012，20(5)：877-887．

[6] 刘宏岳，贺华．复杂场地条件下的地球物理探测方法选择与工程实例[J]．工程地球物理学报，2014，11(2)：155-159．

关于西南地区某地下工程地应力测试研究

张 帅 任海宾

(中国石油天然气管道工程有限公司勘察与地下储库工程事业部)

摘 要：地应力是存在于地层中的未受工程扰动的天然应力。地应力是引起地下开挖工程变形和破坏的根本作用力，是确定工程岩体力学属性，进行围岩稳定性分析，实现岩石工程开挖设计和决策科学化的必要前提条件。为了了解工程区域的地应力状态，最为准确的方法就是进行原位地应力测量。为查明西南某地下工程区域地应力状况，在拟建工程区布置钻孔，采用水压致裂法进行地应力测试，测试孔内不同深度地应力的大小和方向，分析工程区地应力场特征，并进行工程区地应力反演分析，计算现今主压应力方位和量值大小，为地下工程设计与施工提供有效依据。

一、引言

水压致裂法原地应力测量是20世纪70年代发展起来的，该方法是2003年国际岩石力学学会试验方法委员会颁布的确定岩石应力建议方法中所推荐的方法之一，是目前国际上能较好地直接进行应力测量的先进方法之一。该方法无须知道岩石的力学参数就可获得地层中现今地应力的多种参量，具有操作简便、可在任意深度进行连续或重复测试、测量速度快、测值可靠等特点，因此近年来得到了广泛应用，取得了大量的成果。

研究区位于我国西南地区，前人已进行了大量研究，并取得丰硕成果。谢富仁等(2001)发现滇西南大部分地区的现代构造应力场以NNE挤压、SEE拉张为主；徐纪人等(1995)认为川滇地区的东侧的华南大陆受菲律宾海板块NWW向压应力场的控制；石玉涛等(2006)认为云南地区大部分台站的原地主压应力方向为近NS向或NNW向；许忠淮等(1987)认为，川滇地区现今构造应力场以NW向为主导；吴建平等(2004)研究认为川滇块体内部主压应力方位从北到南由NNW向转为近SN向；钟继茂等(2006)将川滇地区应力场划分为13个小区，研究区主应力方位为NNW。阚荣举等(1977)认为滇西南区域的主压应力轴优势方位为NE-NNE。崔效锋等发现2条NNW向近似平行的应力转换带将川滇地区分成3个应力区，即滇西南应力区、川滇应力区和马边-昭通应力区，其方向分别为NNE、NNW和NW向，2条应力转换带之间形成的川滇应力区的最大主应力方向也正好是NNW向。乔学军等(2004)认为川西次级块体运动的优势方向为130°~162°，滇中次级块体的水平形变优势方向为165°~168°，揭示了川滇地区NNW-NW向的主压应力方位；钱晓东等(2011)、陈天长等(2011)、钟继茂等(2006)认为滇西南区域优势方向为NNW和NE两个优势方向。

研究区地处滇中高原西部，横断山脉中段，本次研究首先对工程区的区域构造应力场特征及区域应力测量资料进行分析和讨论，分析工程区的地应力场特征，进而进行原岩应力测试，并进行三维地应力场数值模拟，为工程区应力预测及分析提供参考依据。本次研究具体的工作内容如下：(1)工程区原地应力场分析。(2)初始地应力状态和量级研究。(3)工程场区三维地应力场有限元数值计算。

二、工程概况

1. 自然地理概况

拟建地下工程场区位于我国西南区域,地处滇中高原西部,为低中山地貌(图1),场区地形中部为NE走向山脊,山脊两侧沟谷、山脊交错,地势起伏较大,一般高程1747.1~1964.1m,相对高差217m,地表冲沟较为发育,受地表水切割山形不够完整。

图1 拟建场区地貌

2. 地层岩性

拟建场区内出露元古界上昆阳群、震旦系、中生界和新生界地层,其中中生界地层广泛出露,场区大部分区域有华力西期(γ_4)花岗岩出露,南侧有上昆阳群(Pt_1kn_2)片麻岩出露,岩性分界清晰明显。

3. 地质构造

项目区位于扬子准地台亚一级大地构造单元内,属康滇地轴二级构造单元、盐边—元谋台拱三级构造单元之元谋台穹(四级构造单元)。区内褶皱、断裂发育,岩浆活动频繁,显示了基底硬化程度不高及后期的活动性较强烈的特征。基底构造线以近东西向—北东向为主;盖层褶皱以北北东向及北北西构造线为主,高角度的正、逆断层发育,褶皱形态特点是短轴与长轴、开阔与紧密的褶皱同等发育。晋宁运动为结束早元古代地槽发展的主旋回,华力西运动以断裂活动及伴生的超基性—酸性岩活动为特征,燕山运动使盖层褶皱并奠定了现今的构造轮廓,喜山运动较微弱,主要表现为小规模的断层及部分断裂的复活。除晋宁期及燕山期属褶皱运动外,其他各期均为升降运动。

三、水压致裂原地应力测量原理和方法

1. 测量原理

水压致裂原地应力测量是以弹性力学为基础,并基于以下三个假设:(1)岩石是线弹性和各向同性的;(2)岩石是完整的,压裂液体对岩石来说是非渗透的;(3)岩层中有一个主应力分量的方向和孔轴平行。在上述理论和假设前提下,水压致裂的力学模型可简化为一个平面应力问题,如图2所示。

2. 测试及数据分析方法

1)水压致裂测试方法

水压致裂原地应力测量方法是利用一对可膨胀的封隔器在选定的测量深度封隔一段钻孔,然后通过泵入流体对该试验段(常称压裂段)增压,同时利用$X-Y$记录仪、计算机数字采集系统或数字

磁带记录仪记录压力随时间的变化。对实测记录曲线进行分析，得到特征压力参数，再根据相应的理论计算公式，就可得到测点处的最大和最小水平主应力的量值以及岩石的水压致裂抗张强度等岩石力学参数。

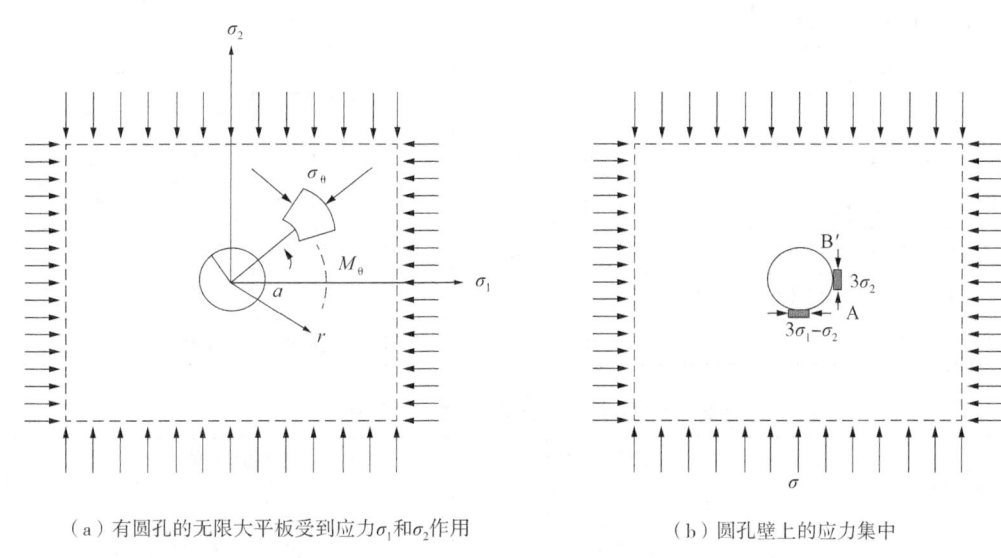

（a）有圆孔的无限大平板受到应力σ_1和σ_2作用　　（b）圆孔壁上的应力集中

图2　水压致裂应力测量的力学模型

2）主应力方向测定—超声波井下电视成像对比方法

超声波井下电视成像对比方法是通过对比水压致裂试验前、后扫描的钻孔孔壁图像来确定水压致裂主裂缝方位。本次测试采用的QL-ABI40超声波钻孔电视成像综合测试系统（Integrative Acoustic Borehole Imaging System），该系统由Mount Sopris公司将多种钻孔测量探头高度智能化集合而成的一套综合测量工具。用户设定采样频率和转动频率后，仪器在1.4MHz频率自动控制增益运行；探头的主要功能是开展倾斜角度测量和三轴磁方位测量，获取钻孔孔壁的超声波反射图像，通过水压致裂前后的钻孔孔壁超声波发射图像对比，可以清晰获得水压致裂压裂缝的图像，确定压裂缝角度从而获取水平最大主压应力方向。

3）数据分析方法

根据压力—时间记录曲线中可直接得到岩石的破裂压力p_b，瞬时闭合压力p_s及裂缝的重新张开压力p_r，根据这几个基础参数就可以计算出最大水平主应力σ_H和最小水平主应力σ_h及岩石的原地抗张强度T_{hf}。

3. 水压致裂地应力测量结果

拟建地下工程场区本次研究共开展了3个钻孔的应力测量工作，钻孔编号分别为ZK1、ZK11、ZK12，设计孔深分别为265m、285m、276m，钻孔孔径均为Φ75 mm，下覆基岩均为花岗岩。

按照水压致裂的理论计算求得破裂压力值（p_b）、重张压力值（p_r）和闭合压力值（p_s），并计算出最大水平主应力（S_H）值、最小水平主应力（S_h）及岩石的抗拉强度（T）。同时根据岩石的容重和岩层的厚度、按公式估算，给出了各测段的垂直应力（S_V）值，测试结果见表1~表3。

表1　ZK1孔水压致裂原地应力测量结果

序号	测段深度/m	压裂参数/MPa					主应力值/MPa			破裂方位
		p_b	p_r	p_s	p_0	T	S_H	S_h	S_V	
1	65.35~66.20	3.17	2.33	2.33	0.15	0.84	4.51	2.33	1.73	N26.6°W
2	73.42~74.27	4.77	2.62	2.62	0.23	2.15	5.01	2.62	1.95	

续表

序号	测段深度/m	压裂参数/MPa					主应力值/MPa			破裂方位
		p_b	p_r	p_s	p_0	T	S_H	S_h	S_v	
3	147.84~148.69	6.61	4.44	4.54	0.96	2.17	8.22	4.54	3.92	
4	161.82~162.67	7.12	5.28	5.37	1.10	1.84	9.73	5.37	4.29	N23.9°W
5	171.87~172.72	8.67	5.58	5.59	1.19	3.09	10.00	5.59	4.55	N35.5°W
6	199.09~199.94	8.94	6.37	6.39	1.46	2.57	11.34	6.39	5.28	
7	208.03~208.88	9.08	6.47	6.53	1.55	2.61	11.57	6.53	5.51	
8	231.42~232.27	11.14	7.10	7.18	1.78	4.04	12.66	7.18	6.13	N14.0°W
9	245.50~246.35	12.04	7.63	7.64	1.92	4.41	13.37	7.64	6.51	
10	259.39~260.24	12.43	7.89	7.95	2.05	4.54	13.91	7.95	6.87	

表2 ZK11孔水压致裂原地应力测量结果

序号	测段深度/m	压裂参数/MPa					主应力值/MPa			破裂方位
		p_b	p_r	p_s	p_0	T	S_H	S_h	S_v	
1	162.10~162.95	7.16	3.78	3.94	1.03	3.38	7.01	3.94	4.30	
2	175.82~176.67	7.44	5.29	5.48	1.16	2.15	9.99	5.48	4.66	
3	186.52~187.37	8.71	6.46	6.53	1.27	2.25	11.86	6.53	4.94	
4	212.09~212.94	10.00	6.21	6.67	1.52	3.79	12.28	6.67	5.62	
5	219.21~220.06	11.14	6.74	6.85	1.59	4.40	12.22	6.85	5.81	
6	232.02~232.87	11.71	7.95	7.59	1.72	3.76	13.11	7.59	6.15	
7	244.10~244.95	10.89	6.47	6.47	1.83	4.42	11.11	6.47	6.47	N35.8°E
8	252.35~253.20	12.33	7.10	7.71	1.91	5.23	14.12	7.71	6.69	
9	265.02~265.87	12.39	7.77	8.21	2.04	4.62	14.82	8.21	7.02	N22.5°E N30.7°E N28.1°W
10	272.97~273.82	12.19	7.69	8.33	2.12	4.50	15.17	8.33	7.23	

表3 ZK12孔水压致裂原地应力测量结果

序号	测段深度/m	压裂参数/MPa					主应力值/MPa			破裂方位
		p_b	p_r	p_s	p_0	T	S_H	S_h	S_v	
1	112.88~113.73	2.33	2.05	2.14	0.62	0.28	3.75	2.14	2.99	
2	115.37~116.22	8.63	3.05	3.15	0.64	5.58	5.76	3.15	3.06	N23.0°W
3	119.94~120.79	9.58	3.11	3.17	0.69	6.47	5.71	3.17	3.18	N12.3°E
4	155.17~156.02	7.21	3.03	3.56	1.03	4.18	6.62	3.56	4.11	
5	158.92~159.77	5.50	3.73	3.90	1.07	1.77	6.90	3.90	4.21	N14.2°W
6	171.99~172.84	6.80	3.30	3.41	1.20	3.50	5.73	3.41	4.56	
7	185.36~186.21	6.70	4.01	4.10	1.33	2.69	6.96	4.10	4.91	
8	188.31~189.16	8.62	3.69	4.02	1.36	4.93	7.01	4.02	4.99	N17.4°E

续表

序号	测段深度/m	压裂参数/MPa					主应力值/MPa			破裂方位
		p_b	p_r	p_s	p_0	T	S_H	S_h	S_V	
9	196.41~197.26	8.58	4.48	4.73	1.43	4.10	8.28	4.73	5.20	
10	199.53~200.38	9.12	4.69	4.81	1.47	4.43	8.27	4.81	5.29	
11	238.37~239.22	11.57	5.21	5.79	1.85	6.36	10.31	5.79	6.32	

注：p_b-岩石破裂压力，p_r-裂缝重张压力，p_S-瞬时闭合压力，p_0-孔隙压力，T-岩石抗张强度，S_H-最大水平主应力，S_h-最小水平主应力。计算垂直应力时，所用岩石容重为2.65g/cm³。

图3表明各段的破裂压力（p_b）为3.17~12.43MPa；重张压力值（p_r）为2.33~7.89MPa；瞬时闭合压力（p_s）为2.33~7.95MPa；岩石的抗拉强度（T）为0.84~4.54MPa。计算出最大水平主应力（S_H）为4.51~13.91MPa，最小水平主应力（S_h）为2.33~7.95MPa，各测段的垂直应力（S_V）为1.73~6.87MPa。

图4表明各段的破裂压力（p_b）为7.16~12.39MPa；重张压力值（p_r）为3.78~7.95MPa；瞬时闭合压力（p_s）为3.94~8.33MPa；岩石的抗拉强度（T）为2.15~5.23MPa。计算出最大水平主应力（S_H）为7.01~15.17MPa，最小水平主应力（S_h）为3.94~8.33MPa，各测段的垂直应力（S_V）为4.30~7.23MPa。

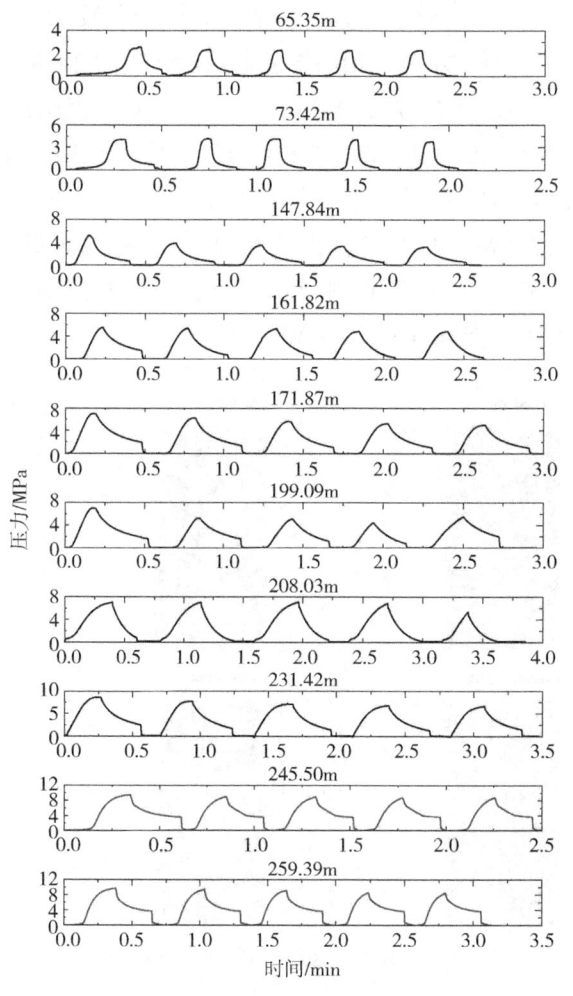

图3　ZK1孔压力记录曲线

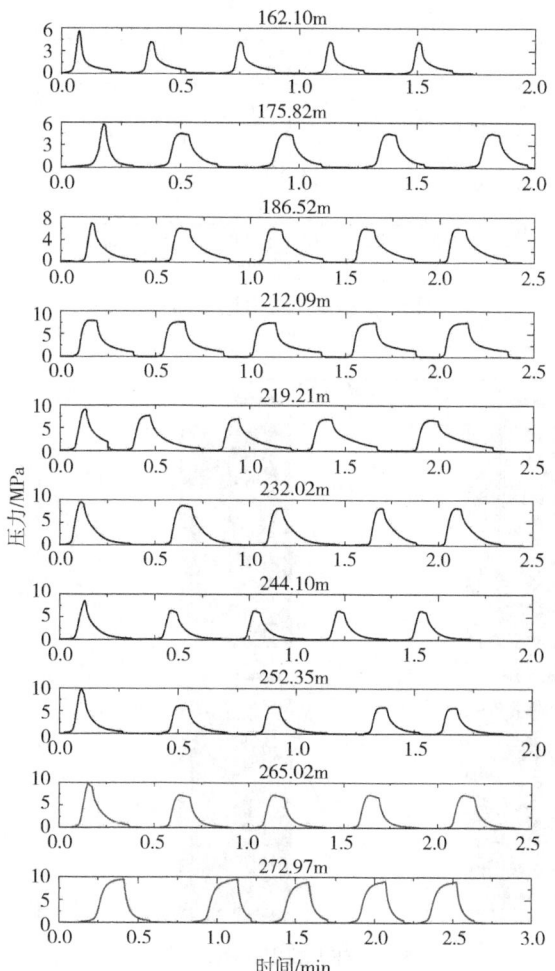

图4　ZK11孔压力记录曲线

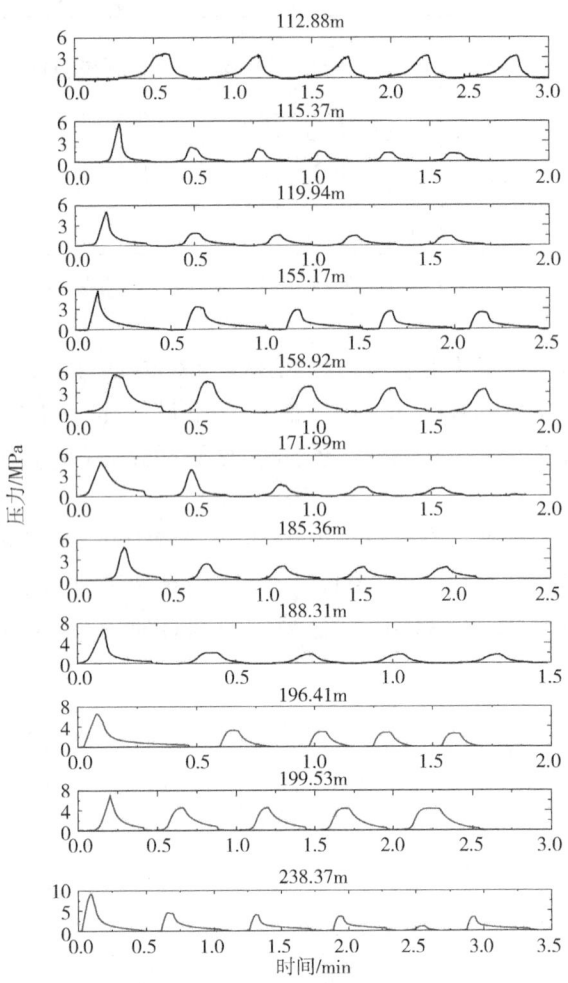

图 5 ZK12 孔压力记录曲线

图 5 表明各段的破裂压力（p_b）为 3.75~10.31MPa；重张压力（p_r）为 2.05~5.21MPa；瞬时闭合压力（p_s）为 2.14~5.79MPa；岩石的抗拉强度（T）为 0.28~6.47MPa。计算出最大水平主应力（S_H）为 3.75~10.31MPa，最小水平主应力（S_h）为 2.14~5.79MPa，各测段的垂直应力（S_V）为 2.99~6.32MPa。

压裂结束后，使用钻孔电视对全部钻孔进行了扫描录井，以确定最大主应力（S_H）的方向，最终 ZK1 钻孔有 4 段位置处的裂缝较为明显，ZK12 钻孔有 2 段位置处的裂缝较为明显，ZK12 钻孔有 4 段位置处的裂缝较为明显，如图 6 至图 8 所示。

试验表明：ZK1 钻孔最大主应力（S_H）的方向，由浅至深分别为 N26.6°W、N23.9°W、N35.5°W 和 N14.0°W，说明测点附近最大主应力方向在 N14.0°~35.5°W；ZK11 钻孔确定的最大主应力（S_H）的方向，由浅至深分别为 N35.8°E、N22.5°E、N30.7°E 和 N28.1°W，说明测点附近最大主应力方向在 N28.1°W~N35.8°E，并在深部主应力方向发生了一定偏转；ZK12 钻孔确定的最大主应力（S_H）的方向，由浅至深分别为 N23.0°W、N12.3°E、N14.2°W 和 N17.4°E，说明测点附近最大主应力方向在 N23.0°W~N17.4°E。

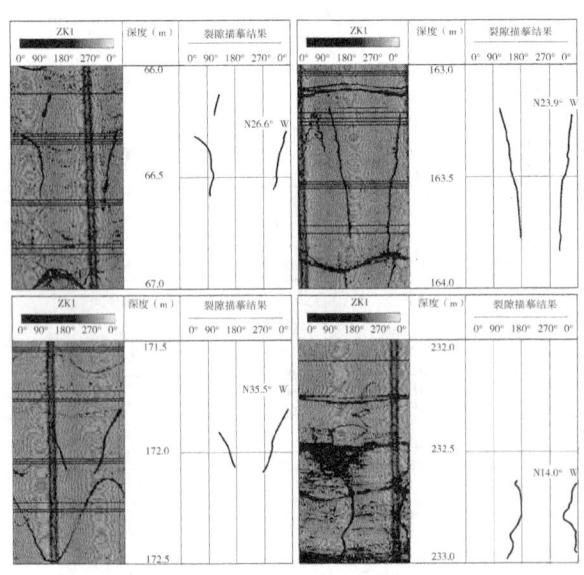

图 6 ZK1 裂隙描摹结果

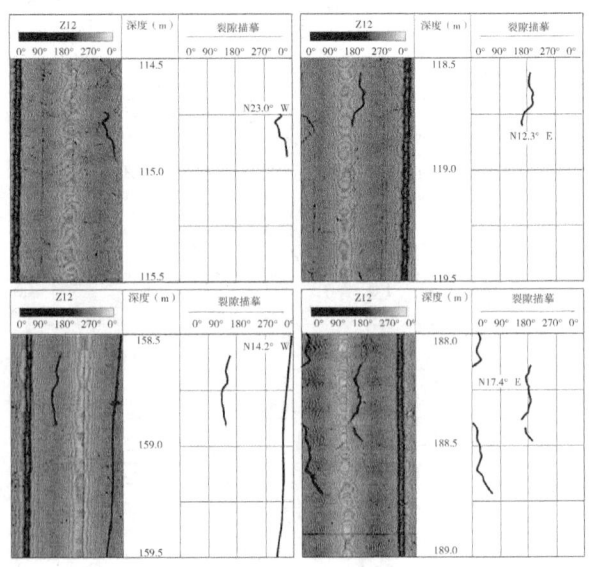

图 7 ZK12 裂隙描摹结果

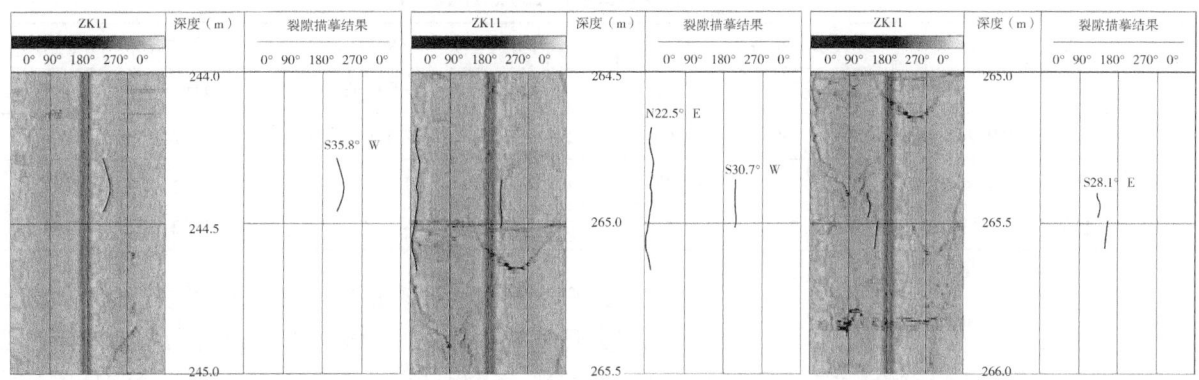

图 8　ZK11 裂隙描摹结果

四、工程区应力场特征综合分析

1. 工程区周边最大主应力方向

为了更好确定工程区应力场的方向，对本次钻孔中获得的应力方向数据进行统计分析，表 4 为钻孔电视扫描得到的水平最大主应力方向统计。由表可见实测最大主应力方向（即破裂方位）范围为 N35.5°W~N35.8°E。如前面所述，利用地质学和地震学方法获得该地区主要受近 NNW~NNE 方位的压应力作用。说明工程区应力场仍然主要受到构造水平应力的作用，与大的区域构造应力场基本一致。

表 4　水平最大主应力方向统计

孔号	深度 /m	最大主应力方向	优势方向
ZK1	65.35~66.20	N26.6°W	N25.0°W
	161.82~162.67	N23.9°W	
	171.87~172.72	N35.5°W	
	231.42~232.27	N14.0W	
ZK11	244.10~244.95	N35.8°E	N29.7°E
	265.02~265.87	N22.5°E	
		N30.7°E	
		N28.1°W	N28.1°W
ZK12	115.37~116.22	N23.0°W	N18.6°W
	158.92~159.77	N14.2°W	
	119.94~120.79	N12.3°E	N14.9°E
	188.31~189.16	N17.4°E	

2. 工程区应力量值水平

工程区布置的 ZK1、ZK11、ZK12 钻孔中测试所得到的应力值大体随着深度的增加而增加。统计分析钻孔的最大、最小水平主应力和垂直应力量值，并计算各个测段的平均值，统计结果见表 5。

表 5 ZK1 钻孔的主应力统计表

钻孔编号	深度范围/m	最大水平主应力/MPa		最小水平主应力/MPa		垂直主应力/MPa	
		应力范围	平均值	应力范围	平均值	应力范围	平均值
ZK1	65.35~260.24	4.51~13.91	10.03	2.33~7.95	5.61	1.73~6.87	4.67
ZK11	162.10~273.82	7.01~15.17	12.17	3.94~8.33	6.78	4.30~7.23	5.89
ZK12	112.88~238.37	3.75~10.31	6.84	2.14~5.79	3.89	2.99~6.32	4.44

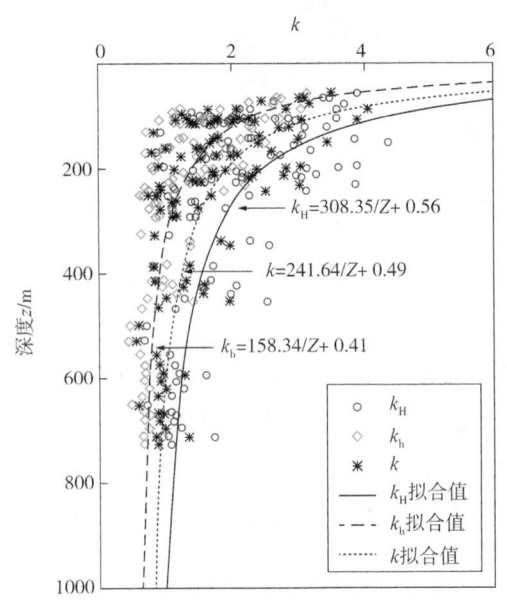

图 9 基于 Hoek-Brown 公式(修正的 Sheorey 公式)的侧压力系数 k 值拟合结果图

结合本次水压致裂地应力测试结果及《中国大陆地壳应力环境基础数据库》中的水压致裂和应力解除法测试数据发现:工程区周边(埋深 50~725m 范围)的最大水平主应力值范围为 3.1~32.3MPa,最小水平主应力范围为 2.4~17.7MPa。其中埋深 300m 左右的水平最大、最小主应力值范围分别为 8.0~23.4MPa 和 5.3~12.5MPa;埋深 500m 左右时,水平最大、最小主应力值范围分别为 9.2~30.2MPa 和 5.8~16.7MPa;埋深 700m 左右时,水平最大、最小主应力值范围分别为 12.2~32.3MPa 和 7.7~17.7MPa。

为分析工程区应力水平,采用侧压力系数对 3 个钻孔地应力数据进一步分析处理,并拟合工程区附近及本次 3 个钻孔测试的侧压力系数可以看出,埋深较小时,侧压力系数较为离散且随埋深急剧减小;当埋深超过 550m 时,侧压力系数的离散性开始降低且应力量值受地形地貌等的影响小,逐步趋于稳定(图 9)。

综合来说,工程区钻孔所获得的平均水平最大、最小应力值大小与区域应力数值范围较一致,工程区地应力侧压力系数浅部较高,水平主应力作用较为明显,需要引起工程施工和设计单位的重视。

五、工程场区地应力场数值模拟

1. 有限元应力法反演分析地应力场的原理

有限元应力分析法反演地应力场是借助数值分析理论和计算机技术,把实测地应力资料、工程地质资料和数理统计理论结合一体,综合考虑影响地应力的各种因素,从而保证反演再现的应力场最大限度地接近真实情况。有限元应力法分析地应力场的基本思想是:(1)根据确定的地形地质勘测资料和物理力学资料,建立有限元计算数值模式。(2)综合可能形成地应力场的因素(如岩体自重、地质构造运动等)作为待定因素拟定初始载荷进行有限元计算,得到各拟定因素荷载下的模拟计算值。

2. 数值模拟模型的建立

研究区地质构造分析和原地应力测量资料综合分析表明,现今水平最大主压应力方向大体为 NNW~NNE 向,为简化有限元计算的边界条件,计算域选取以研究区外扩 1km 外为边界,长为 3km,宽约 1.6km,向下取到 1000m。计算域为一长方体,有限元坐标系 X 轴取 N25°E 方向,与工程区水平最大主压应力方向一致,Y 轴取 S65°E 方向,Z 轴垂直。

有限单元网格如图 10 所示,图中给出了 ZK1、ZK11、ZK12 钻孔布置位置。整个模型划分出单元25000个，节点27846个。

所有模型均采用三维线弹性有限单元方法进行模拟，该方法的基本公式为：

$$[K][\delta]=[R] \quad (1)$$

$$[K]=\int[B]^{T}[D][B]\mathrm{d}v \quad (2)$$

$$[R]=\int[N]^{T}[P]\mathrm{d}v \quad (3)$$

式中 $[K]$——总体刚度矩阵；
　　 $[\delta]$——节点位移列阵；
　　 $[B]$——几何矩阵；
　　 $[D]$——弹性矩阵；
　　 $[N]$——位移插值形函数；
　　 $[P]$——各种外载荷。

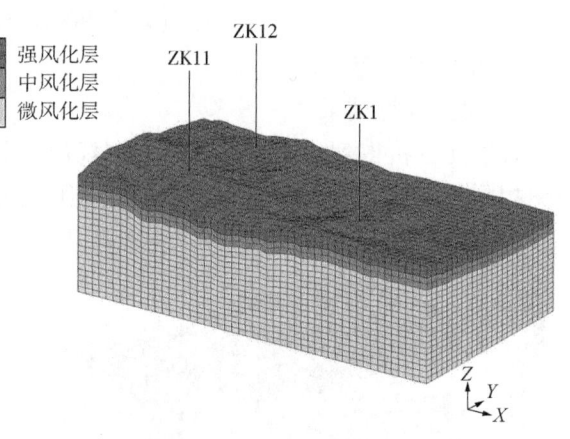

图10 有限元模型图

计算模型中工程区介质力学参数见表6。

表6 工程区介质力学参数表

材料介质	弹性模量/GPa	泊松比	密度/(g/cm³)
地表强风化层	10.90	0.30	2.52
中等风化层	21.80	0.25	2.58
计算区主要岩体（微风化基岩）	30.11	0.21	2.61

3. 模拟计算

据现代地应力场成因理论，结合拟建地下工程区域的实际情况，以岩体自重和地质构造作用力为初始载荷。

岩体自重载荷：采用一般的自重应力场模式，重力作用沿着铅直方向作用于所有单元。岩体容重采用表6中数据，重力加速度取9.8m/s²。

地质构造作用力载荷：实测地应力资料表明，计算区现今应力场主压应力方向为NNE，据此，确定对模型施加如下的外力作用：模型的底部是对模型底界面的垂直法向（Z轴方向）位移进行刚性约束；X、Y轴正方向位移进行刚性约束；上边界为自由边界；X、Y轴负方向施加水平构造作用作为初始载荷来模拟构造作用，用σ_x和σ_y表示，已知：

$$S_H = k_H S_V \quad (4)$$

$$S_h = k_h S_V \quad (5)$$

$$S_V = \rho \cdot Z/100 \quad (6)$$

$$k_H = 308.35/Z + 0.56 \quad (7)$$

$$k_h = 158.34/Z + 0.41 \quad (8)$$

公式中Z代表埋深深度，而模型中各点在Z方向上的位置以高程z显示，地表高程为z_0，则各点埋深深度为：

$$Z = z_0 - z \quad (9)$$

由于地形起伏，各处z_0值不定，为方便运算，以各边地表高程平均值$\bar{z}_0$作为该边的统一地表高程。σ_x施加于YZ面，该面地表高程平均值用$\bar{z}_{0x}$表示；σ_y施加于XZ面，该面地表高程平均值用$\bar{z}_{0y}$表示。

则可求得σ_x和σ_y表达式：

$$\sigma_x = [308.35/(\bar{z}_0 - z) + 0.56]\rho(\bar{z}_{0x} - z)/100 \quad (10)$$

$$\sigma_y = [158.34/(\bar{z}_0 - z) + 0.41]\rho(\bar{z}_{0y} - z)/100 \tag{11}$$

4. 计算结果与分析

1) 模型计算结果

有限元分析得到的地应力场的分布规律，如图11至图16所示。（图中坐标采用了与工程区平面图相同的坐标系，长度单位为m；图中压应力为正，拉应力为负，应力单位为MPa）

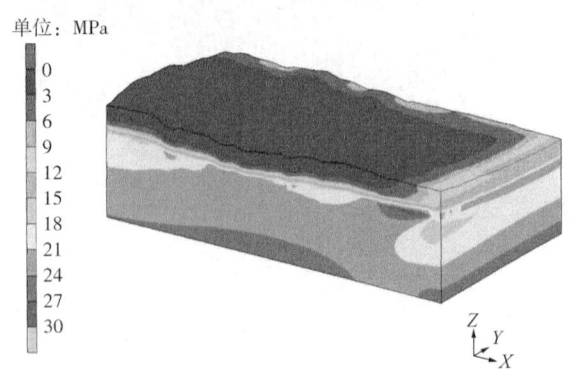

图11 模型区域 σ_1 云图

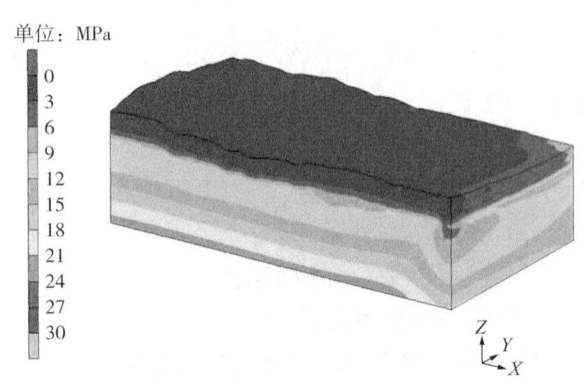

图12 模型区域 σ_2 云图

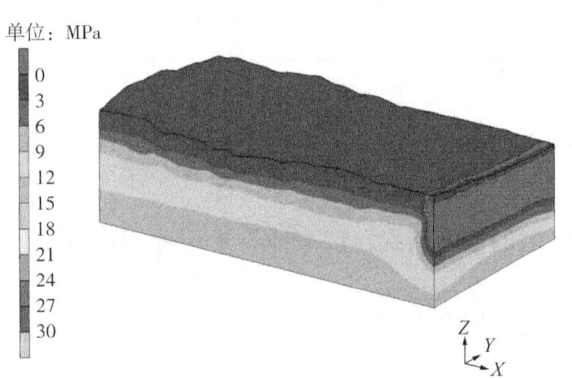

图13 模型区域 σ_3 云图

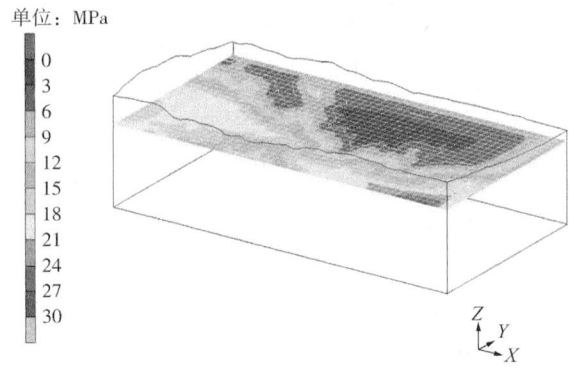

图14 地下工程埋深水平面上 σ_1 云图

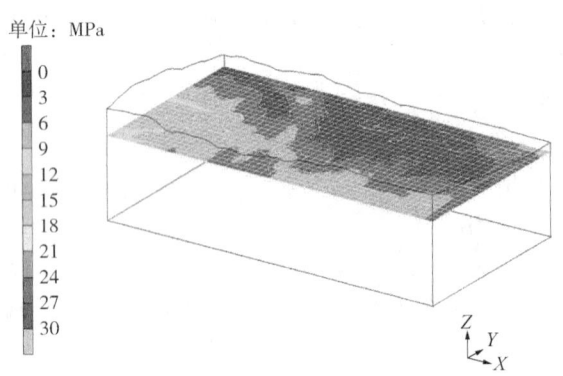

图15 地下工程埋深水平面上 σ_2 云图

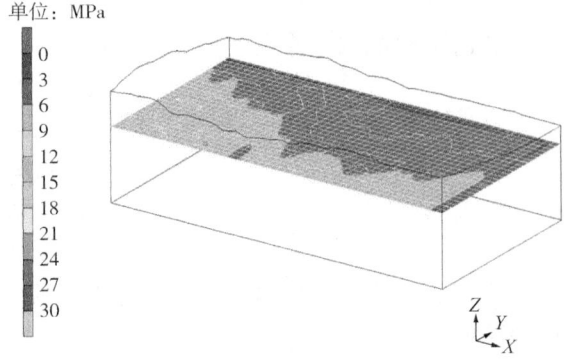

图16 地下工程埋深水平面上 σ_3 云图

2) 工程区现今地应力场特征分析

（1）受自重和构造应力的作用，工程区地应力场明显受地形的影响；水平构造应力在地表层凸起部位应力值较低，凹陷部位应力值较高，产生应力集中；重力和构造应力作用是控制工程区地应力场的主导因素。

σ_1总体趋势表现为：受控于地形走势，南部地势高，北部地势低，应力云图基本上呈等高线条带式分布；应力云图中从左到右即由 S25°W 到 N25°E 方向应力值先升高后降低再升高；σ_1 方向在工程区整体上基本为近 NNE 向。

σ_2总体趋势表现为：应力云图基本随地形走势呈条带分布；总的趋势表现为随埋深增加而增加；中间主应力 σ_2 方位接近复杂地形条件下的垂向应力，总体上为沿着地形坡度呈辐射状向下，越往山脊深处越接近铅垂，往河谷处与铅垂方向有一定夹角。

σ_3总体趋势表现为：应力云图基本随地形走势呈条带分布；图中从左到右即由 S25°W 到 N25°E 方向应力值总体呈降低趋势；σ_3 方位在工程区附近为 SEE 向。

（2）地下工程埋深水平面上应力特征：

σ_1总体趋势表现为：应力云图基本随地形走势呈条带分布；应力分布状态也明显受地形影响；中部地势较高，应力相对集中；计算区域应力值范围为：3~27MPa；测点附近的应力值范围为：12~18MPa。实测应力值结果与模拟计算所得结果与实测应力值结果较为接近。

σ_2总体趋势表现为：应力云图基本随地形走势呈条带分布；总的趋势表现为随地势增加而增加；计算区域的 σ_2 应力值为 3~12MPa，测点附近的应力值范围为：6~9MPa，与根据密度估算的垂直应力理论值较为接近。

σ_3总体趋势表现为：应力云图基本随地形走势呈条带分布；计算区域应力值范围为：-3~9MPa；测点附近的应力值范围为：6~9MPa。实测应力值结果与模拟计算所得结果与实测应力值结果较为接近。

六、结论

本次针对我国西南地区某地下工程项目地应力情况进行研究，开展了 3 组水压致裂原地应力测量的原理、过程与结果，并对研究区的应力赋存情况进行了有限元数值模拟分析，该方法能够较准确测定研究内的地应力状态，为工程建设提供科学指导。得到如下结论：

（1）工程区内 3 个钻孔内详实的现场水压致裂原地应力测试分析结果表明，最大水平主应力（S_H）值 3.75~15.17MPa，最小水平主应力（S_h）值 2.14~8.33MPa，垂直应力（S_V）值为 1.73~7.23MPa。

（2）在洞身部位最大水平应力值约为 10.31~14.12MPa，最小水平主应力量值约为 5.79~7.71MPa；侧压力系数分别为 $S_H/S_V \approx 1.96$，$S_h/S_V \approx 1.11$，水平作用力明显。

（3）前人研究显示，研究区周边现今区域最大水平主应力为 NNW~NE 向，综合 3 个钻孔测试结果以及区域构造应力状态，水平最大主应力优势方位为 N12.3°~35.8°E。区域断层、地形及岩石完整程度皆会影响应力方向，导致研究区周边应力状态产生差异。

（4）综合工程区 3 个钻孔及周边实测应力数据，基于 Hoek-Brown 公式（修正的 Sheorey 公式）的侧压力系数 k 值拟合公式为 $k_H = 308.35/Z + 0.56$，$k_h = 158.34/Z + 0.41$，其中 Z 代表埋深深度。

（5）有限元计算结果显示，受自重和构造应力的作用，工程区地应力场明显受地形的影响，应力云图基本上呈沿着地势走向的条带式分布。地下工程埋深高程面上 σ_1 应力值范围为 12~18MPa，σ_2 计算应力值为 6~9MPa，σ_3 应力值范围为 6~9MPa。实测应力值结果与模拟计算所得结果与实测应力值结果较为接近。

参考文献

[1] 陈枫，饶秋华，徐纪成，等. 应变解除法原理及其在大红山铁矿地应力测量中的应用[J]. 中南大学学报（自然科学版），2007，38(3)：545-550.

[2] 陈天长，堀内茂木，郑斯华. 利用 P 波初动和短周期 P，S 波振幅测定川滇地区地震震源机制解和应力场[J].

地震学报，2001，23(4)：436-440.

[3] 崔效锋，谢富仁，张红艳．川滇地区现代构造应力场分区及动力学意义[J]．地震学报，2006，28(5)：451-461.

[4] 丁旭初．滇西地区及龙陵地区地应力长初步分析，地质力学文集：第三集[M]．北京：地质出版社，1979.

[5] 丰成君，陈群策，李国歧，等．青藏高原东南缘丽江—剑川地区地应力测量与地震危险性[J]．地质通报，2014，33(4)：524-534.

[6] 丰成君，陈群策，吴满路，等．水压致裂应力测量数据分析——对瞬时关闭压力p-s的常用判读方法讨论[J]．岩土力学，2012，33(7)：2149-2159.

[7] 阚荣举，张四昌，晏凤桐，等．我国西南地区现代构造应力场与现代构造活动特征的探讨[J]．地球物理学报，1977，20(2)：96-109.

[8] 李方全，翟青山，张钧，等．下关地区水压致裂应力测量及构造应力状态的研究(英文)[J]．地震研究，1987(6)：85-96.

[9] 李金锁，彭华，马秀敏，等．水压致裂地应力测试方法在云南大理—丽江铁路隧道工程中的应用[J]．地质通报，2006，25(5)：644-648.

[10] 罗钧．川滇块体及周边现今震源机制和应力场特征研究[D]．北京：中国地震局地震预测研究所，2013.

[11] 钱晓东，秦嘉政，刘丽芳．云南地区现代构造应力场研究[J]．地震地质，2011，33(1)：91-106.

[12] 乔学军，王琪，杜瑞林．川滇地区活动地块现今地壳形变特征[J]．地球物理学报，2004，47(5)：805-811.

[13] 饶凯年．红河断裂带两侧的浅部第应力测量，地震地质报告第二集，云南省地震综合大队地质队，1982.

[14] 王家祥，周云，李银泉，等．滇中引水工程香炉山深埋长隧洞高地应力与硬岩岩爆分析研究[J]．水利规划与设计，2019(12)，135-139.

[15] 吴建平，明跃红，王椿镛．云南地区中小地震震源机制及构造应力场研究[J]．地震学报，2004，26(5)：457-465.

[16] 谢富仁，苏刚，崔效锋，等．滇西南地区现代构造应力场分析[J]．地震学报，2001，23(1)：17-23.

[17] 谢富仁，崔效锋，赵建涛，等．中国大陆及邻区现代构造应力场分区[J]．地球物理学报，2004，47(4)：654-662.

[18] 谢富仁，陈群策，崔效锋，等．中国大陆地壳应力环境基础数据库[J]．地球物理学进展，2007，22(1)：131-136.

[19] 许忠淮，汪素云，黄雨蕊，等．由多个小震推断的青甘和川滇地区地壳应力场的方向特征[J]．地球物理学报，1987，30(5)：476-486.

[20] 钟继茂，程万正．由多个地震震源机制解求川滇地区平均应力场方向[J]．地震学报，2006，28(4)：337-346.

[21] 周春华，尹健民，刘元坤，等．金沙江阿海水电站坝址地应力测试与评价[J]．长江科学院院报，2007(3)：68-71.

管道穿越工程航道礁石的排查方法选择与分析

王卫民　周劲松　张　帅

(中国石油天然气管道工程有限公司勘察与地下储库事业部)

摘　要：新建管道穿越航运河流，需要先行查明附近河道礁石并爆破清除，避免管道运营后航道爆破治理震动管道，造成焊缝疲劳开裂的危险。本文以闽粤天然气管道二期工程韩江盾构穿越为例，借鉴交通行业排查方法，结合穿越工程勘察资料，选用必要的卫星遥感影像解译、高密度电法物探、航空遥感测量影像、水深探测等深线的判读等方法的综合分析，查明航运河道的礁石分布情况，为管道穿越工程段的航道爆破整治，提供准确、可靠的依据的同时，实现了排查方法的创新。

一、引言

通航河道如果存在礁石，需要通过爆破清除手段整治、维持航道级别，从而保证航行安全。根据《中华人民共和国石油天然气管道保护法》(2010)第三十二条："在穿越河流的管道中心线两侧各500 m范围内，禁止挖沙、采石、水下爆破"；以及第三十三条："在管道专用隧道中心线两侧各1.0 km地域范围内，禁止采石、采矿、爆破"的两项要求(简称管道法要求)，如果新建管道拟采用定向钻、钻爆、盾构、顶管等非开挖方式穿越通航河道时，首先应查明河道礁石分布情况，并分析其与管道轴线的空间关系。如果管道轴线上下游1.0 km内航道，发现大颗粒礁石，则应该在建设期排查、爆破、清除，避免管道运营期整治航道中，再进行爆破施工，带来管道焊缝震动疲劳开裂的风险。

二、通航河道类型和排查目标

1. 航道礁石分布的地质地理环境概述

河道是第四纪地质运动所塑造的地貌形态，总体上分为以剥蚀、搬运为主的山区、丘陵河道和以沉积为主的盆地、平原、三角洲河道两大类[1]。其中平原、三角洲河道，处于细颗粒沉积环境，没有发育礁石地质营力环境。通航河道礁石，是山区、丘陵的河道的基岩剥蚀残迹，和外营力搬运后的大颗粒堆积的总称。因此，航道礁石的排查，是管道工程穿越山区、丘陵地区的通航河道勘察中，新增的专项任务。本次以广东东北部的闽粤天然气管道二期工程韩江盾构穿越(以下简称韩江穿越)段航道礁石排查为例展开分析。

管道穿越通航河道的地质环境，一般在选址、初设、施工图设计等阶段的工程勘探来揭露。工作范围为轴线上下游100 m以内。作业内容主要有工程测量；通过工程钻探、工程物探揭露穿越地层的分布情况；通过工程地质测绘，查明总体地质环境。

2. 穿越航道的地质环境

穿越工程的勘察为通航河道礁石的排查提供了测量、地质的基础资料。韩江穿越的地质条件，就是在工程测量的基础上，通过围绕轴线的钻探、纵横6条高密度电法测线，以及工程地质测绘揭露的(图1)。

勘察表明,韩江穿越位于留隍盆地的东西向河段。河谷南北宽约2km,北岸阶地宽约1km,河道宽约0.5km,南岸阶地宽约0.5km;河道地表为韩江冲积砂地层,含少量圆砾,厚度8.1(河床部位)~17.5m(河漫滩部位)不等,沉积层底部高程-6.72~-4.06m;在北岸河阶地的砂层中间部位,含有厚度不均的淤泥质土的透镜体;以下为基底的凝灰岩的强风化、中等风化层,以及局部的断层碎裂岩和花岗斑岩。总体体现为:上部颗粒层为韩江冲积地层,下部红色层为河道基岩及断层碎裂层。

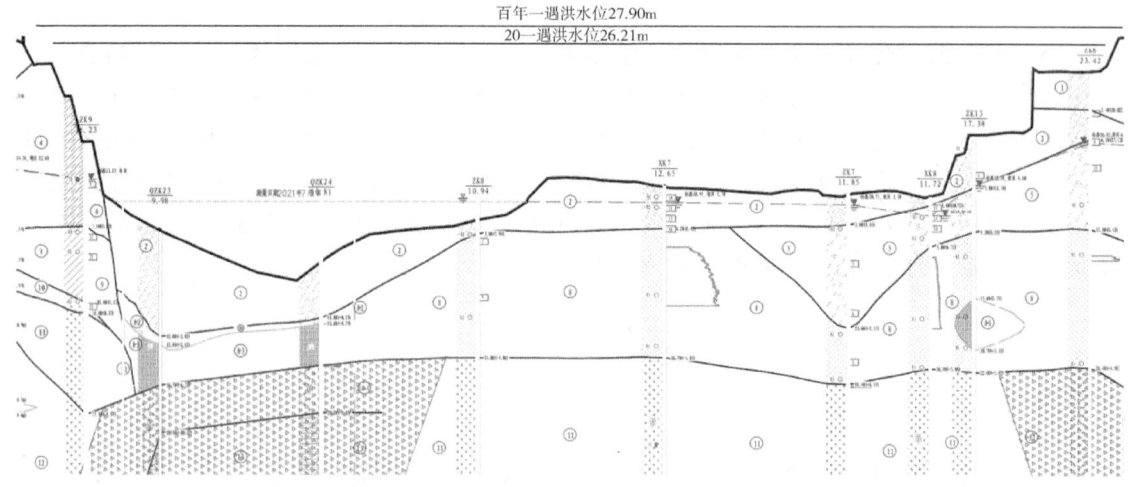

图1 韩江穿越轴线河道地层分布示意图

工程测量表明测区航道的水面宽170~205m不等;勘察阶段的最大水深约7.4m,其中深度大于3m的航道宽约100m,靠近南岸,受较为陡峭的浆砌石堆积岸堤约束;其余河床浅于3m,河道平缓倾斜向北岸河漫滩过渡;河道北侧为245~270m宽河漫滩,地表由黄褐色粉细砂组成(图2)。

图2 韩江航道测区范围(红线)及河道影像示意图[2]

3. 任务要求与工作目标

按照管道法要求,作为盾构隧道穿越工程,业主专项委托查明上下游1km内航道(以下简称测区航道)礁石的分布情况。

相对于礁石排查的目标要求,穿越工程的勘察中,形成了围绕穿越轴线的勘察成果,虽然具有重要的参考意义,但是无法满足新增的任务要求。主要体现为:(1)地层划分过细。需要将揭露内容从整个穿越地层的物理力学性状,调整为只针对河床、河漫滩表层的礁石排查。(2)范围有限。需要将勘察、测量的范围从周线上下100m,扩展到上下1km。

三、交通行业排查方法

1. 交通行业做法及局限性

按照检测内容的不同，交通行业的航道检测规程推荐了单波束测深、多波束测深、三维扫描声呐扫测、超短基线检测、测扫声呐扫描、二维机械式扫描声呐测扫等7种声学方法，检测水下地形的位置、距离、坡度、平整性，以及礁石方量；另外，还提出了人工摸排和摄像方式，以及机械式扫床、浮标定位测量等不同方法，定位排查礁石的分布情况[3]。无人艇搭载的多波束测深、侧扫声呐、浅层剖面声学系统，被用于海南澄迈近岸浅水海域的12.5km²面积的砂质潮间带航道探测[4]。

但是，交通行业检测规程推荐的方法，除了回声测深仪探测水下地形图外，其他方法无法与已有基准资料互为借鉴，快速形成准确的礁石排查的成果，满足工期要求。因此需要结合工期做进一步方法选择类比。

2. 作业环境的特殊要求

测区航道主要靠两岸长度不一的丁字坝（图2）束水归槽，来维持的国家Ⅶ级航道，维护尺度为水深0.9m，宽度14m，弯曲半径120m，通航50吨级船舶[5]；与浅海的潮间带沉积环境差别明显；探测水域面积过小。因此，无论从探测环境、航道水深、面积，还是时间要求，交通行业规程推荐的航道检测方法，虽然多样，但并不是最佳选择。

3. 现有资料的潜力和信息分析

礁石排查成果如果能够与穿越工程勘察勘探、测量成果展开类比，与已有资料互为支撑、借鉴，形成较为可靠的论证成果，是合适的方法选择思路。这样才能使得排查进度满足工期要求。具体为：(1)将作业范围扩展到整个测区航道，通过遥感和现场调绘，查明测区航道的区域构造、地貌和古地理环境，从而定性分析测区航道的内外地质营力活动。(2)展开陆域航空摄影测量，水深测量，判读航测影像和河床等深线，摸排河床、河漫滩、河岸边坡的起伏情况。(3)将目标物从揭露穿越断面地层的物理力学指标，调整为河道表层的基岩面高程、埋深、起伏情况，以及大颗粒漂石的分布、埋深情况。

四、自然地理环境的遥感解译及现场调查

1. 排查河道的地质构造环境

留隍盆地所处的区域地质表明，花岗岩侵入体中的北西—南东向的韩江断裂，使得韩江流向从北向南，转为流向东南（图3）。

2. 两岸地质、地貌的遥感解译

进一步解译遥感影像表明，测区航道的北岸阶地，为韩江支流——凤凰溪的河曲堆积而成。遥感图发现该支流被当地政府在距离大堤北岸2km处，整治后流向西北，在留隍镇东留村附近汇入韩江。目前穿越轴线北部阶地尚有清晰的凤凰溪的古道河曲残迹盘绕其上（图4），原始入口位于穿越轴线下游约350m处，已被北岸大堤堵截。穿越勘察的北岸钻探表明，地下6~15m深处，分布数个层次的2~3m厚湖泊沉积的淤泥质土；现场调研发现河曲蓄水以涵洞形式汇入韩江。

在穿越轴线上游约1.5km，受韩江断裂的约束，河道转向东南，约400m，南岸汇入了支流——九河后，转向东流；在轴线下游转向东偏北，最后在下游约1.2km处，转向南流（图5）。

九河口以上南岸走向与韩江断裂一致：西北—东南，黄褐色花岗岩丘陵高出河床水位40~60m，岸坡平缓稳定（图2、图5）。九河口以下进入测区航道。在测区航道与韩江断裂之间，形成三角形

的南岸阶地(图5)。河岸为人工大堤形态。钻探表明，地表分布厚12~16m厚的河流冲积地层；以下为基岩风化壳。现场调研发现，穿越轴线西侧约150 m，为规划中的鉴真韩江大桥。

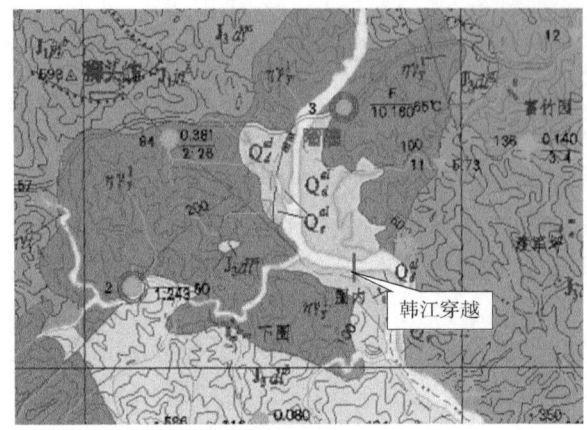

图3 留隍盆地区域地质示意图[6]
黄色为河相堆积地层，橘色为花岗岩，紫色为凝灰岩。

图4 测区航道北岸的凤凰溪整治及河曲残迹影像示意图(红色斑点为钻孔位置)

图5 河曲与韩江断裂之间的三角形阶地

3. 穿越航道古地理的遥感、航测影像分析

上述分析可知：韩江历史上在留隍断陷盆地，经历了"留隍湖"阶段。入湖口，位于留隍镇北，出湖口位于穿越点下游3km处。北岸地下的淤泥质土，验证了该解释。现在北岸的支流河曲，就是该湖残存。"湖泊"南岸和现有韩江南岸走向基本接近，钻探和物探揭露的破碎带分布和地层变动，也验证了这一判断。因此，留隍构造盆地中的测区航道表层，由河漫滩相、河床相、牛轭湖相冲积堆积地层组成，内外营力活动相对平静，不存在礁石形成和堆积的动力地质环境。

图6 韩江南岸支流—九河入口航测影像(左)及现场照片(右)

那么，该处是否存在滑坡、崩塌、泥石流等灾变堆积？或者韩江断裂带附近的局部河床，是否有基岩裸露？航测影像、和现场调绘还表明，至少九河入口地表未见大颗粒漂石堆积的迹象(图6)。河床以下的基岩分布，需要其他方法进一步的排查分析。

五、现场排查效果分析

1. 可类比的前期成果

早期的轴线附近的钻探、高密度电法物探互为验证，获得排查的基准信息：河床最低高程3.3m，河床底部基岩顶板高程-4.79m，以下的基岩为断层碎裂岩（南岸）和花岗斑岩（整个河道，见图1）。

2. 物探方案

在测区航道布置同类物探测线网，即可全面摸清岩石分布，从而确定是否存在礁石。具

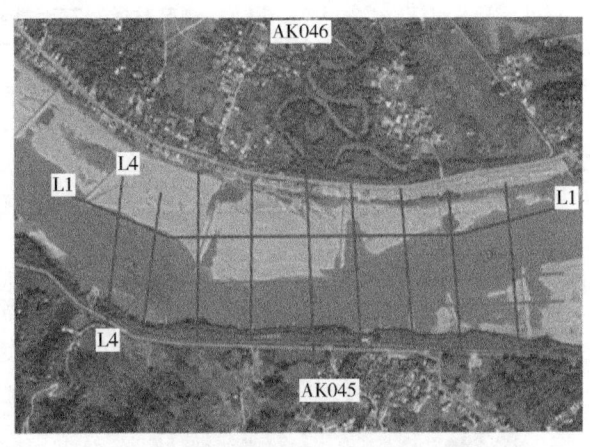

图7 测区航道物探测线布置方案示意图

体为：顺河道布置3条测线，垂直河道补充布置8条测线（图7）。本文以顺河道北侧长2000m的L1测线，以及垂直河道的西侧长500m的L4测线为例，分析高阻体的图像特征。

3. 代表性物探测线信息分析

L1测线的地层电阻率分异特征剖面明显，从西向东的里程100m、480～520m、1450m、1800m处的表层，存在点状分布的局部高阻，与丁字坝（图7、图8）的实际分布严格一致；剖面表层未发现其他孤立的闭合状高阻异常，故排除该测线附近的河道表层存在礁石的可能性。

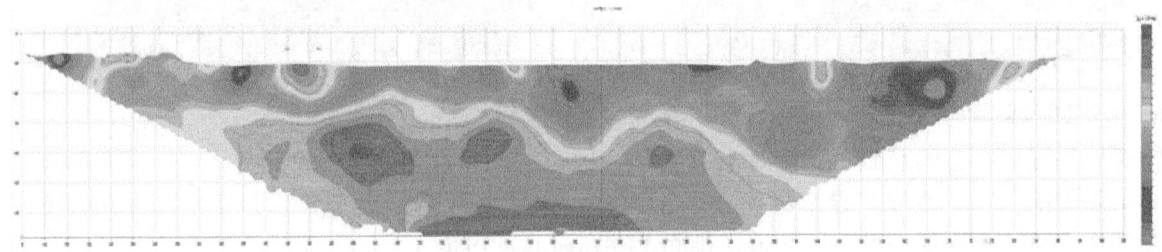

图8 L1高密度电法测线成果示意图

L4测线（左侧为南）的地层电阻率分异特征剖面明显，从北向南里程120～140m为附近丁字坝的回波干扰，与测区实际基本相符（图7、图9）；剖面无其他孤立的闭合状高阻异常。故排除河道表层存在礁石的可能。

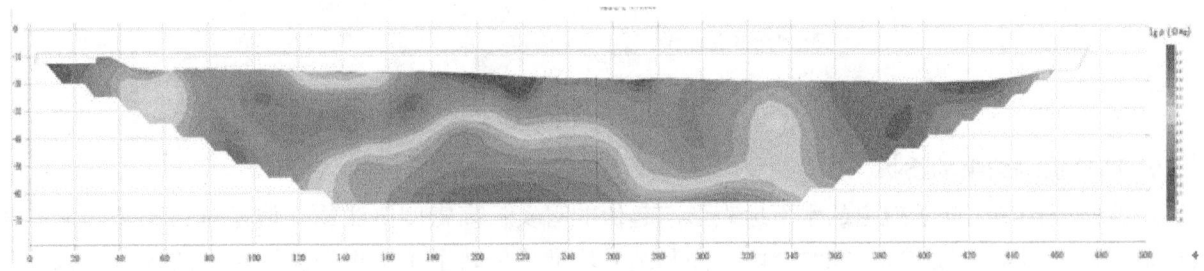

图9 L4高密度电法测线成果示意图

4. 物探成果概述

上述纵横两条测线的下部连续高阻区顶部轮廓，即为基岩顶面。结合前期的钻探和相应的6条测线成果，以及本次探测结果的综合分析，排除航道丁字坝等电阻率高阻体的干扰，整个测区航道未发现礁石存在。具体的河床高程，基岩面高程和高程差见表1。

表1 测区航道岩石面高程与河床高程的物探成果　　　　　　　　　　单位：m

航道部位	西端	轴线附近	东端
主航道河床高程	7.1~7.6	6.6~6.9	5.8~6.4
基岩顶板高程	-3.3	-5.3	-6.2
高程差	10.1~10.9	11.9~12.2	12.0~12.6

5. 航测影像信息的判读

通过判读航测的影像，可以全面深入的摸排河漫滩、河岸边坡形态和礁石露头分布（图10）。结果表明：河漫滩、河岸边坡未发现天然的礁石发育痕迹。

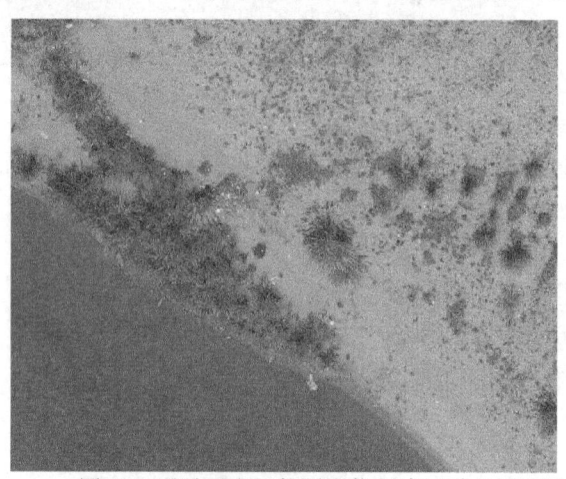

图10 通过无人机航测影像判读河道北侧河漫滩（左）及南侧堤坝形态（右）（袁顺新）

6. 水下回声测深成果分析

物探地质界面排查的基础上，针对水下礁石，还通过回声测深的等深线图（图11）来整体地形摸排。结果表明，水下地形有异常深槽和涡流深坑；频繁的异常凸起部位，与丁字坝末端部位一致；在河底未见的不明原因的凸起河道，排除了存在礁石的可能。

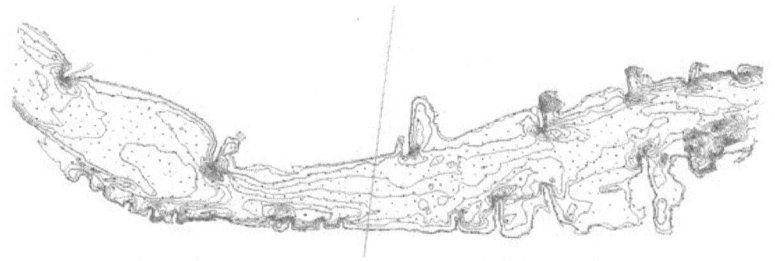

图11 等深测线

7. 两种探测结果的支撑

声波回声探测偏向于航道的水下地表形态起伏的写实；高密度电法物探偏是对钻探基础上，对航道地层岩土体类型的甄别、探测。两个探测结果均准确反映了丁字坝涡流影响下的碎石河床形态的复杂性，实现了两个成果由表及里的互为验证、支撑的预期效果。

六、排查方法的典型性

1. 成果综述

通过现场调绘，以及地质、构造、地貌的卫星影像解译分析，查明了测区礁石发育的内外营力地质环境。

通过陆域航空摄影测量影像，可以判读河漫滩及河岸形态特征，实现了干河道礁石的摸排。

通过水深测量，判读河床底部地形的形态特征，实现了水域河道礁石的摸排。

因为穿越勘探、航道排查成果的类比性、借鉴性，礁石排查的物探在查明航道基岩顶面的埋深的同时，避免了水下人工摸排对正常航运的影响，降低了礁石排查的安全风险。

遥感解译、物探、测量三种方法成果互为支撑，得出了测区航道礁石是否存在礁石的较为准确的结论，加快了项目总体进度，满足了业主的进度需求。

2. 排查方法适用条件

本次排查的是山区盆地类型沉积型河床，测区航道处于较为平静的内外动力地质环境。通过航道河床的沉积类型、岩石岸坡的地质构造背景与剥蚀、沉积地貌的形态分析，排除了河床底部基岩剥蚀，以及滑坡、崩塌、泥石流等灾变沉积发育为航道礁石的可能性。

山地峡谷航道底部基岩的礁石形成因素更加复杂，礁石排布形态更加多样，该类航道的礁石排查，需要根据航道所处的地质、地貌环境，做适应性调整。本文所述排查方法的组合未必能够适用。

3. 排查方法的典型性

本文所述航道礁石排查，采用了遥感地质、构造、地貌、干支流水文地理综合解译，由表及里的分析航道环境，对于排查方向的选择、确定，具有一定的借鉴意义；相对于工程勘察，针对性明确排查标的物，突出本次排查主题；与穿越工程勘察采用同样的物探、测量方法的基础上，补充专项的水深探测，采用类比、扩展分析，继承性强，实现了充分的互为验证和支撑，保证了排查成果的可靠性。加快了进度。

本文论述的礁石排查方法组合，对基岩山区盆地型航道穿越工程的礁石排查，具有一定的典型性。

参 考 文 献

[1] 谢鉴衡. 河床演变及整治[M]. 武汉：武汉大学出版社，2013.
[2] 长江航道局. 航道整治工程水下检测与监测技术规程[M]. 北京：人民交通出版社，2020.
[3] 李勇航，单晨晨，苏明，等. 声学水面无人艇在浅水海底地貌调查中的应用[J]. 海洋地质与第四纪地质，2020(5)：219-226.
[4] 许芝国，王志良，唐洪武，等. 韩江航道河床演变分析及整治对策[J]. 第六届全国泥沙基本理论研究学术讨论会论文集，2006：521-526.
[5] 广东省地质调查院. 综合水文地质图(1：20万)，汕头幅. 2003.

TSP法在地下洞库超前地质预报技术应用

吕宝辉[1]　张秀静[2]

(1. 中国石油天然气管道工程有限公司工程管理中心；
2. 中国石油管道局工程有限公司国际公司)

摘　要：TSP地下洞库的地质超前预测，是通过在地下洞库周围的岩石中，按照一定的排布，产生一种弹性波，当弹性波传播到三维空间时，接触声阻抗分界面，也就是地质岩相变界面、结构断层带、裂隙发育带等，将发生一种弹性波反射情况，通过对反射波信息向仪器输入实施信息源的扩增、信息收集和分析，进一步得出地下洞库区域内各种地质参数的变化规律，为洞库安全施工和后期运营提供依据。

一、引言

1. TSP技术国内外发展情况

TSP(Tunnel Seismic Prediction)是瑞士安伯格测量技术公司专门为隧道施工地质超前预报而设计的一套超前地质预报系统，全称为钻孔超声波测定术，它是一种非损伤性地质探测技术，可用于识别施工区域内岩体或岩石的压缩和剪切强度，以及获取有关岩石的完整性和结构的详细信息。

在国内，TSP超前地质预报系统自1996年首次引进后，已在公路、铁路隧道、水力、电力输水洞、城市地铁及其他洞室工程地质预报等领域得以大力推广应用，目前已成为超前地质预报最主要的方法之一。虽未提及地下洞库方面的情况，但在相关地下工程领域的广泛使用，表明我国对TSP技术在地质探测应用的重视，同时也积累了一定技术经验。

从技术角度看，国内对于TSP系统技术的掌握逐渐成熟，能够依据其原理进行各类地下工程的地质预报工作。以隧道工程为例，可利用TSP系统通过分析反射波运动学和动力学特征，结合相关地质资料预测隧洞前方及周围地质情况，确定地质异常位置和特性。比如TSP203系统在断层及其影响带、破碎带、溶洞、裂隙发育带、软弱夹层，以及地下水等方面的预测预报较为适用，具有一定准确性，还具备适用范围较广、预报距离较长(一般为100~150m)、提交结果及时、对掌子面施工干扰小等特点。

瑞士作为TSP技术源头，Amberg公司在研发和生产该系统方面具有核心技术优势，保障了技术的专业性和先进性。国外在TSP技术发展时间较长，在隧道等工程应用中相对成熟，技术体系较为完善，应用标准与规范更为健全。

然而，在全球范围内，同国内情况类似，较少有公开资料明确针对TSP法在地下洞库超前地质预报的特定研究和应用现状报道。推测在国外一些有大型地下洞库建设需求的国家，鉴于TSP法在隧道等地下空间施工地质预报展现出的优势，会考虑将其引入地下洞库建设，因为隧道地下空间施工与地下洞库在环境条件上几乎等同，具有很强的适用性。

2. TSP原理及特点

地震反射地质预报(Tunnel Seismic Prediction，TSP)和其他反射地震波方法一样，以波的传播、反射原理为基础。地震波在指定的震源点，用少量炸药激发产生。地震波在岩石中以球面波形是传播，当遇到岩石物性界面(即波阻抗差异界面，例如断层、破碎带以及岩性变化界面等)时，一部分地震信号被反射回来，一部分信号透射进入前方介质，反射的面的距离成正比，故而能提供一种直接的测量，根据信号返回的时间和方向，通过专用软件处理，即可以得到岩性变化界面的基本位置。

洞库地震波地质预报系统分为洞内数据采集和室内计算机分析两部分。洞内数据采集系统主要由传感器、数据记录仪以及起爆设备等部分组成。传感器主要用来接收地震波信号；记录仪将接收到的信号放大、模数转换并进行测量过程控制；起爆设备主要用来起爆电雷管和炸药。室内计算机分析系统是将洞内采集的原始数据输入到计算机上，应用数据处理软件进行地震波分析处理，主要由三个程序块组成，即：数据库部分、震动数据处理部分、确定反射界面部分。如图1所示：地震波地质预报（TSP）原理示意图。

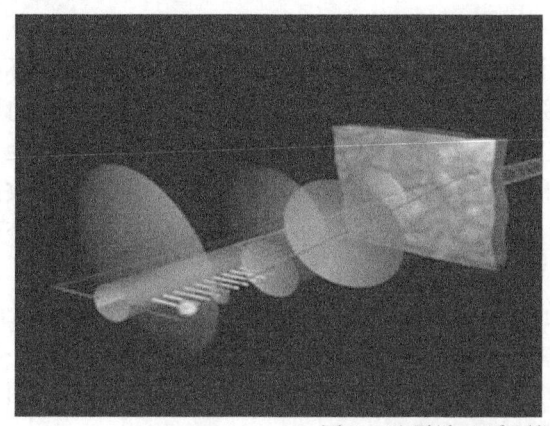 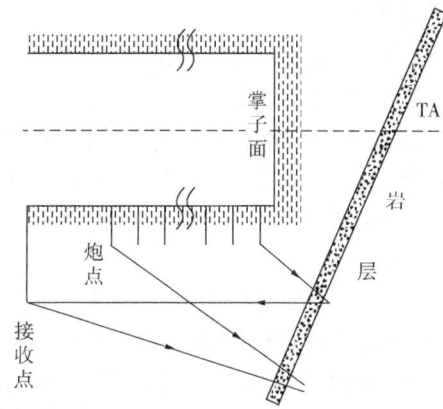

图1　地震波地质预报（TSP）原理示意图

将TSP方法应用于地下洞库地质超前预测，能够充分利用TSP方法的高精度、高实时、大范围、易操作、易推广等优点。首先，利用TSP方法，在地下洞库沿线构造地质点和地质点间构建关联地图，实现对可能发生的地质灾害的精确预报，为地下洞库建设提供精确的地质资料。在此基础上，提出了一种基于TSP的数值模拟方法。其次，TSP方法可以对地质资料进行实时更新，对新发生的地质灾害进行预报。由于地质灾害通常都是难以预测的，因此，通过对地质信息进行实时的更新，可以实现早期预警、早期准备和早期预防。最后，利用TSP方法可以对地下洞库沿线可能发生的塌方和地下水突涌等地质灾害进行预报。由于该方法的适用范围较广，因此，TSP方法在地下工程地质超前预报方面，是一种极具应用价值的方法。同时，TSP方法也是一种比较简便的方法，它仅需在现有地质资料的基础上构造出一个图形，再用TSP方法进行求解。从而使TSP方法具有较好的实用价值。此外，TSP方法还具有很强的扩展性，可以通过添加新的地质点，改变已有地质点之间的联系，从而满足各种地质情况及预测要求。该方法具有较强的适应性，因此可将其应用于地下洞库地质超前预测。

二、某地下洞库施工中TSP探测应用

1. 场区地质条件概况

某地下洞库位于中低山谷底斜坡地貌区，根据地质调绘、物探及钻探资料，区域岩性主要为中—微风化花岗片麻岩，黄褐、灰白色，鳞片粒状变晶结构、交代结构，片麻状构造，岩体较完整—较破碎，部分裂隙面被黏土矿物充填，结构面附近围岩较破碎，围岩稳定性一般，洞身开挖拱部无支护可产生掉块，掌子面湿润，有滴水和渗水现象。

2. TSP系统结构组成

TSP地质地震波探测系统由主机、传感器、震源、数据分析软件和用户技术支持体系组成。仪器主机采用先进的设计理念将计算机技术与现代电子技术结合，具有24个独立的高精度采集通

道(24位模数转换器),可连接三分量加速度传感器或速度型地震检波器。

本次采用TSP303超前地质预报系统,它是由瑞士安伯格测量技术公司专门为隧道及地下工程施工超前地质预报研制开发的,是目前国内外在这个领域最先进的科技成果。

系统主要组成及其技术特性:

(1)记录单元:24道,24位A/D转换,采样频率48kHz和24kHz、16kHz,最大记录长度为1000ms,记录带宽8000Hz和4000Hz,动态范围120dB。

(2)接收器(检波器):三分量加速度地震检波器,灵敏度为1000mV/g±5%,频率范围为0.5~5000Hz,共振频率9000Hz,横向灵敏度>1%,操作温度0~65℃。

(3)Amberg TSP plus软件:数据采集、处理及评估一体化,高度智能。

3. 现场施作

由于地下洞库建设的特殊条件,实际布置与设计存在一定的差异,因此TSP的观测坐标必须精确定位,定位坐标是数据处理中的关键,它直接影响到速度、定位的精度。对测量精度的要求是10cm。在钻孔成形和检波器和炸药充装前对其进行测量。要一孔一孔地测高、测深、测间距;测量孔眼到工作面的最短距离,检测器深度和高度和检测器S1的距离;在进行正式爆破收集数据的时候,为了保证收集到的数据最小化,所有的钻探、放炮、输送等工作都要停下来。整个探查过程需要大约60min。

本次TSP地质预报接收孔数量为2个,对称布置在地下洞库左右边墙;炮孔数量为24个,布置在右侧边墙,所有炮孔和同侧接收孔需布置在同一直线上,TSP钻孔布设参数详见表1。本次震源点位于地下洞库右边墙,传感器桩号约$K_0+377.0$,掌子面桩号为$K_0+427.2$,探测范围为$K_0+427.2 \sim K_0+527.2$,共计100.0m。TSP预报观测系统示意见图2。

表1 TSP钻孔布设参数表

	接收器孔	炮孔
数量	2个,位于地下洞库左右边墙(各1个)	24个,位于地下洞库右边墙
直径	ϕ50mm钻头钻孔	Φ50mm钻头钻孔
深度	1.8m	1.5m
定向	垂直地下洞库边墙,上倾5°~10°	垂直地下洞库边墙,下倾10°~20°
高度	离地下洞库底高1.5m	离地下洞库底高1.5m(与接收器孔高度一致)
位置	距离开挖面约50.2m	第1个炮点离同侧接收器孔为9.5m,炮点距约1.5m

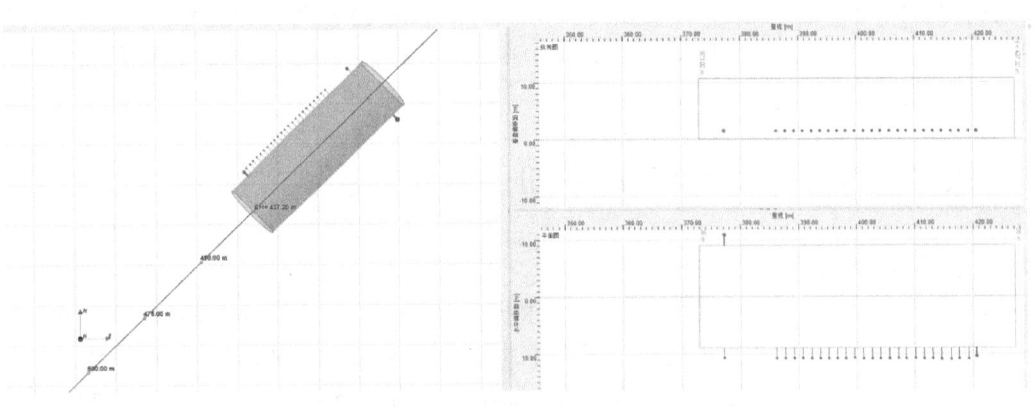

图2 TSP303观测系统示意图

4. 探测成果及结论

1)数据处理

采集的数据采用Amberg TSP专用软件进行处理。

处理时，首先正确输入炮点和接收点的几何参数，剔除质量差的记录道，质量合格的地震道用于数据处理和解释。预报长度约为100m。

基本处理流程包括16个主要步骤，即：偏移距计算→数据准备→数据旋转→数据设置→时变高截→带通滤波→初至拾取→拾取管理→拾取处理→炮能量均衡→Q估计→反射波提取→P、S波分离→速度分析→深度偏移→提取反射层。

处理的最终成果包括P波、SH波、SV波的时间剖面、深度偏移剖面、提取的反射层等(图3)。

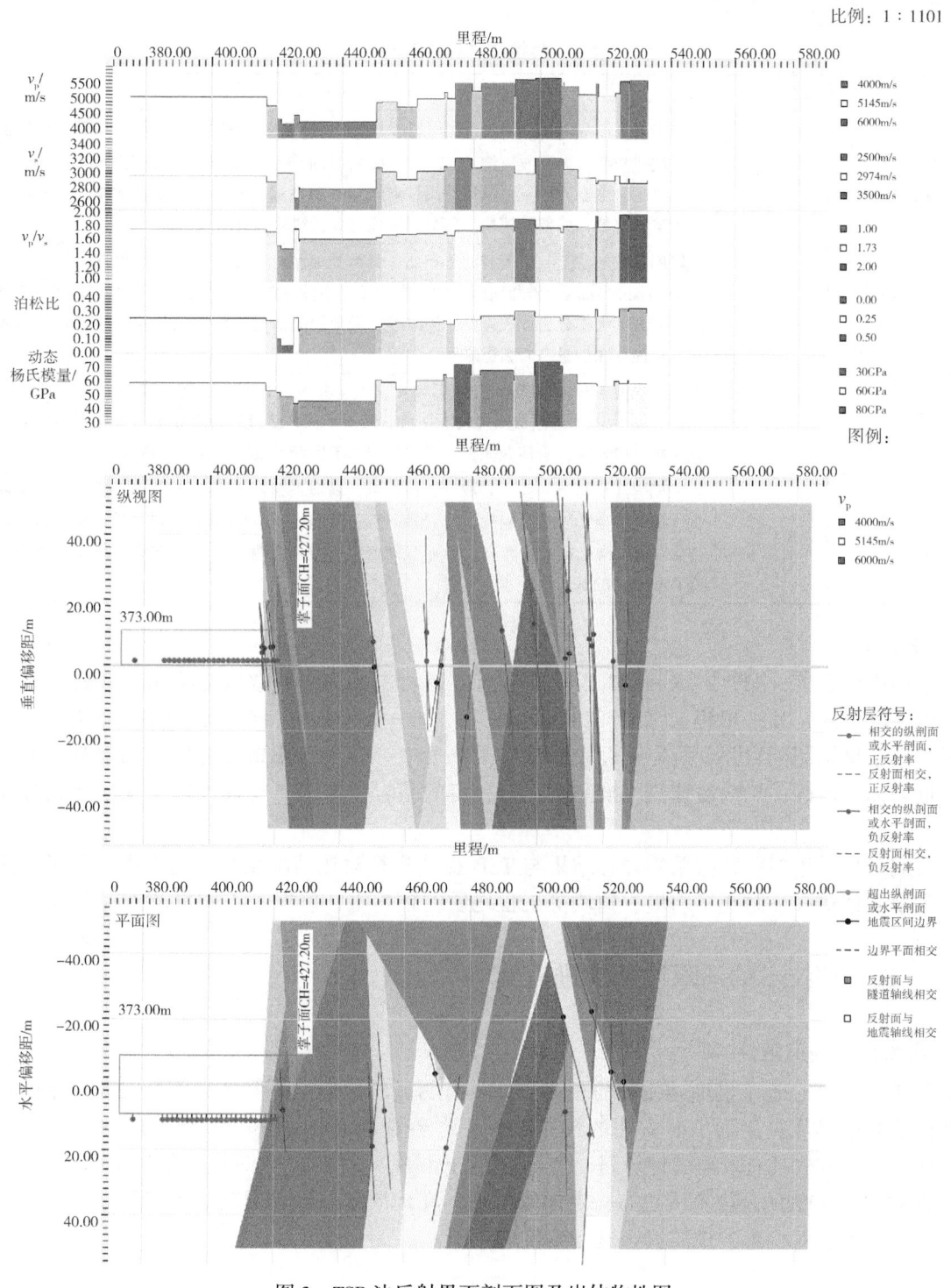

图3 TSP法反射界面剖面图及岩体物性图

2) 处理结果解释与评估

处理成果的解释与评估,主要基于以下的地震勘探基本准则:

(1) 反射振幅越强,反射系数和波阻抗的差别越大。
(2) 正反射振幅表明正的反射系数,表明坚硬岩层;负反射振幅表明软弱岩层。
(3) 若横波反射比纵波强,则表明岩层饱含水。
(4) 纵横波速度比有较大的增加或泊松比突然增大,常常因流体的存在而引起。
(5) 若纵波速度下降,则表明裂隙密度或孔隙度增加。

根据以上准则,解释成果见表2。

表2 预报成果详细解释表

序号	里程	长度/m	推断结果
1	$K_0+427.2 \sim K_0+450.4$	23.2	本段围岩波形与掌子面围岩($K_0+427.2$)已揭示围岩波形相比,纵波波速接近,杨氏模量接近,波速较低,纵波波速约4452~4637m/s,推断该区段围岩强度及完整性与掌子面相似,该区段围岩主要为中—微风化花岗片麻岩,节理裂隙较发育,岩体较破碎,部分结构面被黏土矿物充填,局部易掉块,部分裂隙面有少量裂隙水流出
2	$K_0+450.4 \sim K_0+474.2$	23.8	本段围岩波形与上一段围岩波形相比,纵波波速稍有增加,杨氏模量稍有增加,纵波波速约4871~5277m/s,推断该区段围岩强度及完整性较前一段稍有增加,该段主要为微风化花岗片麻岩,大部分岩体较完整~较破碎,局部裂隙面附近为中风化花岗片麻岩,局部易掉块,可能存在少量基岩裂隙水
3	$K_0+474.2 \sim K_0+506.0$	31.8	本段围岩波形与上一段围岩波形相比,纵、横波波速升高,杨氏模量升高,纵波波速约5310~5681m/s,推断该区段较上一段有所增加,该区段围岩主要为微风化花岗片麻岩,节理裂隙一般发育,岩体较完整,基岩裂隙水不发育,仅局部存在少量渗水
4	$K_0+506.0 \sim K_0+527.2$	21.2	本段围岩波形与上一段围岩波形相比,纵、横波波速降低,杨氏模量降低,反射层数量增加,纵波波速约5171~5458m/s,推断该区段围岩强度及完整性较前一段稍有降低,该段主要为中—微风化花岗片麻岩,局部节理密集,节理面附近岩体较破碎,局部易掉块,推测存在有一定的基岩裂隙水

3) 探测结论

地下洞库里程 $K_0+427.2 \sim K_0+527.2$ 段推断前方围岩主要为中—微风化花岗片麻岩,大部分岩体较完整—较破碎,其中里程 $K_0+427.2 \sim K_0+450.4$、$K_0+450.4 \sim K_0+474.2$、$K_0+506.0 \sim K_0+527.2$ 段依据预报结果推测围岩强度及完整性较降低,主要为中—微风化花岗片麻岩,局部节理发育,节理面附近岩体较破碎,局部易掉块,推测存在有一定的基岩裂隙水,建议该段加强超前钻探及支护措施。

经后期现场采用超前钻探采集岩芯结果与TSP探测进行对比情况相符,施工中加强了该段的支护及衬砌及其他措施,防止了坍塌、掉块等工程地质问题发生,确保工程质量及施工安全。

三、TSP法技术的局限性和改进措施

1. 当前技术的局限性

虽然TSP方法在地下洞库地质超前预测方面具有明显的优越性,但是其不足之处也很明显。首先,地质资料的品质决定了TSP方法的预报准确率。若资料有误或不全,则会使预报精度大大降低。其次,TSP方法具有较高的计算量。在大型地下洞库项目中,这将是一个棘手的问题。另外,图论模式对TSP方法的预报范围也有一定的局限性。在地质条件比较复杂,灾害种类比较多的情况下,就不一定能够对全部的地质灾害进行精确的预测。

2. TSP法在地下洞库地质超前预测上的改进措施

尽管TSP方法在地下洞库地质超前预测方面还存在一定的不足，但是它的优势还是很明显的。随着TSP方法的不断完善，TSP方法在工程地质预测中的应用将会越来越广泛。

首先，在TSP方法中，改善地质资料的品质与完整性，是提高TSP方法预测准确率的重要环节。利用遥感、物探、点云等现代地质勘查技术，可以获得更为详细和精确的地质资料。

其次，对TSP算法进行了改进，从而提高了算法的运算速度。本项目通过引入并行、分布式等技术，将大规模问题分解成若干个小型问题，共同分担计算压力，提升计算效率及准确性。在此基础上，本项目还结合深度学习、强化学习等新型优化方法，进一步提升TSP方法的预测准确率与效率。

另外，扩展TSP方法的应用领域也是一项有意义的工作。本项目应用证实在复杂多变的地质情况下，采用多目标图模型和动态图模型是可行的，明显提高了TSP方法的预报水平。

同时，对TSP方法的运行流程进行了简化。在实施以上优化措施后，采取一种易于使用的系统接口，并给出了更加详尽细致的正演模型，从而大大降低了系统的复杂度，取得良好的效果。

四、结语

采用TSP法对地下洞库进行超前地质预测，是一项直观有效且很有发展潜力的工程技术。通过对地下洞库施工过程中可能出现的地质灾害进行预测，可以提前采取有效预防措施，避免或减少工程损失，保证地下洞库施工的安全和顺利进行。然而，该技术也存在一些局限性，如预测精度受到地质数据质量的影响，预测范围受到图模型的限制等。为了克服这些局限性，未来的研究可以从提高地质数据的质量和完整性、优化TSP算法以提高计算效率、扩大TSP法的预测范围及简化TSP法的操作过程等方面进行。总的来说，随着科技的发展和研究的深入，我们有理由相信，TSP法地下洞库超前地质预报技术将在地下洞库施工领域发挥更大的作用。

参 考 文 献

[1] 尹雪波. 岩溶隧道超前地质预报综合预报技术的应用效果分析[J]. 四川地质学报，2022，42(2)：313-316.
[2] 王琴，张光亮，王学彦. TSP超前地质预报技术在隧道中的应用[J]. 江西建材，2022(5)：50-51，58.
[3] 李广江. 综合超前地质预报技术在云雾山隧道中的应用[J]. 建筑技术开发，2022，49(6)：86-90.
[4] 牟元存，李星，高树全，等. TSP法隧道超前地质预报技术研究与应用[J]. 中国铁路，2022(1)：45-50.

建筑、结构与总图

浅析劲性搅拌桩的工程应用

朱俊岩　刘文涛

（中国石油天然气管道工程有限公司土建室）

摘　要：劲性搅拌桩是在水泥土搅拌桩中插入管桩，形成共同受力的复合桩型。该桩型的承载力相对于一般管桩有较大的提高，能够满足工程承载力要求，减少工程造价。为方便设计人员更好地了解和应用劲性搅拌桩，本文系统总结了劲性搅拌桩的工作机理、主要桩型、设计要点及施工与检测技术要求，以期对实际设计工作有指导意义。

一、前言

在软土地区的多层或高层建筑中，预应力混凝土管桩和钻孔灌注桩是最常用的基础形式。预应力混凝土管桩由于其工厂化生产、成桩质量容易保证、混凝土强度高、承载性能优良、施工速度快、成本相对较低等优点被广泛应用于工业与民用建筑、市政桥梁等工程中；而钻孔灌注桩因具有承载力高、无挤土效应、噪声小等优点，近年来已成为应用较为广泛的桩型。然而，当它们运用到深厚软土地区作为摩擦桩使用时，由于桩周土体工程性质较差而提供的侧摩阻力值低，在桩身材料强度尚未充分发挥时，桩周土体已达到其极限强度，导致桩顶沉降过大而无法继续承担荷载，造成桩身材料浪费。与此同时，管桩在施工过程中会产生严重的挤土效应，对周边已有建筑物及地下管道造成不利影响；非挤土的钻孔灌注桩施工过程中会排出大量泥浆，存在泥浆污染的问题。劲性搅拌桩有效地解决了上述问题。

二、工作机理

劲性搅拌桩由水泥土搅拌桩、管桩两部分组成。水泥土搅拌桩由大型搅拌杆将水泥浆液从其喷口以高压喷入地基，并强行与原土搅拌，形成大直径水泥土搅拌桩，在水泥土搅拌桩中插入管桩，形成复合受力桩的一种新桩型，一般称为劲性搅拌桩，也称为静钻根植桩。如图1至图3所示，根据管桩与水泥土搅拌桩的相对长度可以为短芯柔刚复合桩、等芯柔刚复合桩和长芯柔刚复合桩。

图1　劲性水泥土搅拌桩

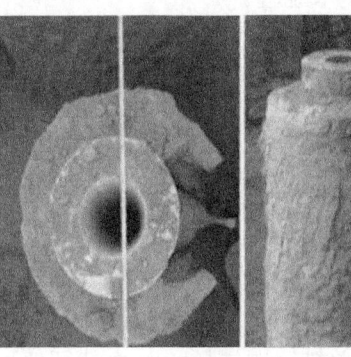

图2　劲性水泥土搅拌桩大样

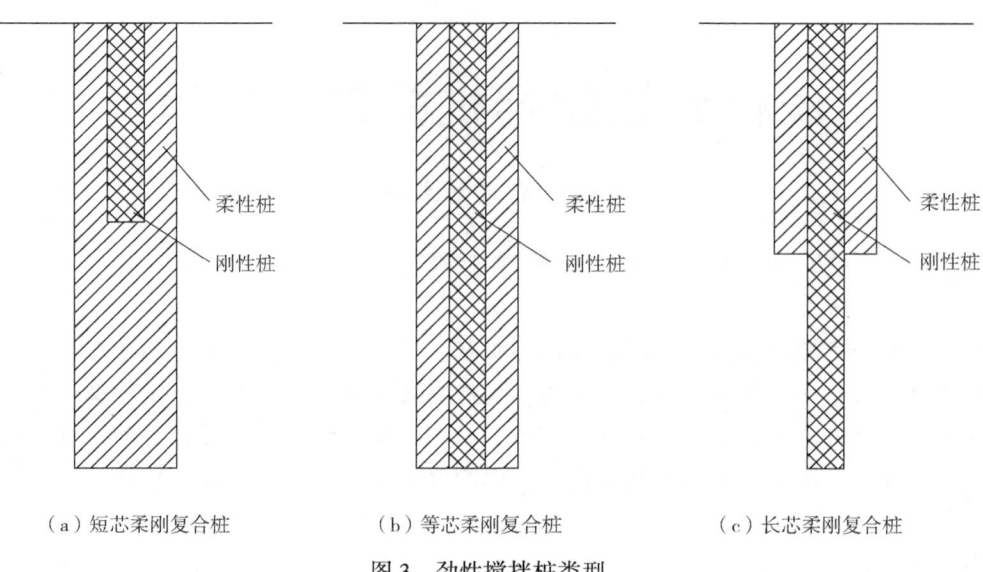

(a) 短芯柔刚复合桩　　(b) 等芯柔刚复合桩　　(c) 长芯柔刚复合桩

图 3　劲性搅拌桩类型

该桩型利用水泥土搅拌桩较大的接触面积来提供侧摩阻力,由于水泥土的过渡作用,桩侧摩擦性能较好,而该桩基的桩身强度由内部预制桩控制。这种新型桩基结合了高强混凝土预制桩桩身强度大和水泥土桩侧摩擦性能好的优点,同时钻孔产生的泥浆在注入水泥浆后形成水泥土而得到充分利用,使得泥浆排放减少;另一方面,靠桩自重植桩,避免了传统预制桩沉桩因外力造成桩身损伤,保证沉桩质量。

该桩型是一种经济有效的新型桩基,在江苏、浙江、上海、天津等软土区域得到应用,相比于传统管桩和钻孔灌注桩都有着明显的优势:避免了锤击和静压沉桩对桩身造成的损伤,避免了传统沉桩桩顶标高不一致造成的截桩,避免了钻孔灌注桩泥浆护壁泥皮、沉渣而造成承载力较低及大量泥浆排放造成的环境污染;成桩后,桩身由水泥土包裹,提高了桩身的耐久性;由于钻孔直径较大,可使大直径预制桩在陆地建筑工程中得到应用。

三、劲性搅拌桩设计

1. 设计依据

目前设计规程有中华人民共和国行业标准 JGJ/T 327—2014《劲性复合桩技术规程》、江苏省工程建设标准 DGJ32/TJ 151—2013《劲性复合桩技术规程》、浙江省工程建设标准 DB33/T 1134—2017《静钻根植桩基础技术规程》。

2. 劲性搅拌桩设计

(1) 劲性搅拌桩作为桩基础基桩时应符合下列规定:

桩间距不应小于 4 倍内芯直径,且不应小于 1.5 倍外芯直径。

桩身承载力及裂缝控制宜按内芯进行验算。

内芯应与承台连接。

(2) 劲性搅拌桩单桩竖向抗压承载力设计应符合下列规定:

劲性搅拌桩单桩竖向抗压承载力特征值应根据单桩竖向抗压载荷试验确定。

初步设计时,单桩竖向抗压承载力特征值可按公式(1)~公式(4)估算,对并取最小值:

① 劲性搅拌桩桩侧破坏面位于内、外芯界面时,基桩竖向抗压承载力特征值可按下列公式

估算：

长芯桩：

$$R_a = u^c q_{sa}^c l^c + u^c \sum q_{sja}^c l_j + q_{pa}^c A_p^c \tag{1}$$

短芯桩和等芯桩：

$$R_a = u^c q_{sa}^c l^c + q_{pa}^c A_p^c \tag{2}$$

式中 R_a——劲性搅拌桩单桩竖向抗压承载力特征值，kN；

u^c——劲性搅拌桩内芯桩身周长，m；

l^c——劲性搅拌桩复合段长度，m；

l_j——劲性搅拌桩非复合段第 j 土层厚度，m；

A_p^c——劲性搅拌桩内芯桩身截面积，m²；

q_{sa}^c——劲性搅拌桩复合段内芯侧阻力特征值，kPa，宜按地区经验取值。无地区经验时，宜取室内相同配比水泥土试块在标准条件下 90d 龄期的立方体（边长 70.7mm）无侧限抗压强度的（0.04~0.08）倍，当内芯为预制混凝土类桩或外芯水泥土桩采用干法施工时宜取较高值，对散刚复合桩可取 30~50kPa；

q_{sja}^c——劲性搅拌桩非复合段内芯第 j 土层侧阻力特征值，kPa，可按地区经验取值；也可根据内芯桩型按现行行业标准 JGJ 94—2008《建筑桩基技术规范》取值；

q_{pa}^c——劲性搅拌桩内芯桩端土的端阻力特征值，kPa，宜按地区经验取值；对长芯桩与等芯桩也可根据内芯桩型按现行行业标准 JGJ 94—2008《建筑桩基技术规范》取值；对短芯散刚复合桩可取 1200~1500kPa，对短芯柔刚复合桩和短芯三元复合桩可取 2000~3000kPa。

② 劲性搅拌桩桩侧破坏面位于外芯和桩周土的界面时，单桩竖向抗压承载力特征值可按下列公式估算：

长芯桩：

$$R_a = u \sum \xi_{si} q_{sia} l_i + u^c \sum q_{sja}^c l_j + q_{pa}^c A_p^c \tag{3}$$

短芯桩和等芯桩：

$$R_a = u \sum \xi_{si} q_{sia} l_i + \alpha \xi_p q_{pa} A_p \tag{4}$$

式中 R_a——劲性搅拌桩单桩竖向抗压承载力特征值，kN；

u——劲性搅拌桩复合段桩身周长，m；

l_i——劲性搅拌桩非复合段第 i 土层厚度，m；

A_p——劲性搅拌桩桩身截面积，m²，对散刚复合桩应取刚性桩桩身截面积；对柔刚复合桩和三元复合桩，当刚性桩桩长大于柔性桩或散柔复合桩桩长时，应取刚性桩桩身截面积；

q_{sia}——劲性搅拌桩复合段外芯第 i 土层侧阻力特征值，kPa，宜按地区经验取值。无经验时，可按表 1 取值；

q_{pa}——劲性搅拌桩端阻力特征值，kPa，宜按地区经验取值。也可取桩端地基土未经修正的承载力特征值；

α——劲性搅拌桩桩端天然地基土承载力折减系数，可取 0.70~0.90；

ξ_{si}、ξ_p——分别为劲性搅拌桩复合段外芯第 i 土层侧阻力调整系数、端阻力调整系数，宜按地区经验取值。无经验时，可按表 2 取值；非复合段侧阻力调整系数、端阻力调整系数均取 1.0。

表1 劲性搅拌桩外芯侧阻力特征值 q_{sa}

土的名称	土的状态		侧阻力特征值 q/kPa
人工填土	稍密—中密		10~18
淤泥	—		6~9
淤泥质土	—		10~14
黏性土	流塑	$I_L>1$	12~19
	软塑	$0.75<I_L\leq1$	19~25
	软可塑	$0.5<I_L\leq0.75$	25~34
	硬可塑	$0.25<I_L\leq0.5$	34~42
	硬塑	$0<I_L\leq0.25$	42~48
	坚硬	$I_L\leq0$	48~51
粉土	稍密	$0.9<e$	12~22
	中密	$0.75<e\leq0.25$	22~32
	密实	$e\leq0.75$	32~42
粉砂	稍密	$10<N\leq15$	11~23
	中密	$15<N\leq30$	23~32
	密实	$30<N$	32~43
细砂	稍密	$10<N\leq15$	13~25
	中密	$15<N\leq30$	25~34
	密实	$30<N$	34~45

表2 劲性搅拌桩复合段外芯侧阻力调整系数 ξ_{si}、端阻力调整系数 ξ_p

调整系数	土的类别				
	淤泥	黏性土	粉土	粉砂	细砂
ξ_{si}	1.30~1.60	1.50~1.80	1.50~1.90	1.70~2.10	1.90~2.30
ξ_p	—	2.00~2.20	2.00~2.40	2.30~2.70	2.50~2.90

四、复合桩施工与检测

复合桩施工包括先施工水泥土桩后施工管桩和先施工管桩后施工水泥土桩两种工法。

先施工水泥土桩后施工管桩的施工工艺流程：定位放线→桩位复核→水泥土搅拌桩桩机就位→水泥土搅拌桩施工→水泥土搅拌桩桩机移位至下一根桩→水泥土搅拌桩机就位→桩位复核→插入PHC高强预应力混凝土管桩施工→水泥土搅拌桩植入管桩成桩。当水泥土搅拌桩采用干法搅拌工艺时，管桩施工宜在水泥土搅拌桩施工后6h内进行。当水泥土搅拌桩采用湿法工艺时，宜在水泥土搅拌桩成桩12h内打入芯桩。管桩采用空心桩时，底端宜进行封闭。管桩施工前必须重新测放并复核桩位，确保桩位测量误差小于2cm。管桩的制作及施工应符合JGJ 94—2008《建筑桩基技术规范》的相关规定。

先施工管桩后施工水泥土桩，采用静压桩机压入管桩，然后采用长螺旋筒状钻具在管桩外侧旋转压入，边压入，边高压旋喷水泥土；形成桩芯为管桩，外侧为水泥土的劲性水泥土搅拌管桩。

劲性搅拌桩可在成桩后14~28天进行单桩静力载荷试验，以检验其承载力，单位工程的工程桩检测数量不少于同条件下总桩数的 0.5%~1%，且不应少于 3 点，当总桩数少于 50 根时，检测数量不应少于 2 根。劲性搅拌桩静载荷试验应符合 JGJ 106—2014《建筑基桩检测技术规范》的有关规定。试验时宜在管桩桩顶设置桩帽。桩身完整性可采用低应变动测法检测，检测数量应根据现行行业标准 JGJ 106—2014《建筑基桩检测技术规范》。

五、结语

劲性搅拌桩利用大直径的廉价水泥土提供摩阻力和端阻力，由劲芯承担和纵向传递上部荷载。该复合桩可提供承载力不低于同体积的其他刚性桩，而造价大幅度降低，在一定范围内代替造价高，工期长的各种预制，静压桩、钻孔桩。它还克服了打入桩的噪声、挤土和钻孔桩的工期长、泥浆排污及静压桩的进场费用高，场地十分松软时设备无法进场施工等问题。当劲性搅拌桩用于基坑支护时，外芯起止水帷幕作用，且由于劲芯的打入使外芯之间的啮合作用加强，抗渗抗剪效果显著，劲芯中的钢筋（或钢管、型钢）主要起抗剪、抗弯、抗拔作用，其分工明确又协调匹配，工期短造价低，经济技术效果十分明显。

参 考 文 献

[1] 顾晓鲁，钱鸿缙，刘惠珊，等. 地基与基础：第二版[M]. 北京：中国建筑工业出版社，2003.
[2] 陈远椿，汪洪涛. 全国民用建筑工程设计技术措施（结构）[M]. 北京：中国计划出版社，2003.
[3] JGJ 79—2012 建筑地基处理技术规范.
[4] CECS 279：2010 强夯地基处理技术规程.

浅谈构建油气储运零碳站场的意义与方法

张红霞　朱俊岩

(中国石油天然气管道工程有限公司土建室)

摘　要：在全球应对气候变化的背景下，油气储运站场作为能源产业链的重要节点，其低碳化转型对实现"双碳"目标具有重要意义。本文从双碳目标、能源安全、环境效益、经济价值四个维度剖析油气储运零碳站场的战略意义，提出以甲烷控制、碳捕集封存(CCUS)、绿电替代、数字化管理为核心的技术路径，并结合油气行业典型案例验证其可行性。研究结果表明，油气储运站场实现零碳运营不仅可降低全产业链碳排放强度，还能推动能源系统向清洁化、智能化升级，为传统化石能源行业可持续发展提供创新范式。

一、引言

油气储运站场是连接上游开采与下游消费的核心枢纽，据相关资料统计，其运行过程中产生的碳排放(如天然气燃烧、甲烷泄漏、电力消耗等)占比可达油气全生命周期碳排放的18%~25%(IEA，2023)。随着《巴黎协定》的深入实施，全球130个国家已提出碳中和目标，中国也明确提出"2030年前碳达峰、2060年前碳中和"承诺。在此背景下，传统油气储运站场急需向零碳模式转型，以应对日益严格的碳排放约束，并为能源行业低碳发展提供示范。

二、构建油气储运零碳站场的战略意义

1. 助力国家碳中和目标实现

为实现我国"30·60双碳目标"，2024年中央经济工作会议首次提到了"零碳园区"的概念，在今年两会中，"建立一批零碳园区、零碳工厂"被写入了2025年政府工作报告。"零碳园区"成为我国实现绿色低碳转型的核心抓手。油气储运站场的零碳化可推动油气产业链整体减排，打造"零碳站场""零碳储库"是油气储运行业响应国家碳中和战略的必然选择。

2. 推动能源安全与产业升级

零碳站场可将传统油气站场升级为多能互补枢纽，实现能源结构的优化。同时为油气储运站场的技术创新和产业升级提供方向和动力，推动站场实现工艺革新和数字赋能，进一步保障能源安全，缓解传统油气行业在"能源安全—经济性—清洁化"之间的冲突。

3. 降低环境风险与生态压力

甲烷的全球增温潜势(GWP)在百年尺度下是二氧化碳的27.9倍，我国油气开采及储运环节的甲烷泄漏占能源行业总排放的13%。所以，实现油气储运站场零碳化，首要任务是控制甲烷泄漏和排放，降低温室气体的排放。同时，通过淘汰燃气驱动设备、采用电驱压缩机等技术，可消除氮氧化物(NO_x)、硫化物(SO_x)等污染物排放，改善周边空气质量。

4. 创造新型商业模式与社会价值

1）实现碳资产增值

油气储运站场零碳化可实现通过碳市场出售减排量，或为下游用户提供"零碳认证油气"，提升产品溢价。例如，壳牌（Shell）在加拿大建设的零碳 LNG 站场，其产品在欧洲碳关税（CBAM）体系下具备显著竞争力；2021 年，中国石化联合中远海运、中国东航共担减排责任，通过购买国家核证自愿减排量，抵消了产自安哥拉的 $3×10^4$ t 万吨原油从石油开采到产品消费全生命周期所产生的二氧化碳，成为我国首船全生命周期碳中和原油。

2）推动区域经济绿色升级

储运站场可与周边园区形成绿电共享、碳汇协同的共生网络，带动区域清洁能源产业发展。如鄂尔多斯零碳产业园联合长庆油田储运站，构建"风光制氢—氢能驱动—碳捕集"产业链，年产值增加 12 亿元；孤家子储气库作为中国石化首个碳中和储气库，场站内生产生活用电 100%实现绿电替代，储气库采气能力日均可达 $50×10^4 m^3$，输入长春及周边地区的千家万户，可基本满足 100 万人每天的生活用气需求，推动区域经济绿色升级。

三、零碳油气储运站场的构建方法

参考"零碳园区"和"零碳工厂"的定义和内涵，"油气储运零碳站场"指油气储运基础设施在运营阶段，应用低碳技术与碳抵消机制，实现净零碳排放。其核心目标是通过工艺流程优化、可再生能源替代及碳汇补偿等方式完全抵消油气储运站场在油气储存、运输等运营活动中产生的直接排放和间接排放总量，达到碳元素输入与输出的动态平衡。

根据油气储运站场的特点，零碳站场的构建应通过能源系统低碳化重构、低碳建筑与基础设施、工艺与设备系统低碳升级、数字化碳管理与智能调控、生态碳汇或市场化碳抵消等一系列措施，实现运营阶段能源自给率达 80%以上且净碳排放归零。零碳油气储运站场的构建重点做好以下几方面的工作：

1. 能源系统低碳化重构

能源系统重构是实现站场运行零碳目标的核心突破口，可通过可再生能源替代、多能互补（如氢能利用及储能调峰）与智慧调度共同构建分布式能源网络，实现能源自给自足、梯级利用以及智能调控，削减直接碳排放和部分间接碳排放。

1）可再生能源替代

优先采用风能、太阳能、氢能等清洁能源，建设分布式光伏、储能系统及智能微电网，实现 80%以上能源来自可再生能源。如利用站场建筑屋面、空地布置高效光伏组件（如单晶硅光伏板转换效率≥22%），配套垂直轴风力发电机组（单机容量 3~5MW），形成风光互补发电系统，同时开发地热资源，利用地源热泵技术满足供暖和制冷需求。

2）多能互补

推动多能互补（如热电联产、综合能源系统），结合数字化管理平台实现能源梯级利用和供需平衡，减少化石能源依赖。如在站场内构建"电—氢—热"协同系统，利用电解水制氢技术转化富余绿电为氢能，用于设备供能或储运介质；建设储能电站储存多余电能，构建多时间尺度储能体系，缓解可再生能源波动问题；设置储热储冷装置确保供暖、制冷需求稳定供应。

2. 低碳建筑与基础设施

推广零碳建筑（如被动式超低能耗建筑）、绿色交通（电动汽车），并配套智能电网、污水处理等低碳设施。

1）节能低碳建筑

站场建筑采用被动式设计、相变材料（PCM）、光伏一体化建筑（BIPV）等技术，实现超低能耗至零能耗建筑标准，降低建筑运行碳排放，甚至实现建筑产能。

2）绿色交通

站场工作人员实现就近值班和倒班，减少城市交通需求，降低交通碳排放。巡检车辆可采用电动汽车，施工及维检修部署电动重卡、氢能物流车，并配套智能充电桩，实现绿色交通。

3. 工艺与设备系统低碳升级

推广应用清洁生产工艺、余能回收利用、甲烷减排及回收利用等技术，实现工艺系统和设备升级。

1）电气化改造

站场主要用能设备由燃油、燃气替换为电力驱动，提高站场的电气化率，同时充分利用绿电降低碳排放。如将燃驱压缩机替换为电驱压缩机，以及泵组实现电气自动化，以实现实时监测和智能控制，提高运行效率，保障安全稳定运行，降低事故风险。

2）余能回收利用

充分利用设备系统运行产生的压差、余热、冷能等余能，进行回收利用，实现"能源自愈"。如LNG冷能可用于制冰、冷链物流或数据中心冷却，能量利用率提高40%；透平膨胀机压差发电技术可在天然气输送过程中有效回收压力能，产生电力，提高能源利用效率。

3）甲烷泄露控制及回收利用

天然气的生产和运输是甲烷排放的重要来源，在站场中应对甲烷泄露进行监测防空，并逐步推广甲烷的回收与利用。如在站场中部署"天—空—地"立体监测网络（卫星遥感+无人机红外+地面传感器），并结合AI算法实现实时预警和泄漏的精准防控；采用低渗透密封材料，降低甲烷逃逸量。

4. 数字化碳管理与智能调控

构建智慧站场管理系统，通过物联网、大数据和工业互联网实现碳排放监测、能源精细化管理和全生命周期评估。

1）碳足迹追踪平台

构建数字孪生模型，建立能碳双控管理平台，实现产品全生命周期碳足迹追踪，实时模拟站场碳排放并优化运行策略，应用区块链技术追溯供应链碳足迹，确保数据可信度与可追溯性，满足国际绿色认证及欧盟CBAM溯源要求。

2）柔性负荷智能调度

部署虚拟电厂技术聚合分布式能源，通过AI算法优化绿电消纳路径，弃风弃光率降可至5%以下。基于预测模型动态调整设备负荷，可提升能源利用效率30%以上。

5. 生态碳汇或市场化碳抵消

对于无法避免的碳排放，可通过生态固碳和碳信用交易等方式进行抵消。

1）生态碳汇

生态碳汇是指通过自然生态系统的固碳功能吸收并储存大气中的二氧化碳，从而降低温室气体浓度的过程、活动或机制。油气储运站场可通过提高绿化覆盖率等措施进行生态固碳。

2）碳信用交易

应建立油气站场碳抵消机制，允许通过参与碳交易市场购买碳信用抵消剩余排。可用的碳信用包括如下几种：（1）国家温室气体自愿减排项目产生的国家核证自愿减排量（CCER）。（2）省级以上政府批准、备案或者认可的碳普惠项目减排量。（3）国际核证减排量项目减排量（VER、VCU、CER

等)。(4)其他经权威机构批准、备案或者认可的碳信用。(5)国家主办部门签发的绿色电力消费/交易证明(绿色电力交易证明仅可抵消电力使用产生的排放)。

需要注意的是,碳抵消只能作为站场实现"零碳"的末端补充手段,参考零碳园区的碳抵消比例,通常抵消上限设定为≤20%。80%以上的碳排放应通过工艺优化、绿电替代等内部措施削减,优先源头减排。

6. 标准化与协同机制建设

1)制订零碳站场评价和建设标准

我国零碳园区和零碳工厂标准体系建设呈现"地方先行、国家统筹"的特征,政策框架与技术规范同步推进,但尚未形成全国统一标准。截至2025年,全国由20余省市发布了相关的地方标准,且相继出台了30余项团体标准,国家标准《零碳产业园区建设导则》正在编制中。但油气行业尚未出台相关的建设和评价标准,缺少对油气储运零碳站场研究和实践的指导性文件。所以,需要参照有关国际标准(如ISO 14068)和现行的团体和地方标准制定油气储运零碳站场的碳排放强度、绿电占比等核心指标评价体系,以及零碳站场的建设标准,指导油气储运工程低碳建设和运行,推动油气储运低碳技术研究和发展。

2)产业链协同降碳

联合上下游企业共建绿色供应链,要求供应商提供低碳设备与材料,实现全产业链协同降碳,推动国家双碳目标的全面实现。

四、典型案例

1. 塔里木油田西气东输第一站压差发电工程

2023年9月27日,塔里木油田西气东输第一站压差发电工程正式投运,预计每年可生产520万千瓦时的电能,相当于每年减排二氧化碳3335t,可完全中和西气东输第一站全年装置驱动、管道维护、输供气等日常生产中的碳排放,实现场站零碳运行。本工程是将轮南—库尔勒输气管道中的调压阀替换为膨胀机设备,将天然气进站调压过程中产生的压差能量进行回收,进而驱动发电机发电。在利用压差发电的过程中,不仅不消耗天然气,而且不产生废水、废气及固废等污染物,让西气东输第一站在供应天然气资源的同时,还能源源不断地生产零碳电能,输送到附近的高压配电室,为周边油气生产场站提供"绿色"能源。

2. 东营碳中和原油库

2023年10月20日,中国石化胜利油田新东营原油库被认证为国内首座"碳中和"原油库。胜利油田应用绿电替代减碳技术,开展能源梯级利用降低生产能耗,实施电厂蒸汽替代传统加热炉,畅通绿电、蒸汽多能互补的碳中和路径,打造了零异味、零泄漏、零固废、零排放的绿色智能原油库。

3. 珠海LNG绿色智算中心

传统的算力中心依靠大量的电力进行冷却,不但能源消耗巨大,而且对环境造成一定的压力。LNG绿色智算中心项目依托珠海经开区毗邻中国海油珠海LNG接收站的区位优势,创造性将零下162℃的LNG冷能高效转化为算力中心冷却系统,通过冷能梯级利用,相较传统智算中心可降低制冷耗能超50%,大幅度降低智算中心运营成本,减少碳排放,打造真正意义的"零碳智算中心",成为粤港澳大湾区绿色算力新标杆。项目规划建设1000PFlops(FP16)智算算力,首期500PFlops(FP16)智算算力预计于2025年第三季度建成投用。

作为全国首个 LNG 冷能与算力结合的示范样本，LNG 绿色智算中心在项目模式、技术应用、产业发展等方面都进行了一系列的创新和探索，其技术突破为 LNG 冷能综合利用开辟新路径。通过研发高效冷能利用装置，LNG 绿色智算中心不仅能降低算力成本，更提供了可复制的绿色发展新模式。

五、结论

油气储运零碳站场的构建是传统能源行业实现低碳转型的关键突破点，其意义不仅在于直接减排，更在于探索出一条"化石能源清洁化"的创新路径。零碳站场不仅是技术创新的集成平台，更是政策、资本与产业协同的试验场。通过系统研究其实现路径，可破解高碳锁定效应、优化区域能源结构，并为能源产业低碳转型提供范式。

参 考 文 献

[1] IEA. Methane Tracker 2023. OECD Publishing，2023.
[2] Equinor. Northern Lights：A Key Enabler for European Industrial Decarbonization. 2023.
[3] 中国石油集团．中国石油绿色低碳发展行动计划 3.0. 2022.
[4] T/CECA-G 0344—2025 零碳园区评价技术规范．
[5] T/CECA-G 0345—2025 零碳工厂评价规范．

电力、自控与通信

全设备诊断管理系统的开发及应用研究

卜志军　崔艳星　王希友

(中国石油天然气管道工程有限公司仪表自动化室)

摘　要：在国家政策驱动与能源行业数字化转型背景下，本文针对油气储运领域设备管理智能化需求，提出一种基于工业物联网平台的全设备诊断管理系统。通过整合现有分散诊断系统，构建统一的数据采集、存储与分析平台，实现设备实时监控、健康评估、故障诊断与预测性维护。系统创新性地融合多源异构数据标准化处理与机理模型分析，解决了数据孤岛、诊断准确率低及系统集成复杂等问题，并通过模块化设计支持灵活扩展。实际应用表明，该系统在 QZ 输油管道与 JY 储库项目中显著提升了设备管理效率，降低了运维成本，验证了其在设备全生命周期管理中的有效性。研究成果为能源行业智能化运维提供了标准化、可复用的解决方案，具有广阔的行业推广前景。

一、前言

从 2020 年开始，国资委、国务院、国家能源局先后发布了一系列文件推动能源行业数字化的转型和智能化的建设。而能源行业智能化的建设，从目的上来讲是保障生产运行的安全、平稳、高效。设备的故障预测与健康管理是一种必不可少的智能化手段，是现有 SCADA 和 DCS 系统的有效拓展和补充方式，也同时为高级应用系统提供实时数据。因此，有必要在工程建设阶段同步搭建全设备的预测性维修平台。

2023 年 3 月 1 日，国家应急管理部发布了《"工业物联网+危化安全生产"设备完整性管理与预测性维修系统建设应用指南(试行)》，该文件细化了设备完整性管理与预测性维修系统建设内容和技术要求，对企业建设提出了具体建设指南，明确提出鼓励有条件的企业采用工业物联网平台+工业 APP 的方式建设应用设备完整性管理与预测性维修系统。

在国家政策驱动与技术发展的双重作用下，我国能源行业建立全设备诊断管理系统成为必然趋势。全设备诊断管理系统对油气诊断行业意义重大，它不仅能实时监测设备，提前预警故障，保障安全生产，还可通过数据分析优化设备运行，提高生产效率。此外，预测性维护降低了运维成本，系统积累的数据也为企业决策提供依据，助力资源优化配置。并且，该系统可推动行业数字化转型，增强行业竞争力，促进可持续发展。

二、现状及需求分析

1. 设备诊断维护现状

油气储运工程涉及的主要设备包括智能仪表、计量系统、控制阀门、控制系统、网络设备、网络安全设备、泵/压缩机组等，各类设备故障与维护各有特点：

(1) 智能仪表易出现传感器故障、信号传输异常等问题，一般通过实时监测诊断、定期校准及远程维护保障运行。智能仪表的设备诊断系统一般采用站控制系统配套提供的全设备诊断管理系统(如 AMS、EAM、EXPRESS 等),借助智能传感器采集运行参数等数据,实现智能仪表设备诊断与管理系统。

(2)计量系统面临精度下降、数据安全风险,依靠定期校准检定、防作弊管理及数据深度分析维护;控制阀门存在密封泄漏、开闭失灵故障,借助日常巡检、定期保养及故障维修解决。计量系统利用智能传感器收集流量等数据上传至中心数据库,基于工业物联网平台,经数据深度分析与对比标准值来判断故障。

(3)网络设备可能出现性能下降、配置丢失等情况,通过网络监控、定期维护升级及冗余备份确保稳定。网络设备依靠网络管理系统中的探针或代理程序采集 CPU 使用率等信息,先汇聚到本地服务器再上传上级系统,运用专门工具和算法检测异常。

(4)网络安全设备面临安全威胁、漏洞风险,依靠安全策略管理、实时监测响应及漏洞修复防护。网络安全设备以入侵检测、防御等系统,通过镜像端口或旁路部署监测网络流量,结合审计、漏洞扫描系统评估安全状况,数据上传至网络安全设备管理系统。

(5)泵及压缩机组会出现温度压力异常、部件损坏等故障,通过日常运行监测、定期维护保养、故障诊断修复来维持正常运转。泵及压缩机组在关键部位安装振动等传感器,采集的数据经预处理后,由本地监控单元上传至泵/压缩机振动分析系统,采用振动分析、机器学习算法来评估和诊断故障。

(6)其他系统,主要包括工艺辅助系统、安全防护系统等设备的诊断,例如阴极保护系统,泄露监测系统等。

2. 需求分析

当前能源行业设备在线远程诊断系统由多个设备厂商或第三方厂商提供的诊断系统软件组成,主要包括:PLC/RTU 诊断系统、网络设备管理系统、计量远程诊断系统、智能仪表管理系统、压缩机组/泵机组远程诊断系统等。存在数据标准不统一、功能不完善、诊断效果参差不齐,无法为用户提供一个标准、统一、高效的设备诊断和维检修策略。目前,能源行业设备诊断管理存在的问题从以下几个维度阐述如下:

(1)数据层面:信息孤岛导致跨系统数据割裂,缺乏多维度数据融合分析能力,制约诊断全面性。

(2)技术层面:传统监测手段实时性不足,且受限于故障机理复杂性和特征提取难度,诊断准确率亟待提升。

(3)系统架构层面:设备协议复杂多样增加集成难度,海量生产数据安全防护存在泄露风险。设备诊断管理需通过构建统一平台、强化智能诊断、整合技术资源,推动自动化运维体系实现全方位升级。

因此,急需一套完整的全设备诊断与管理平台,同时对诊断数据标准进行统一,对诊断数据传输标准化,满足各类数据的诊断要求。

三、技术路线

本研究技术路线主要包括需求分析、方案设计、开发实现、测试联调及上线部署五个步骤(图1)。

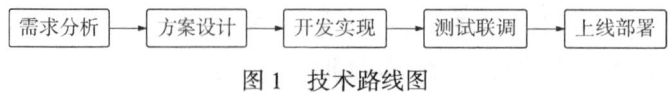

图1 技术路线图

(1)需求分析:梳理各系统功能、数据交互需求,明确集成目标与范围。确定哪些系统需集成，期望实现哪些业务流程优化等。

（2）方案设计：依据需求分析，结合设计原则与技术实现方法，制定详细集成方案，包括架构设计、接口设计、安全设计等。

（3）开发实现：按照方案进行系统开发，完成单点登录、统一身份认证、API 接口开发、前端界面整合等工作。

（4）测试联调：对集成系统全面测试，涵盖功能测试、性能测试、安全测试等，及时修复发现的问题。

（5）上线部署：测试通过后，将集成系统部署到生产环境，并为用户提供培训，确保用户熟悉新系统操作。

四、开发方案

全设备诊断管理系统是采用基于工业物联网平台为工具的健康评估系统，全设备诊断管理系统对现有分散诊断管理系统进行整合和功能提升，系统可通过大数据及人工智能模型实现设备监控、多维分析、健康状态评测评估、故障诊断、智能预警等功能。全设备诊断系统覆盖范围包括油气储运工程全部智能设备，系统可根据不同工程的实际应用需求来配置功能。平台基于统一的数据接口和数据接入标准等，有利于后期平台的扩展。本系统搭建了统一的设备诊断管理平台，实现了多个关键设备得数据采集、数据存储、模型应用和应用界面的集成。

1. 系统架构

全设备诊断管理系统采用 B/S 架构，系统架构分为三层：采集层、数据存储及计算层、业务应用层[1]。图 2 为系统总架构图。

图 2　系统总架构图

2. 数据采集集成

数据通过标准的工业协议如 Modbus、OPC 等，从终端设备采集入库。基于各子模块的功能性需求，通过接口进行数据分发。数据采集集成方案如图 3 所示。

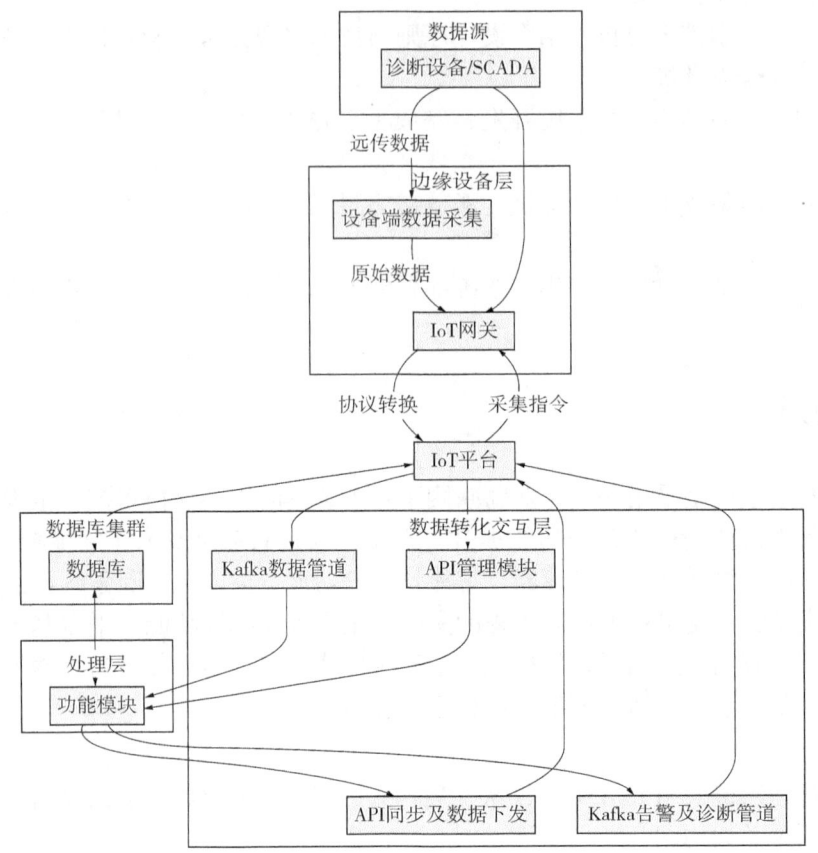

图 3　数据采集流向图

各厂商采集设备端实时数据(包含 SCADA 系统数据),解析后发送给 IoT 平台网关,IoT 平台将时序数据存入 druid 时序数据库,同时通过 Kafka 同步给各个子系统进行预警和诊断等处理,再将处理结果通过 kafka 同步给 IoT 平台,用于存储和统计展示。

IoT 平台,负责对用户信息、设备基本信息、组织机构、数据权限等进行管理,通过 api 接口同步给各个子系统。

各个子系统,负责对测点模板信息管理、发起数据下发,通过 API 接口同步给 IoT 平台,IoT 平台网关负责与设备端建立连接,进行数据下发。

3. 数据存储集成

根据总体系统架构描述,本方案用于存储海量工业设备产生的实时数据,选型 Apache Druid 作为时序数据库选型。既能满足海量实时数据的快速接入,并实时构建索引便于对海量数据进行查询。图 4 为数据存储示意图。

1) 时序数据存储流程

时序数据从边缘网关传输至平台网关后进入平台网关的私有协议解析框架,解析框架根据点表进行解析,解析后推送至 kafka 中,然后通过 druid 摄入数据到数据源中[2]。图 5 为数据存储流程图。

2) 时序数据查询流程

Druid 查询使用专用 Rest 接口执行 sql,所以 IoT 平台时序服务封装并提供查询接口,返回数据分为两种格式,一种为返回原始查询结果的 json,另一种为返回泛型列表(根据具体查询返回类型自动映射字段)。图 6 为数据查询流程图。

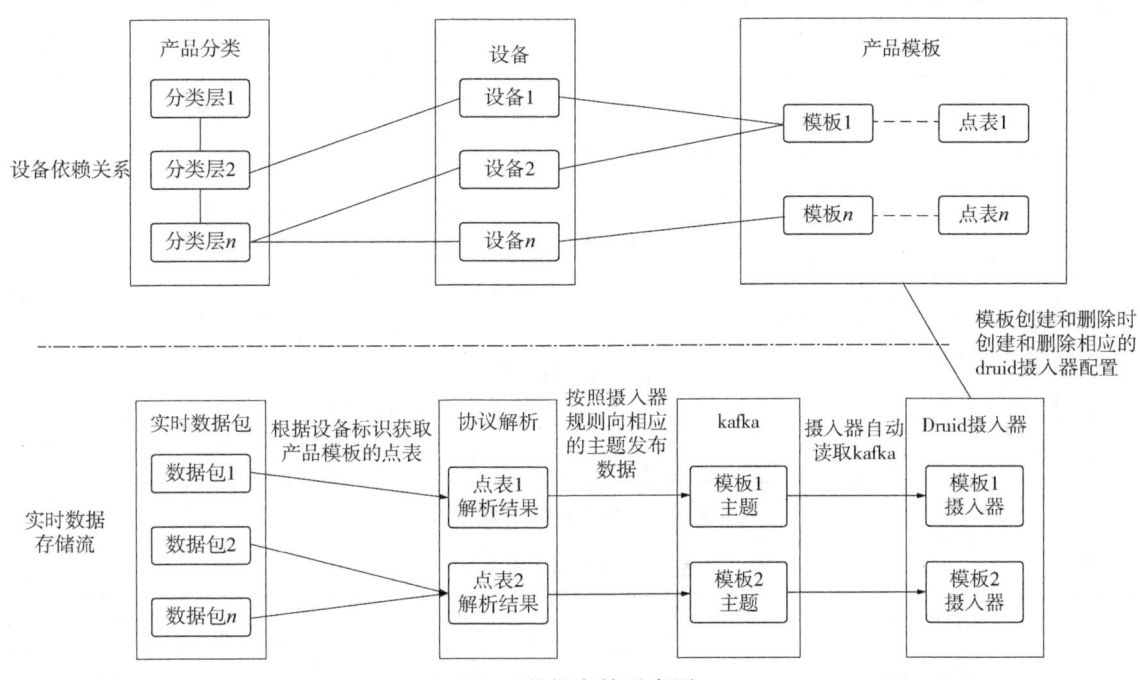

图 4 数据存储示意图

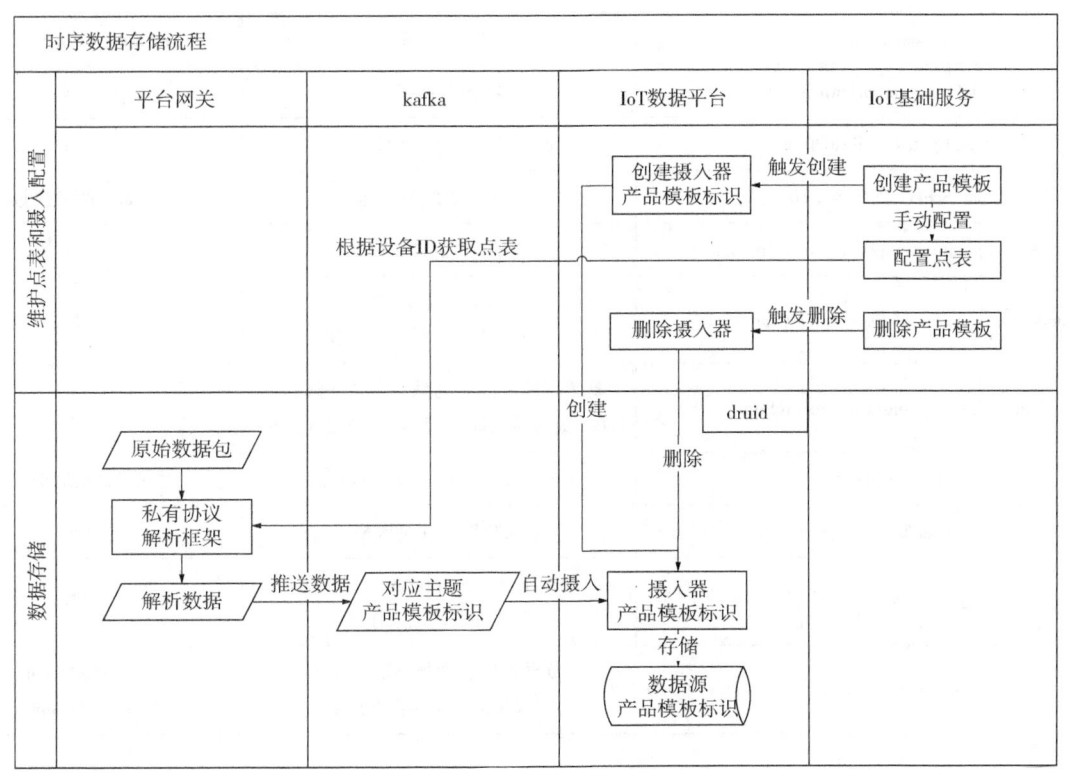

图 5 数据存储流程图

3) 时序数据库设计

根据需求实时数据采用原始数据存储方式,并且支持动态配置点表后数据字段动态扩展。

Druid 表结构由摄入器配置指定,摄入器配置模板文件存储在资源文件中,实际应用中只需更改产品模板 ID 对应字段即可,摄入器主要配置说明见表 1。

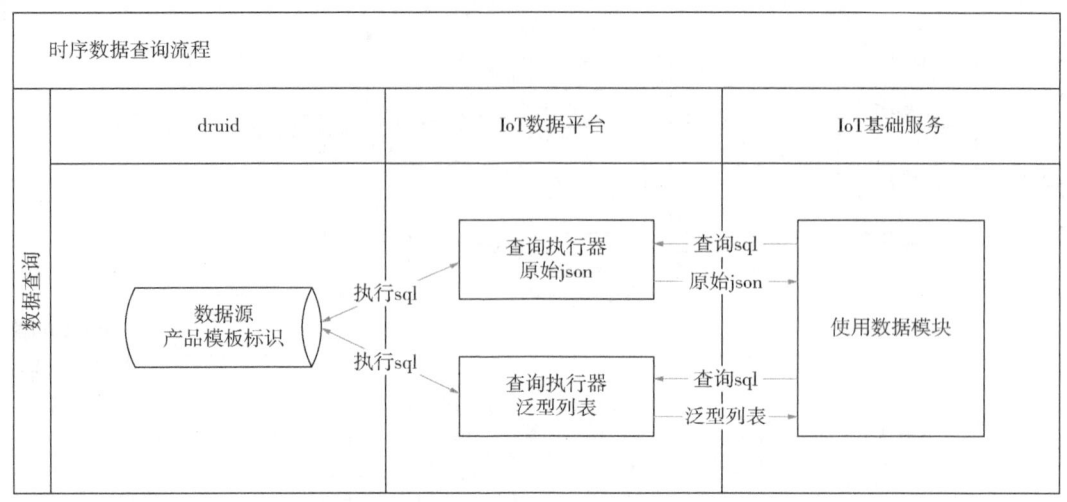

图 6　数据查询流程图

表 1　摄入器主要配置

配置名称	配置说明	配置值
ioConfig.type	摄入器类型	kafka
ioConfig.consumerProperties.bootstrap.servers	Kafka 集群地址	根据实际情况指定
ioConfig.topic	Kafka 主题	realtime-产品模板 ID
ioConfig.inputFormat	输入数据格式	json
ioConfig.useEarliestOffset	数据是否从最早时间读取	False
dataSchema.dataSource	Druid 数据源名称	iot-data-产品模板 ID
dataSchema.granularitySpec.segmentGranularity	Druid 数据文件粒度	DAY
dataSchema.granularitySpec.queryGranularity	Druid 查询聚合粒度，NONE 表示原始数据存储	NONE
dataSchema.granularitySpec.rollup	是否按照相同时间戳覆盖合并数据，kafka 摄入器只能做到尽可能的覆盖合并	true
timestampSpec.time	输入数据时间字段名称标识	根据实际情况指定
timestampSpec.format	输入数据时间字段格式	iso
dimensionsSpec.dimensions	数据维度，[ ]表示不设置固定维度并采用动态维度	[ ]
metricsSpec.name	数据指标，额外增加 rcount 字段记录 rollup 合并次数	{"name":"rcount","type":"count"}

4. 模型应用集成

为各子模块提供统一的登录入口和权限控制。用户经此入口登入系统，对各子模块进行配置或查看。应用统一入口提供统一的用户、角色、权限控制，不同身份的用户登录系统后，仅可访问所授权的功能模块页面，查看所授权的设备数据。

5. 应用界面集成

应用界面设置诊断系统总页面及各类仪表故障诊断界面，总页面主要用于显示报警及相关概要信息，各子界面用于显示各类设备的运行状态及故障信息。图 7 为应用界面集成示意图。

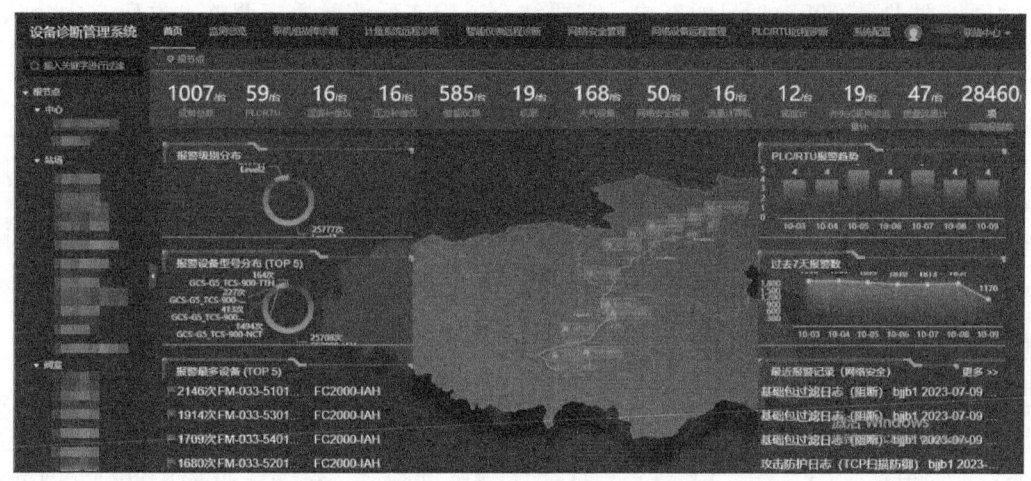

图 7　应用界面集成示意图

五、部署方案

1. 网络设计

全设备诊断管理系统总体网络拓扑如图 8 所示。

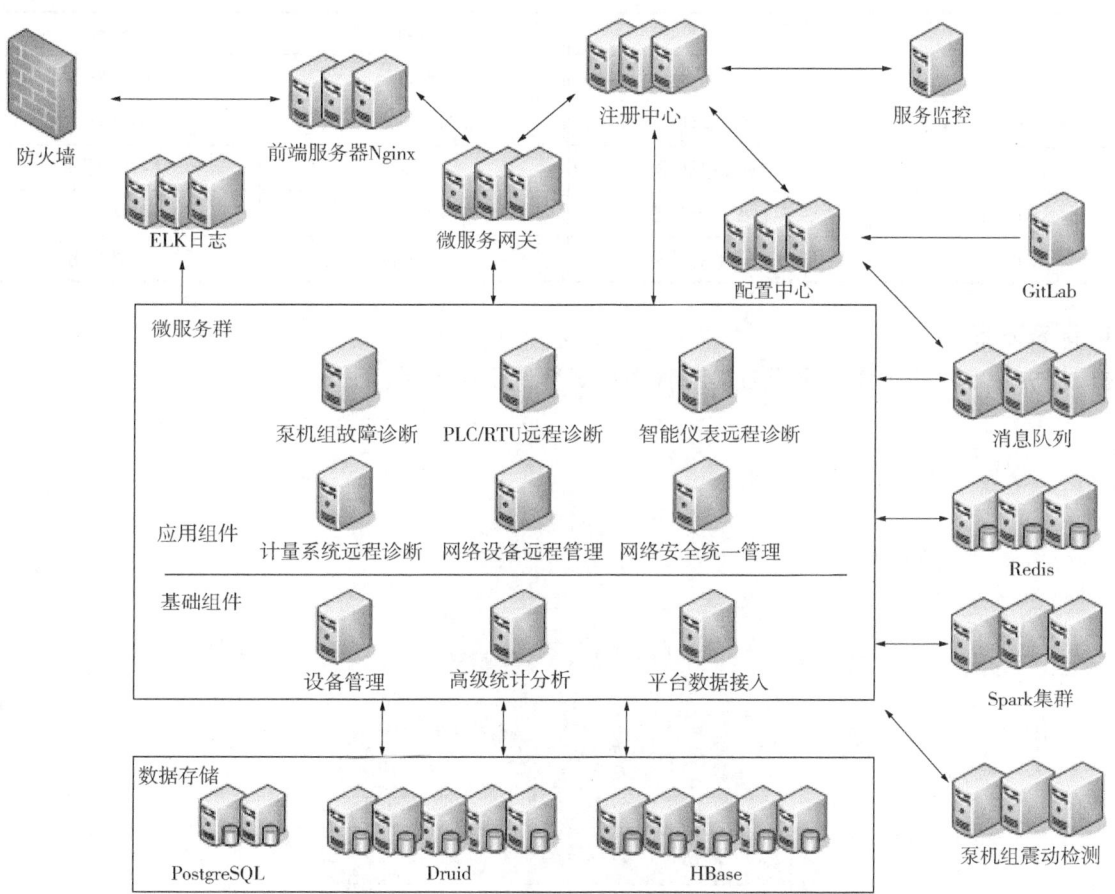

图 8　系统网络拓扑图

2. 硬件要求

系统的硬件要求受诊断数据量的影响,需要结合工程实际情况适当调整,本研究中建议的硬件配置见表2。

表 2　系统硬件配置表

序号	操作系统	核数	内存	硬盘(挂载到数据盘/data)	内网带宽	外网带宽	处理器主频/睿频	角色
1	Centos 7.4mini(64位)	8核	32g	500G	最高 10Gbps	20M	3.3/3.8GHz	K8S Master
2	Centos 7.4mini(64位)	8核	32g	500G	最高 10Gbps	无	3.3/3.8GHz	K8S Node
3	Centos 7.4mini(64位)	8核	32g	500G	最高 10Gbps	无	3.3/3.8GHz	K8S Node
4	Centos 7.4mini(64位)	8核	32g	500G	最高 10Gbps	无	3.3/3.8GHz	K8S Node
5	Centos 7.4mini(64位)	8核	32g	500G	最高 10Gbps	无	3.3/3.8GHz	K8S Node
6	Centos 7.4mini(64位)	4核	32g	1T	最高 10Gbps	无	2.5GHz/3.2GHz	高可用文件存储
7	Centos 7.4mini(64位)	4核	32g	1T	最高 10Gbps	无	2.5GHz/3.2GHz	高可用文件存储
8	Centos 7.4mini(64位)	4核	32g	1T	最高 10Gbps	无	2.5GHz/3.2GHz	高可用文件存储

3. 软件要求

全设备诊断管理系统所需软件环境见表3。

表 3　系统软件需求表

软件	说明	软件	说明
Docker	程序部署	Redis	缓存数据库
Kubernetes	容器管理	Elasticsearch	实时搜索引擎
Postgresql	关系型数据库	Druid	时序数据库
SparkStreaming	实时流数据处理	Nacos	注册中心
Kafka	分布式消息队列	Zookeeper	协调服务

4. 部署方案

根据 ISA-95 层级模型,全设备诊断管理系统部署于监控层(图9):

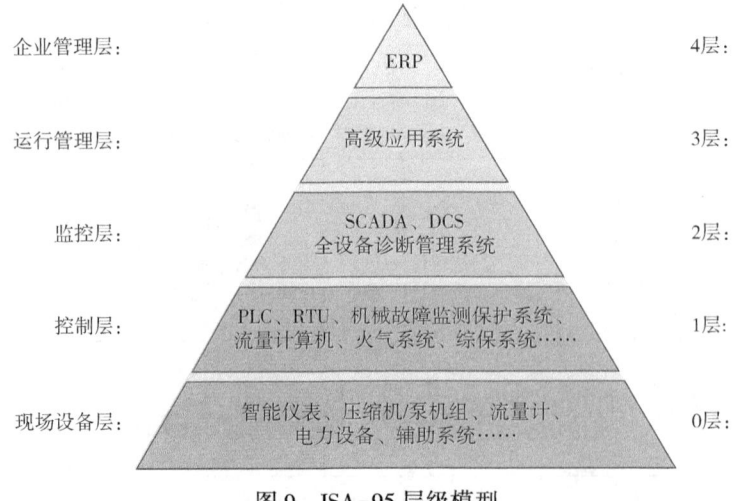

图 9　ISA-95 层级模型

系统部署采用容器技术或虚拟化技术，核心服务及组件以集群形式部署（每项服务或组件实例数不少于 3 个）；系统内服务及组件原则上不开放外网端口，内部通过稳定网络互通，外部请求需经防火墙及前端负载服务器过滤，微服务集群仅通过统一微服务网关暴露入口并由其过滤转发请求；前端基于 Nginx 实现前后端分离部署，支持多实例负载分担；服务网关作为唯一入口需多实例部署以保障可用性；服务管理中的注册中心、配置中心采用集群模式，服务监控至少部署 1 个实例，日志管理集群化以提升性能；微服务群的应用组件与基础组件均多实例部署，可根据业务场景动态扩展实例数；存储服务中关系型数据库采用"主从备份"、非关系型数据库集群部署，实例数依业务需求确定；消息队列、缓存、计算组件等中间件均以集群模式部署，确保系统稳定性与性能。

六、技术创新点

全设备诊断管理系统的技术创新点包括以下四点：

（1）基于工业物联网平台，借助于大数据技术及大规模机器学习算法，实现现有各分散诊断管理系统的整合和功能提升，实现设备监控、多维分析、状态评测评估、故障诊断、智能预警等功能，为用户提供设备健康管理和智能运维一体化体验。

（2）实现各种设备诊断和管理数据采集和数据传输的标准化。

（3）采用诊断数据和机理模型相结合的方式对设备的健康状态进行分析与评估，提高诊断结果的准确度。

（4）基于设备诊断与管理系统对设备的健康状态分析和评估结果，预测设备状态的发展趋势，结合故障数据库中可能的故障模式，预先制定有序的维检修策略，确定设备应该修理的时间、内容、方式和必需的技术和物资支持，实现设备的预测性维护。

七、主要功能特点

（1）关键设备全覆盖：系统诊断功能覆盖油气储运站场所有关键设备，包括压缩机组、泵机组、计量系统、DCS/PLC/RTU、智能仪表、网络设备、供电设备、阴保系统、辅助系统等。

（2）诊断数据标准化：实现各种设备诊断数据采集的标准化管理（数据采集内容、通信协议、通信链路）。

（3）统一存储平台：采用统一存储平台，打破系统间数据壁垒，促进多元数据融合诊断[3]。针对多种数据源，实现多种设备各类型数据的统一存储，支持关系型、时序、非结构化、文件系统、关系型等数据。

（4）机器学习算法：软件设置机器学习算法，通过大数据辅助分析故障类型，增加诊断系统的判定结果的鲁棒性。搭建脱离于机理算法之外的诊断模型来识别故障隐患，预测故障发生趋势，实现故障的提前识别，并根据工程数据的不断累积、调优，从而使诊断分析模型越来越准确。系统平台支持第三方模型移植和深度建模功能。

（5）大数据分析能力：系统充分利用实时大数据技术，通过数据智能分析，支持实现故障检测、故障隔离、性能检测、健康管理、部件寿命追踪等能力，充分挖掘设备的更高价值。

（6）灵活的产品配置：诊断平台采用灵活的配置完成各诊断模块的部署，能够快速适应项目的规模的扩容和功能扩展需求。

（7）强大的数据汇集能力：将海量的非生产相关的多源、动态、异构、碎片化数据进行统一汇集，支持各种设备数据通过统一的数据传输协议上传至平台端，支持 HTTP、Socket、MQTT 及私有协议。

(8) 强大的画面显示能力：系统支持多元设备诊断画面独立显示功能，确保各模块功能完整的同时，兼顾运维人员对诊断画面集中性的需求。

八、应用案例分享

该系统已在 QZ 管道工程和 JY 储库项目进行成功应用，根据项目特点和用户的需求进行灵活配置，与国内相应领域主流厂家进行合作开发（表4）。

表 4　系统功能配置模式

序号	QZ 输油管道	JY 储库	合作厂家
1	PLC/RTU	DCS/PLC/RTU	自主研发
2	智能仪表	智能仪表	自主研发
3	网络设备	网络设备	东软
4	网络安全统一管理平台	网络安全统一管理平台	长扬科技
5	工控主机卫士	工控主机卫士	长扬科技
6	网络安全态势感知	网络安全态势感知	长扬科技
7	计量系统	—	丹东通博
	外夹超声、质量		
8	泵机组诊断系统	—	博华信智
9	—	阴极保护	青岛雅合
10	—	管道泄漏监测	智谷科技

九、应用前景

随着智能站、无人站建设的不断推广，生产运行业务对设备诊断管理水平提出了更高的要求。本课题的研究成果目前处于空白状态，市场广阔。该成果的研发将促使油气管道行业设备管理的模式在逐渐将向预测性维护方向转变，实现油气管道的智能化运维，全面提升设备诊断管理水平，由此可见，全设备诊断管理系统应用前景广阔。

全设备诊断管理系统 1.0 版本已在 QZ 输油管道项目和 JY 储库项目进行应用，并同时向中国石油和其他地方管网进行推广应用，随着系统的不断迭代形成一系列适应其他石油化工行业的全设备诊断管理系统，并向其他行业进行全面推广应用。

参 考 文 献

[1] 胡典钢. 工业物联网：平台架构、关键技术与应用实践[M]. 北京：机械工业出版社，2022.
[2] 孔宪光. 工业边缘计算[M]. 北京：机械工业出版社，2025.
[3] 于见刚，郝伟，郝旺身，等. 融合状态监测诊断技术的设备管理系统[J]. 机械设计与制造，2011(12)：255-257.

天然气管线隧道智能巡检方案设计研究及应用

高铭泽

(中国石油天然气管道工程有限公司仪表自动化室)

摘 要：针对传统人工巡检在长距离山体隧道天然气管道运维中存在效率低、风险高及实时性不足等问题，本文系统对比了挂轨式与轮式巡检机器人的结构特性与适用场景。通过建立多维评价模型，揭示了两类机器人在稳定性、部署成本及环境适应性方面的性能差异。结合实际隧道的工程案例，设计基于"3D激光SLAM+反光柱增强"的轮式机器人智能巡检方案，运用风光互补供能系统与离线数据回传机制，构建"端—边—云"三级系统架构。

一、引言

我国已建及在建油气管网中，山体隧道数量已突破千座。这类隧道作为复杂地形条件下天然气输送的关键节点，具有规避地面障碍、降低生态扰动、保障长距离输送稳定性等优势。当前山体隧道普遍采用人工巡检方式，巡检周期每5~8年巡检一次。传统巡检模式存在三大瓶颈：巡检频次低导致隐患发现滞后、人工作业安全风险高、环境参数(温湿度、气体浓度)监测实时性不足。

随着AIoT(人工智能物联网)技术的突破性发展，隧道智能巡检系统已成为行业转型方向。通过构建多模态传感网络，集成智能机器人、边缘计算设备与无线通信模块，可实现管道运行状态监测、环境参数实时采集、故障智能诊断及应急联动处置。该技术体系为管网智能化运维提供了数据驱动的解决方案，标志着传统能源运输设施向智慧化升级的重要里程碑。

二、隧道巡检机器人运动形式分析

机器人要代替人类实现天然气管线隧道巡检，首先要解决的问题是机器人的运动形式。机器人的运动形式主要有挂轨式机器人，轮式机器人、履带式机器人及少数的双足/多足式机器人[1]。根据天然气管线隧道距离长，并且大多数在山区的特点，本文着重分析轮式机器人和挂轨式机器人。

1. 挂轨式巡检机器人

1) 结构与工作原理

挂轨式管道巡检机器人是一种依赖固定轨道运行的自动化检测设备，其基本结构包括轨道系统、悬挂式驱动装置、导航与控制系统、检测系统及供电系统。在轨道运行系统方面，挂轨式机器人通过特殊的悬挂装置与预先铺设在隧道壁或顶部的轨道相连，为机器人提供稳定的行驶路径。悬挂式驱动装置一般采用高强度的合金材质，电机驱动行走轮在轨道上滚动得结构，具有良好的耐磨性和负载能力。导航与控制系统利用编码器、激光雷达或视觉识别技术，确保机器人在轨道上精准运行，并能根据预设路径或远程指令调整巡检路线。

检测系统用于对隧道内及天然气管线进行全面的检测，挂轨式机器人搭载了多种先进的传感器，如高清摄像头、红外热像仪、超声波传感器、气体传感器等，可检测管道表面的裂缝、腐蚀、变形等缺陷以及管道表面的温度分布,从而发现因泄漏或异常工况导致的温度异常区域,或者通过超声波传感器检测管道内部的缺陷,如裂纹、孔洞等。同时可采集隧道内的环境(如温度、湿度)等情况、管道气体泄漏及腐蚀等数。

供电系统方面,挂轨式机器人的动力驱动由机器人上的大容量锂电池组提供,采用分布式充电桩,通常设置于巡检路径的端部位置。如果巡检距离过长,需在巡检路线的中间设置多组充电桩。

2)优缺点分析

挂轨式机器人在山体隧道环境中的主要优势在于其运行的稳定性。由于机器人沿固定轨道运行,能够有效避免在复杂地形下出现的打滑、偏离轨迹等问题,提高巡检的可靠性和精准度。在速度方面,挂轨式机器人通常能够保持较恒定的行驶速度,确保巡检任务的高效执行,尤其适用于需要长时间连续监测的场景。

然而,挂轨式机器人也存在一定的局限性。首先,其安装和维护成本较高。轨道系统需要精确安装,并且在长距离隧道中铺设轨道的工程量较大,增加了初期投资。同时,轨道可能因环境因素(如腐蚀、震动)而损坏,需要定期维护,进一步提高运营成本。其次,挂轨式机器人的灵活性较低,受限于轨道的固定路径,难以适应管道内部的突发障碍或地形变化。如果管道发生局部变形或存在障碍物,机器人可能无法绕行,需要人工干预或额外的调整措施,从而影响巡检效率。

2. 轮式巡检机器人

1)结构与工作原理

轮式巡检机器人是一种基于车轮驱动的自动化检测设备,其基本结构通常包括车轮系统、驱动装置、SLAM技术、传感器模块及供电系统。车轮系统一般采用多个主动轮或被动轮组合,以适应不同的地形条件。部分机器人还配备可调节轮距或弹性悬挂系统,以增强其在复杂环境中的稳定性和通过能力。驱动装置通常由电机和减速机构组成,提供足够的扭矩以克服隧道内部的摩擦力和坡度阻力。

SLAM技术可实现机器人自主路径规划和避障等功能,机器人配备了如激光雷达、摄像头、超声波传感器、惯性测量单元(IMU)等多种类型的传感器。激光雷达通过发射激光束并测量反射光的时间来获取周围环境的三维信息,能够快速构建地图并实现障碍物检测和避障功能。摄像头则用于获取视觉图像信息,通过图像识别技术可以对管道表面的腐蚀、裂缝、泄漏等缺陷进行检测和识别。超声波传感器利用超声波的反射原理,能够检测近距离的障碍物和管道的壁厚变化等。惯性测量单元则可以实时监测机器人的姿态、加速度和角速度等信息,为机器人的运动控制和导航提供重要的数据支持。

供电系统方面,轮式巡检机器人采用锂电池或外部供电方式,一般在巡检线路的两端设置充电房,可支持机器人长时间运行。

2)优缺点分析

轮式管道巡检机器人在山体隧道环境中的主要优势在于其较高的机动性和适应性。由于车轮结构允许机器人在不同地形下灵活移动,使其能够适应隧道内部的不规则表面、坡度变化及轻微障碍物。此外,轮式机器人通常具备较强的自主导航能力,能够在较短时间内完成复杂路径的巡检任务。相比挂轨式巡检机器人,轮式机器人的维护成本较低,结构相对简单,便于拆卸和更换部件,从而提高设备的可维护性和使用寿命。

但是轮式机器人在隧道内巡检过程中也存在一定的缺陷。首先,车轮与隧道路面摩擦可能导致磨损,影响机器人的稳定性,尤其在高速运行时容易出现打滑或偏离轨迹的问题。其次,由于隧道的环境结构相似,几何特征较少,传统的SLAM技术对于巡检机器人的路径规划和避障功能效果不明显,会发生机器人跑丢的情况。针对这个问题,目前也有融合反光柱来增强SLAM系统的鲁棒性和精度[2]。

3. 履带式巡检机器人

1) 结构与工作原理

履带式机器人基于仿生履带传动原理，凭借大面积接地特性实现稳定移动。核心结构包含五大系统：履带行走装置由高强度履带与多轮机构组成，保障高效越障；动力驱动系统采用伺服电机或液压装置，提供稳定动力；能源供给系统为整机续航；支撑底盘经优化设计确保装配精准；智能感知系统集成多传感器，为管道检测提供数据支持。

智能感知系统的检测模块是履带式机器人执行隧道与管道检测的核心。系统集成超声波、漏磁检测、地质雷达、红外热成像仪等设备；地质雷达通过高频电磁波实现管道周边地质结构三维成像，监测沉降、塌方风险；红外热成像仪以 0.05℃ 分辨率定位管道泄漏点与堵塞位置，为运维提供数据支持。

在能源供给上，履带式机器人提供多元方案。大容量锂电池清洁静音，适合短距低功耗检测；柴油发电机续航强劲，可满足长时间作业，但需在封闭隧道配置通风降噪设备。部分机型采用柴电混合模式，柴油发电机在长距巡检时为锂电池充电，实现能源高效互补。

2) 优缺点分析

在复杂山体隧道环境中，履带式巡检机器人凭借仿生履带与低重心设计，展现强大适应性。其履带通过大面积接地分散载荷，单位面积压强仅为轮式设备的 1/3~1/5，可在松软、崎岖地形稳定运行。配合弹性缓冲机构，即使面对 30°坡道，也能保持姿态稳定，确保检测数据精准可靠。且该型机器人具备优异越障性能，模块化履带结构与可调张紧系统，使其可跨越 20cm 高、30cm 宽障碍物，配合差速转向实现窄空间灵活转向。履带仿生齿纹设计大幅提升摩擦力，在潮湿或陡峭环境中摩擦系数≥0.8，有效防滑，保障复杂工况下巡检安全。

然而，履带式传动系统也存在固有技术瓶颈。相较于轮式机器人，其运动转换效率较低，在长距离管道巡检任务中，完成相同里程所需时间较轮式设备增加 40%~60%。且高强度的地面摩擦导致履带磨损严重，据工程数据统计，在中等复杂隧道环境中，履带使用寿命约为 500~800 小时，频繁更换履带不仅使维护成本提升 30%~50%，更会造成设备停机，影响巡检工作的连续性与时效性。

4. 双足/多足式巡检机器人

1) 结构与工作原理

双足/多足式巡检机器人基于生物运动力学原理，通过仿生步态算法实现动态平衡移动。其核心由仿生足部、多自由度驱动、能源、感知及控制系统构成。仿生足部采用趾爪与柔性吸附垫结合，可调抓地结构适应复杂地形；腿部驱动融合伺服与液压技术，实现六自由度精准运动。智能感知模块集成惯性、视觉、触觉传感器采集数据，运动控制系统经多传感器融合算法规划步态，保障机器人在复杂环境稳定行走。

该类型机器人的检测系统在保持传统检测功能的基础上，充分发挥高机动性优势，搭载模块化智能检测装置。可伸缩检测臂采用碳纤维轻量化设计，配备多轴联动关节，能够在狭窄空间内完成 360°全向检测。

在能源供给方面，当前双足/多足式巡检机器人普遍采用高能量密度锂电池组作为动力源。为满足多关节协同运动产生的高能耗需求，需配备大容量电池组，这导致整机重量增加约 20%~30%，影响移动灵活性。此外，复杂作业环境下的充电困难突出，还需通过无线充电、便携式储能等技术，突破续航与补能瓶颈。

2) 优缺点分析

在山体隧道复杂环境中，双足/多足式巡检机器人凭借仿生多关节腿机构，通过六自由度运动链适应极端地形，可在 30cm 以下狭窄支架、60°以上陡坡稳定行走。基于多传感器融合算法，机器人能实时构建三维地图，在 1.2m×1.2m 空间内灵活转向，完成 20cm 管径攀爬、2m 落差越障，为管道检测、裂缝排查提供高效作业支持。该类机器人能够在狭小空间内转身、攀爬，适应各种复杂的隧道环境，对于管道的局部检测和应急处理具有很大优势。其腿部可以跨越较大尺寸的障碍物，甚至能够攀爬垂直的墙壁或管道。在遇到高度较高的障碍物时，可通过腿部的摆动和攀爬动作越过障碍，保持巡检的连续性。

然而，其运动特性也带来显著技术局限。由于多关节协同控制复杂，导致其移动速度较慢，平均巡检速度仅为 1~2m/min。同时，频繁的关节运动使得机器人能耗较大，对供电系统要求较高，电池续航时间短，一般只能连续工作 2~3h，不适用于对于长距离隧道中的管道巡检，并且在复杂地形上，机器人容易失去平衡导致摔倒，影响巡检任务的进行。需要复杂的控制算法和传感器反馈来维持机器人的稳定，增加了技术实现的难度和成本。

5. 巡检机器人对比

通过上述分析，挂轨式与轮式机器人在稳定性、灵活性、部署难度、适用环境、成本等方面存在一定的差异，对比见表1。

表1 挂轨式与轮式巡检机器人性能对比

特性	挂轨式巡检机器人	轮式巡检机器人	履带式巡检机器人	双足/多足式巡检机器人
稳定性	高，适应复杂环境	较低，易受地形限制	高，适应复杂环境	低，受环境干扰影响较大
灵活性	较差，受轨道限制	高，可自由移动	高，转向和越障能力较优，但移动速度较慢	高，适应狭窄空间、不规则表面
部署难度	高，需要额外安装轨道	低，部署较为简单	低，部署较为简单	低，部署较为简单
适用环境	适用于曲折、狭窄、垂直度高的隧道	适用于平坦、规整的隧道	适用于松软、崎岖不平、湿滑的山体隧道	适用于空间狭窄、障碍复杂的山体隧道
成本	较高，需建设轨道系统	较低，无须轨道系统	初期部署成本适中，后期维护成本较高	高，研发和制造成本最高，且后期维护成本极高
故障容忍性	高，轨道可提供支持	较低，易受环境变化影响	较高，履带系统具备一定冗余性	较低，容错性差

通过对上述四种巡检机器人的对比分析，在长距离且外电依托环境较差的山体隧道中，巡检机器人选型需重点关注自主续航能力、环境适应性、能源独立性、长距离作业稳定性及总体成本。可根据隧道的具体情况选择合适的巡检机器人类型：

（1）对于较为曲折、狭窄、垂直度高的隧道，挂轨式机器人凭借轨道约束下的稳定性，更适合在恶劣环境中作业。

（2）平坦、宽敞的隧道中，轮式机器人的灵活性和高效性更具优势。

（3）松软、崎岖不平且湿滑的山体隧道，履带式机器人因强抓地力和高稳定性成为优选。

（4）空间狭窄、障碍复杂的山体隧道，双足/多足式机器人可发挥灵活越障能力，但其高能耗特性导致续航仅 2~3h，长距离作业需频繁停机充电或更换电池，在外电缺失的环境中补给困难，仅适合作为局部复杂区域的辅助检测工具，无法承担长距离主检任务。

三、智能巡检方案设计

1. 方案设计需求分析

针对某天然气管网工程中 4 条单线长度 ≥5km 的山体隧道群，天然气管道为埋地安装。隧道内具有"三无"运行环境特征（无市电供给、无自然采光、无线通信盲区），且外部电源接入条件受限。在系统设计层面，需重点解决长距离巡检的能源供给问题：经测算，为满足 6km 单程续航要求，机器人锂电池组容量需提升至常规产品的 1.8 倍，导致整机质量增加至 135~150kg 区间。经技术经济比选发现：若采用挂轨式方案，需在既有隧道结构上增设轨道系统，涉及环片螺栓孔改造（需实施混凝土钻孔取芯作业）及局部承重结构加固，预估改造成本占项目总预算的 22.5%；采用履带式巡检机器人时，在平坦隧道环境中的综合成本高于轮式方案；而轮式架构可充分利用管道安装后弃渣土回填形成的平整路面，完全满足运行条件。最终确定轮式方案为最优解，其优势体现在：其一，避免隧道结构改造的二次施工成本；其二，利用既有平整路面降低运行阻力；其三，全生命周期成本较挂轨式降低 38%（NPV 项目寿命周期，测算周期 10 年）。

管理层
智能巡检服务器

通信层

执行层

2. 系统架构设计

智能巡检机器人系统分为主要由防爆智能巡检机器人、通信系统、本地监控后台组成。通过部署在中心端的管理平台，能够管理及控制机器人进行巡检任务作业。管理平台下发机器人巡检任务，机器人从隧道一端充电房出发，进入隧道内离线巡检，巡检拍摄视频及图像存储在机器人本体工控机内，机器人结束巡检任务回到充电房区域恢复信号后，将巡检视频及图像传输至后台进行分析、存储，供运维人员进行查看。图 1 为系统架构示意图。

图 1 系统架构示意图

3. 巡检机器人布置方案设计

1）巡检路径规划

在每条隧道分别配置 1 套智能轮式巡检机器人完成隧道内巡检任务。隧道内预留 2m 宽机器人专用通道，隧道两端各配置 1 套充电房，当机器人从隧道一段出发完成一次周期性任务后，在另一端充电房充电，并等待开启下一次巡检任务。图 2 为巡检路线设计图。

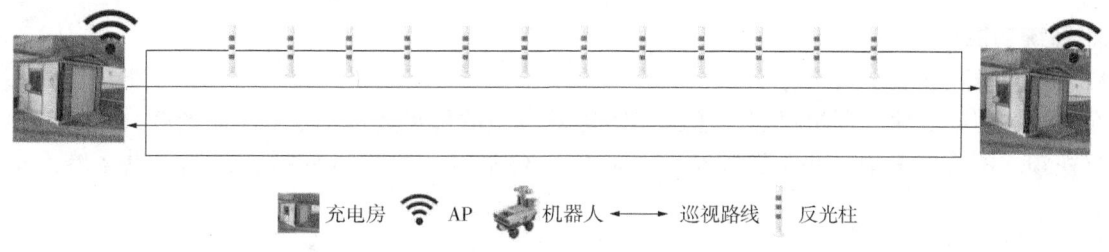

图 2 巡检路线设计图

2）巡检时间计算

根据上述巡检路径，假设巡视路径长 6km，机器人以 0.5m/s 的巡检速度。机器人在巡检过程中共需要定点停车巡检 100 个视频监控点位，在每个点位拍摄 15s 视频画面（含停车启动时间），最终巡检点位及时间计算见表 2。

表 2 巡检效率计算

巡检要素	参数设定	时间消耗
路程行驶	6km/(0.5m/s)	200min
定点检测	100 个监测点×20s	200min
系统冗余	25min	25min
总任务周期		225min

4. 附属设施布置方案设计

1）自主充电方案

由于隧道外的外电依托情况不好，因为供电系统采用风光互补的方案，利用风能和太阳能同时为巡检机器人的充电装置供电。

巡检机器人充电装置安装在隧道出口安全区域内，采用专用充电房，充电房配备专用配电箱、自主充电座，手动充电器，自动卷帘门，轮式防爆巡检机器人完成现场巡检任务后可自主运行至充电房内完成充电任务。巡检机器人本体自带电池电量检测电路，且可人工设置电量报警下限，一旦机器人检测到电池电量低于设置值时则会自动停止当前巡检任务，同时发出警报，之后自主运行到充电点进行充电。

2）导航定位方案

结合隧道内环境特点，设计3D激光导航+反光柱导航技术方案。在隧道内沿机器人巡视专用通道一侧每隔8m设置1根反光柱，以加强3D激光导航定位准确性。图3为反光柱示意图。

图3 反光柱示意图

5. 系统功能设计

1）视频监控功能

在巡检过程中，轮式巡检机器人通过一体化云台中的可见光高清相机+补光灯，可对隧道内环境进行视频、图像的采集，并于巡检结束后将信息传输至后台进行分析、存储，供运维人员进行查看。

2）红外测温功能

智能巡检机器人具备温度采集的功能，能够对指定区域进行温度检测。智能巡检机器人对巡检区域内设备进行温度检测后，可显示画面中温度最高点位置及温度值，发出预警。

智能巡检机器人通过车载红外热像仪对现场温度进行测量。当温度超过设定温度值时，机器人能够自动报警，工作人员便可到故障地点实地查看，并采取相应措施。车载温度传感器选用高性能设备，测温测量范围为$-20\sim550℃$，温度测量精度为$\pm2℃$或读数的$\pm2\%$。由于机器人灵活的移动性，温度采集的范围可覆盖整个现场常规巡检范围的相关设备。

3）现场环境监测

气体传感器模块能够同时检测环境温度、湿度及空气中可燃气体、氧气、烟雾浓度等气体检测。采集器与传感器采用分体的结构设计，传感器能够实现对环境温湿度和危险气体的实时检测功能，一旦系统检测发现传感器获取的数据超出正常范围，能够及时进行报警。

4）自主巡检功能

轮式巡检机器人可进行定点巡检方式，可以根据指定的路径和指定的巡检目标点进行自动匀速巡检，只需要设定巡检路径并启动自动巡检即可使机器人自动完成一次巡检。巡检过程中机器人每到一个巡检工作位置，能自动准确停车探测，做完规定的动作后再按照路径自动往下一个巡检目标点前进，并不需要人为操作控制，完成巡检作业，并自动记录并保存所采集到的数据。

四、总结与展望

通过建立多维度对比分析模型，系统解析了轮式与挂轨式巡检机器人的机械拓扑结构、运动控制机理及环境适应特性，揭示了两类系统在运行稳定性、部署成本及定位鲁棒性等方面的核心差异。并通过具体案例设计了一种适用于长距离隧道天然气管线的智能巡检方案。工程实践表明：轮式系统在标准隧道环境中的巡检效率较人工提升3.2倍，运维成本降低58%。未来，长距离隧道天然气管道机器人巡检技术具有广阔的研究和发展空间。在多机器人协同方面，可开展深入研究，实现轮式机器人与挂轨式机器人的优势互补。

参 考 文 献

[1] 邓方远. 隧道巡检机器人关键技术研究[D]. 北京：华北电力大学，2013.
[2] 周凯月，张建伟. 融合反光柱的2D激光SLAM和高精度定位系统[J]. 现代计算机，2020(11)：3-7.

基于激光原理的气体泄漏监测设备选型设计

刘臻博

(中国石油天然气管道工程有限公司仪表自动化室)

摘　要：本文面向天然气站场复杂工况下的气体成分检测需求，系统研究了基于激光原理的泄漏监测技术与设备选型问题。通过分析天然气站场常见有害气体种类、环境特征与监测要求，明确了激光泄漏监测技术在响应速度、检测灵敏度、适应性等方面的优势。本文对在线式、便携式与分布式激光泄漏监测进行了对比，提出了适用于站场的设备选型流程，并通过实际案例验证了方法的有效性。研究结果表明，合理选型与科学部署能够有效提升站场安全监控能力与智能化水平。

一、引言

随着国家对天然气资源开发与管网建设的不断加码，天然气站场作为连接上下游的关键节点，其运行安全、检测效率及环境合规性愈发受到重视。气质分析，尤其是对挥发性气体（如甲烷、硫化氢、二氧化碳等）的实时监测，是保障站场安全运行、防范泄漏事故，以及优化输送工艺的重要手段。

传统的气体检测手段，如电化学传感器、红外吸收仪器等，虽广泛应用，但存在响应慢、校准频繁、环境适应性差等问题。近年来，基于激光光谱的气体分析技术（如可调谐二极管激光吸收光谱技术 TDLAS、差分吸收光谱 DOAS、拉曼散射等）以其非接触、高灵敏、高选择性和免维护等优势，在工业气体泄漏监测领域崭露头角。

本文围绕激光原理泄漏监测设备在天然气站场的应用需求，重点研究不同设备类型与技术特点，提出系统的选型设计流程与实际部署策略，结合具体站场案例，分析各类激光气体分析设备在精度、响应时间、成本及适应性等方面的优劣，从而为天然气行业相关单位提供参考与借鉴。

二、基于激光原理的泄漏监测原理

基于激光原理的泄漏监测技术是一种基于分子对特定波长激光吸收特性的分析方法，近年来已广泛应用于工业在线监测、环境监控和石油天然气行业的气体检测。与传统传感器相比，基于激光原理的泄漏监测具备非接触式检测、高灵敏度、强抗干扰能力及低维护成本等显著优势。

1. 激光吸收光谱技术原理

激光分析技术主要利用分子在特定波长范围内对激光的吸收规律，通过测量吸收强度来反推出气体浓度。其核心是波长选择与信号解调，常见技术包括：

（1）可调谐二极管激光吸收光谱（TDLAS）：使用窄线宽、可调谐的激光器扫描特定吸收线，结合调制技术获取气体浓度。

（2）差分吸收光谱（DOAS）：利用宽带激光或紫外光源，测量背景与特定吸收谱的差值。

（3）拉曼光谱分析：基于分子在受激散射过程中频率的偏移，进行气体组分分析。

(4) 光声光谱（PAS）：激光被气体吸收产生的局部加热引起压力波，用麦克风测量气体浓度。

2. 激光气体分析的核心技术参数

在实际应用中，不同激光检测技术针对不同气体种类、浓度范围及工况适应能力存在差异。表1为常见技术的对比表。

表1 不同激光气体检测技术比较

技术名称	检测原理	灵敏度	响应时间	适用气体	优势	局限性
TDLAS	激光扫描吸收线	ppm~ppb	<1s	CH_4、H_2S、NH_3等	快速、精确、稳定	波长选择限制，需干扰气体补偿
DOAS	宽带差分吸收	ppm	数秒	NO_x、SO_2等	适用于多组分气体	精度低于TDLAS
拉曼光谱	激光散射频移	ppm	10s以上	CO_2、CH_4、O_2	可同时测多个气体	对低浓度气体灵敏度不足
PAS	光声信号放大	ppb	<10s	多种挥发性气体	小体积，高灵敏	对背景噪声敏感

3. TDLAS技术原理详解

TDLAS是目前在天然气行业应用最广泛的激光分析技术。其基本工作流程如下：
（1）激光器发出特定波长激光（通常在近红外范围）。
（2）激光束通过待测气体，与气体分子发生选择性吸收。
（3）探测器接收透过后的激光信号，检测吸收强度。
（4）通过朗伯—比尔定律（Beer-Lambert Law）反推出气体浓度。

基于TDLAS原理的激光分析设备不适用N_2、O_2、H_2及惰性气体等吸收谱线弱/无近红外吸收的气体。

4. 激光技术的优势总结

与传统气体检测方法（如红外吸收、电化学传感器等）相比，激光分析技术具有以下突出优势：
（1）高灵敏度与选择性：可检测ppb级气体浓度，并有效抑制背景气体干扰。
（2）响应速度快：尤其适用于实时报警与过程控制。
（3）非接触检测：适合高温、高压、易燃等危险环境。
（4）维护成本低：稳定性强，校准周期长。
（5）远程检测能力：可与光纤技术结合，实现分布式部署。

综上所述，激光分析技术为天然气站场的气体检测提供了理想解决方案。

三、天然气站场对泄漏监测的需求

天然气站场作为长输管道系统中的关键节点，承担着天然气的压缩、计量、加热、清洁及分输任务。随着站场智能化与无人化程度的提升，对气体泄漏监测系统的技术要求也日益严格。为了选用合适的基于激光的泄漏监测设备，必须明确其在站场应用中的核心需求。

1. 典型站场气体监测对象

在天然气站场中，常见的待监测气体包括：
（1）甲烷（CH_4）：主要用于泄漏监测与浓度报警，是天然气的主要成分。
（2）硫化氢（H_2S）：具有强烈毒性，存在于部分含硫天然气中，浓度极低时也需准确识别。
（3）二氧化碳（CO_2）：用于判断气源纯度及燃烧效率。
（4）氧气（O_2）与一氧化碳（CO）：用于燃烧安全监测。
（5）乙烷（C_2H_6）等其他烃类组分：有助于天然气组分分析与热值评估。

此外，在天然气分离、压缩机房与调压场所，常伴有泄漏或有毒气体积聚风险，需实时响应。

表 2 为天然气站场典型检测气体及技术参数需求。

表 2　天然气站场典型检测气体及技术参数需求

气体名称	浓度范围	报警限值(参考)	检测精度	响应时间	推荐检测方式
甲烷 CH_4	0~100%LEL	10%LEL	±1%FS	≤1s	TDLAS 激光吸收
硫化氢 H_2S	0~100ppm	10ppm	±0.5ppm	≤2s	TDLAS 或光声光谱
二氧化碳 CO_2	0~5%	—	±0.1%	≤5s	拉曼/红外
一氧化碳 CO	0~500ppm	50ppm	±5ppm	≤5s	激光或电化学
乙烷 C_2H_6	0~10%	—	±0.1%	≤5s	TDLAS

2. 站场运行环境特性

气体泄漏监测设备在站场中面临多种复杂环境条件，这对其性能提出了更高要求：
（1）温度范围大：北方冬季环境可低至-40℃，设备需具备宽温工作能力。
（2）湿度变化大：部分南方站场高湿，影响光学器件透过率。
（3）有腐蚀性气体干扰：如硫化氢对金属与电极具腐蚀作用，要求传感器密封性强。
（4）需防爆、防水、防尘：符合国家防爆标准（如 ExdⅡCT6）及 IP65 以上防护等级。

3. 功能需求与系统集成要求

（1）数据远传能力：支持 4~20mA、RS485、MODBUS、以太网等接口。
（2）边缘计算与自检功能：具备本地存储、简单分析及故障自诊断能力。
（3）组网能力强：支持与 DCS、SCADA 系统集成，形成站场自动化一体化平台。
（4）低维护性：具备免标定、自动清洁、抗漂移能力，适合无人值守环境。

4. 监测系统部署位置分析

根据站场工艺流程，激光气体泄漏监测系统常布设于以下关键区域：
（1）站场围界及机柜间：用于检漏预警。
（2）压缩机房/加热炉房内：防爆区域实时监控。
（3）天然气脱水装置出口：评估处理效果。
（4）调压阀组区域：泄漏多发点监测。
（5）气体采样柜与在线色谱仪接口处：优化数据比对。

四、基于激光原理的泄漏监测设备类型及对比

在激光气体检测技术广泛应用的背景下，不同制造商与研究机构开发了多种类型的泄漏监测设备，以适应天然气站场复杂多变的需求。根据安装方式与应用场景，这些设备可大致分为在线式、便携式与分布式监测系统三类。选型时需综合考量性能参数、使用环境、通信方式及运维成本等因素。

1. 激光气体分析设备的分类

1）在线式激光分析仪

适用于固定安装、连续测量，特点如下：
（1）工作稳定、响应快，适合 24 小时实时监测。
（2）多用于关键工艺流程段，如压缩机排气口、调压区。
（3）需配置恒温保护或防爆箱体，价格相对较高。

2）便携式激光分析仪

适用于巡检、故障排查或辅助验证，特点如下：

（1）体积小巧、携带方便，现场快速部署。

（2）数据实时显示并可导出，用于泄漏定位。

（3）电池供电为主，续航时间有限，测量精度略低于在线式。

3）光纤激光分布式监测系统

通过布设光纤传输系统连接多个探测头，实现大范围分布式检测，适用于站场围界及无盲区检测。

2. 国内外主流设备对比

为保障气体泄漏监测系统的长期可靠性与精度，目前站场建设中常用的设备多来自技术成熟的国内外品牌。表3列举部分代表性厂商及产品型号进行对比分析。

表3 激光气质分析设备主要技术参数对比表

厂商/品牌	典型型号	检测气体	检测原理	精度	响应时间	输出接口	特点
ABB	EL3060	CH_4、H_2S 等	TDLAS	±0.2ppm	≤1s	4~20mA、RS485	可靠性高，价格昂贵
LumaSense	INNOVA 1512	多组分	光声光谱	ppb级	1~10s	以太网	多气体同时监测
华瑞	SPG800	CH_4、H_2S	TDLAS	±1%FS	≤1s	MODBUS	国产性价比高，适应性好
中科汇仪	ZKTD-100	CH_4	TDLAS	±0.5%	≤2s	4~20mA、RS485	可集成物联网

3. 性能对比分析

1）精度与响应速度

进口品牌如ABB、LumaSense精度优异，适合关键场所高风险区域；国产品牌如中科汇仪、华瑞在常规监测任务中表现良好，响应时间差异不大。

2）通信与系统集成能力

多数设备支持标准工业协议（如MODBUS、HART），可与现有站控系统无缝集成；部分国产设备还提供定制化远程物联接口。

3）性价比与维护周期

国产设备具备较高性价比，适合大规模布设；进口设备则具有更长校准周期与更低漂移率，适合高可靠性场合。

4. 天然气站场的建议配置

综合考虑各类设备特点，推荐配置如下：

（1）主干流程关键点：配置在线式TDLAS设备，确保精度。

（2）站场边界与室外区域：布设光纤分布式检测系统。

（3）运维巡检任务：配备便携式激光分析仪以辅助日常监测。

五、选型设计方法与案例分析

气体泄漏监测设备的选型设计应依据实际工况、监测对象、预期功能和预算控制等多个因素进行系统考量。尤其是在天然气站场中，由于气体成分复杂、环境条件严苛，不同区域对设备的响应速度、精度及可靠性要求各不相同，因此本文结合实际，构建了一套科学合理的选型设计方法，如图1所示。

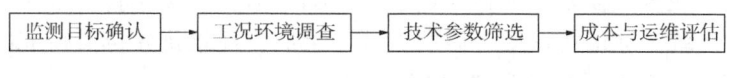

图1 选型设计流程图

1. 选型设计流程

为保证设备选型的系统性与合理性，本文提出如下四步法流程：

1）监测目标确认

明确检测气体种类（如 CH_4、H_2S、CO_2 等）、浓度范围、报警限值及数据传输需求等。

2）工况环境调查

收集安装位置的温湿度范围、是否防爆、空间布局、是否具备供电/网络接口等信息。

3）技术参数筛选

对比 TDLAS、DOAS 等技术在响应时间、检测精度、安装方式和维护要求上的差异，优选合适类型设备。

4）成本与运维评估

结合预算进行性价比分析，考虑采购成本、安装施工难度及后期维护周期。

2. 实际案例分析

以下以某天然气压气站为例，对气体泄漏监测设备的选型设计进行实证分析。站场概况、检测需求及案例站场关键点气体泄漏监测设备配置见表4～表6。

表4 站场概况

地理位置	西北某高原寒区，气温范围-35~40℃
工艺流程	天然气脱水→压缩→调压→外输
安全要求	$H_2S \leq 10ppm$ 报警，CH_4 泄漏实时响应，要求<2s
系统集成	接入已有 SCADA 系统，传输协议为 MODBUS/TCP
一氧化碳 CO	0~500ppm
乙烷 C_2H_6	0~10%

表5 检测需求

区域	监测气体	设备类型推荐	备注
脱水装置出口	H_2S	在线式 TDLAS	温控箱防冻，响应快
压缩机房	CH_4、CO	防爆型 TDLAS+电化学	多通道组网
站场围界	CH_4	光纤激光分布式系统	全天候布防
运维巡检	CH_4、H_2S	手持式激光分析仪	数据自动导出

表6 案例站场关键点激光气体检测设备配置

区域	检测方式	设备型号	安装方式	接口协议	特殊要求
脱水出口	在线式 TDLAS	华瑞 SPG800	壁挂+温控箱	4~20mA	防结露、防冻
压缩机房	多点探测	中科 ZKTD-1000	管道法兰接口	MODBUS	防爆认证
围界监测	分布式	分布式光纤系统	光缆布线	TCP/IP	周界预警
巡检备用	手持式	ABB MicroGuard	手提式	USB 导出	≥8h 续航

3. 分析总结

（1）检测精度：TDLAS 设备在站场高风险区域具备明显优势，H_2S 报警响应快。

（2）部署灵活性：光纤分布式系统适合用于围界大范围监测，避免盲区。

（3）运维便捷性：便携式设备可弥补固定系统缺陷，适合快速排查与临时检测。

（4）系统兼容性：统一通信协议便于后期扩展与集成，建议优先选支持 MODBUS 的设备。

4. 天然气站场激光原理产品的适用性分析

（1）天然气泄漏监测：TDLAS（可调谐激光二极管吸收光谱）技术能够快速识别 CH_4、C_2H_6 等甲烷类气体，适用于站场关键节点及管道接口泄漏检测。

（2）火灾/爆炸前兆监测：气体泄漏监测设备可监测 H_2S、CO、O_2 等气体含量变化，辅助判断设备运行异常或泄漏风险。

（3）无人值守站场：激光传感器具有自诊断功能，适用于远程采集和控制，尤其适用于山区、荒漠等偏远站场。

（4）恶劣工况环境：具备高温耐受、防爆认证、耐腐蚀结构的激光传感器可在高湿、高压、有腐蚀性气体环境中长期稳定运行。

六、结论与建议

1. 研究结论

本文围绕"基于激光原理的泄漏监测设备选型设计"主题，结合天然气站场的应用背景和运行特点，系统分析了激光气体泄漏监测技术原理、设备类型及其在实际工况中的应用适配性。主要结论如下：

1）激光泄漏监测设备技术具备显著优势

TDLAS、光声光谱等激光技术在气体检测中表现出高灵敏度、高选择性、响应快、抗干扰能力强等特点，尤其适合天然气站场中高危险气体的实时在线监测。

2）天然气站场对泄漏监测设备有特定需求

站场通常面临高温差、防爆、高湿、高腐蚀性环境，对设备的检测精度、防护等级、响应时间、通信协议提出更高要求。不同区域(如压缩机房、脱水出口、围界)需配备差异化的检测方案。

3）合理选型应以应用场景为导向

不同类型的基于激光原理的泄漏监测设备各有优势：在线式设备适合核心区域连续监测，分布式系统适用于大范围覆盖，便携式设备满足灵活巡检需求。通过综合考虑环境因素、监测对象、技术参数与系统兼容性，可实现精准、高效的设备选型。

4）实际案例验证方法有效性

通过西北某天然气压气站的选型案例，验证了选型四步法在实际工程中的可行性和实用性。设备配置结合了在线式、分布式和便携式产品，实现了对 CH_4、H_2S 等主要危险气体的全覆盖式监测。

2. 基于激光原理泄漏监测设备选型建议

结合天然气站场运行需求及激光原理设备特性，提出如下选型建议(表7)：

表7 天然气站场基于激光原理泄漏监测设备选型建议表

站场类型	典型应用场景	建议选型	备注
主干站场	干气/湿气泄漏、火灾预警	多通道TDLAS柜式设备	支持多气体并发监测、数据远传
分输站	管道接口、调压装置监测	原位光纤激光探头	安装简便、响应迅速
加压站	泵阀区、有毒气体监测	防爆型开路激光监测系统	跨区域布设，有效覆盖重点区域
储罐区	蒸气回收、气体积聚监测	单通道TDLAS法兰式探头	成本较低、精度满足需求
无人值守站	全区域监控	低功耗激光一体机+RTU	支持远程监控、低维护

3. 后续建议

为进一步提高天然气站场气质监测系统的智能化水平与稳定性，建议从以下几个方面着手：

（1）加强国产激光技术研发与可靠性测试，推动高精度、高可靠性激光传感器的产业化。

（2）推广分布式光纤监测系统，实现大范围、全天候气体泄漏预警网络。

（3）建设统一数据平台与协议标准，推动激光检测设备与 DCS/SCADA 系统深度融合。

（4）结合 AI 与边缘计算技术，实现数据异常自诊断与预测性维护，降低站场人工运维负担。

（5）持续优化设备结构设计，适应极端环境（高原、低温、强腐蚀）下的长期运行。

参 考 文 献

[1] 于子洋. 天然气输配站在线气体检测系统研究[J]. 天然气储运，2021，40(5)：580-585.

[2] 王鹏. 激光气体传感技术在天然气管道中的应用[J]. 石油与天然气，2020，42(3)：112-116.

[3] 李想，马晓飞. TDLAS 气体检测原理与工程应用研究进展[J]. 红外与激光工程，2022，51(2)：228-233.

[4] ABB 公司. EL3060 激光气体分析仪技术白皮书[R]. 2020.

浅谈中国智能电网的发展

周 睿

(中国石油天然气管道工程有限公司电力室)

摘　要：随着中国经济的进一步发展，电力负荷增长迅速，电网供电压力增大，传统电网已无法满足日益增长的电力需求。因此，建立统一坚强的智能电网是中国电网发展的方向。介绍了智能电网的背景和定义以及智能电网的基本信息；叙述了中国智能电网发展现状涵盖了目前国家对智能电网的政策、投资以及智能电网示范项目；分析了中国智能电网发展在政策投资、相关技术研究、基础设施建设、概念推广方面存在的问题。指出为在资源与环境的约束下提高电力生产效率，改善电力结构，以最小社会成本满足最大经济发展需求，中国智能电网的发展势在必行。

一、引言

近年来，随着对不可再生能源的大量开采，不可再生能源临近枯竭，同时使用传统能源造成的环境问题也日益严重。仅仅依赖攫取不可再生能源以促进中国经济发展的方式显然已不符合现如今中国的国情，以石油和煤炭为核心的化石能源时代注定在不远的将来宣告结束，新能源和化石能源互补的。

"混合能源时代"是中国在未来经济发展过程中要面临的新时代。为了适应即将到来的"混合能源时代"，中国急需以新一轮技术革命、产业革命为支点，用更为科学的、环保的、可持续的发展模式来替代以往粗放的发展模式。因此，为了保证电力系统在国民经济建设中继续发挥中流砥柱的作用，智能电网在中国迅速发展。同时，各类相关技术的快速发展也为智能电网的发展提供了基础和动力。相对于美国、日本等发达国家，中国智能电网技术起步较晚，从 2007 年 10 月，华东电网公司启动了智能电网可行性研究项目，到 2009 年 5 月国家电网对外公布"坚强智能电网"计划，智能电网才逐步成为中国电网发展的一个新方向。经过数十年研究探索，智能电网在中国建设发展前景日趋明朗。

二、智能电网的背景和定义

随着社会的快速发展与进步，传统电网越来越不能满足人们的日益增长的需求。因此，在电网发展的瓶颈时期，急需一个能够集能源资源开发、输送技术，传统电网已有的发电、输电、配电、售电功能，以及对终端用户各种电气设备和其他用能设施连接共享信息的数字化网络为一体的智能系统这种智能系统在提高能源利用效率的同时还兼顾环境保护。在这种情况下，智能电网的概念应运而生。由于各国和地区经济发展状况不同，对建立智能电网的目标也存在差异，因此到目前为止对智能电网尚未有一个世界范围内的定义。各国和地区根据自身国情对智能电网的定义见表 1。可以看出，现阶段中国智能电网建设的主要目标是协调各级电网，优化电力资源配置，最大限度提高电力资源利用效率，但在智能电网深度建设方面，与其他国家和地区还有一定差距。

表 1　各国(地区)智能电网定义

国家(地区)	智能电网定义
美国	用数字技术来提高从大型发电厂到电力用户的供电系统,以及越来越多的分布式发电和存储资电力系统的可靠性、安全性和效率(经济性和能源性)
欧洲	可以智能地集成所有电力生产者和消费者的行为和行动,以保证电力供应的可持续性、经济性和安全性
日本	一个可以促进更多地使用可再生和未使用的能源和本地产生的热能用于本地消费,并有助于提高能源自给率和减少二氧化碳排放,提供稳定的电力供应,并优化从发电到用户整个电网运行的系统
中国	以特高压电网为骨干网架、各级电网协调发展的坚强电网为基础,利用先进的通信、信息和控制技术,构建以信息化、自动化、数字化、互动化为特征的统一的坚强智能化电网

三、智能电网基本信息

1. 智能电网特点

智能电网的特点主要有自愈性、可靠性、兼容性、高效性、交互性。表2将传统电网与智能电网相比较,对智能电网的特点进行了具体介绍。通过对比可以看出,相较于传统电网,智能电网不仅可以提供可靠、高效的电力保障,并且兼容各类设备的接入,进一步优化电力资源配置,同时,消费者的参与也使电网运营方式更加丰富。

2. 智能电网相关技术

关键技术是支撑智能电网发电、输电、变电、配电、用电、调度六个环节流畅运行的基础,同时也是实现各个环节之间能量流与信息流互通的保障。在智能电网的运行中主要涉及以下四种关键技术。

表 2　传统电网与智能电网特点对比

特点	传统电网	智能电网
自愈性	不能及时定位故障发生地点,供电恢复依赖于人工	对电网进行监控,降低故障发生概率;在故障发生后短时间内定位故障发生地点并自动隔离,避免大规模停电
可靠性	可靠性差,倾向于大面积停电	对电网运行状态的实时监控和评估,大大提高了电网抵御自然灾害和网络攻击的能力
兼容性	大规模集中发电,不能适应小型分布式电源的接入	兼容大量小型发电设备和储能设备的接入
高效性	电网运行效率受人工、制度等多方面因素的影响	利用数字信息技术,可以动态优化电力资源配置,提高电网运行效率
交互性	终端用户只是单一的消费者,用户与电力公司的信息互动很少	用户可以实时了解电价以及用电信息从而合理安排用电,并且从单一的消费者转变成电力交易的参与者

1)输、配电系统技术

具有灵活的可重构的配电网络拓扑和实时识别系统异常信号并对故障进行预测及在受到干扰后做出反应能力的电网是智能电网自愈功能的重要保障。

2)高级通信技术

为确保智能电网各设备、系统之间协调、有效、即插即用必须依赖于高效的通信技术。通信网络可简化设备的连接方式,实现各类设备的网络集成和信息共享。

3)分布式能源管理技术

对分布式电源、分布式储能系统等进行优化管理,减小分布式发电并网时对电网稳定性造成的影响,保证电网正常运行。

4）高级计量体系和需求侧管理

安装在用户端的智能电表、位于电力公司内的计量数据管理系统和连接它们的通信系统共同构成了高级计量体系。双向通信的智能电表使得用户可以根据实时电价和用电信息及时对室内用电负荷进行控制，达到需求侧管理的目的。

四、中国智能电网发展现状和成果

为促进中国智能电网的发展，国家出台了一系列相关政策，积极推进各方对智能电网的投资，经过数十年的发展中国在特高压输电等方面取得了一系列成果，建成了一批智能电网综合示范项目。

1. 相关政策

2009年国家电网公司将中国"坚强智能电网"的建设分为了规划试点、全面建设和引领提升三个阶段。在此之后，中国相继出台一系列支持引导智能电网发展的政策。表3总结了部分中国政府对智能电网的政策支持情况。可以看出，各类相关政策的出台，一方面在一定程度上引导了中国智能电网的发展方向，另一方面也促进了智能电网相关项目的建设。未来，"坚强智能电网"的全面建成急需一些针对性政策及明确的智能电网发展框架体系。

表3　中国支持智能电网政策

日期	政策	主要相关内容
2012年7月	《需求侧管理城市综合试点项目》，财政部	为实施需求侧管理的城市予以补贴
2015年5月	《中国制造2025》，国务院	推进新能源和可再生能源装备、先进储能装置、智能电网输交电及用户端设备发展
2015年8月	《关于加快配电网建设改造的指导意见》，国家发展改革委	解决配电网薄弱问题，提高新能源接纳能力
2015年10月	《关于加快电动汽车充电基础设施建设的指导意见》，国务院	加快电动汽车充电基础设施建设
2017年1月	《"十三五"节能减排综合工作方案》，国务院	开展工业领域电力需求侧管理专项行动，推动可再生能源在工业园区的应用，将可再生能源占比指标纳入工业园区考核体系
2018年9月	《关于加强电力行业网络安全工作的指导意见》，国家能源局	坚持新能源、配电网及负荷管理等领域智能终端，智能单位安全
2019年6月	《国家发展改革委关于全面放开经营性电力用户发用电计划的通知》，国家发展改革委	积极支持中小用户由售电公司代理参加市场化交易
2020年3月	《关于加快建立绿色生产和消费法规政策体系的意见》，国家发展改革委	促进能源清洁发展，建立健全可再生能源电力消纳保障机制

2. 投资

经济基础决定上层建筑，目前中国智能电网的投资主要来自国家电网公司。2009—2020年国家电网预计投资电网相关项目3.45万亿元，其中智能化投资3841亿元，占电网总投资的11.1%。图1显示了2009—2020年中国电网年均总投资与智能化投资的趋势。可以看出，年均智能化投资占年均电网投资的比例呈上升趋势，表明智能电网是国家电网建设的重点方向。

智能电表和用电信息采集系统产品作为智能电网建设的关键终端产品之一，对于电网实现信息化、自动化、互动化具有重要支撑作用。中国对于智能电表的投资力度主要展现在智能电表的招标数量上。图2显示了2011—2017年国家电网智能电表安装数量。

图 1　2009—2020 年中国电网年均总投资与智能化投资趋势图

图 2　2011—2017 年国家电网智能电表安装数量图

自 2009 年国家电网发布智能电网规划以来，国家电网大幅增加智能电表招标数量，智能电表覆盖率逐年提高。截至 2018 年 5 月，国网公司已累计安装超过 4.57 亿只智能电表，覆盖了 99.57% 的用户。对于电表这种强制检定设备，规定更换周期一般为 8 年，即 2018 年后将迎来规模智能电表更换。预计"十三五"期间，两网公司将招标 5.03 亿台智能电表，其中 4.63 亿台为更换需求。

3. 项目和成果

经过数十年建设发展，中国特高压网络已初具规模，各类试点工作也在有条不紊开展。

1）特高压（Ultra-High Voltage，UHV）

截至 2019 年 6 月，特高压建成"九交十直"、核准在建"三交一直"工程，建成和投运特高压工程线路长度达到 2.75 万千米、变电（换流）容量超过 2.96×10^8 kV·A（kW）。特高压输电通道累计送电超过 11457×10^8 kW·h，在保障电力供应、促进清洁能源发展、提升电网安全水平等方面发挥了重要作用。表 4 介绍了中国特高压示范项目的主要情况。经过数十年发展，中国建设了近二十条不同长度，跨越不同地区的交直流特高压线路，积累了宝贵经验，并且区域网络化特高压线路已初具规模。

2）综合示范项目

为了智能电网技术的大规模普及应用，促进"智慧城市"的发展，中国选取了一些地区作为试点，建成了中新天津生态城、上海世博园等一批智能电网综合示范项目，首批55个"互联网+"智慧能源(能源互联网)示范项目大部分已验收通过或正在验收。表5对首批"互联网+"智慧能源(能源互联网)部分示范项目进行了简要介绍。

表4 中国在运特高压线路

年份	项目	长度/km	电压等级/kV	项目效益
2009—2012	两条线路(晋东南-南阳-荆门-向家坝-上海)	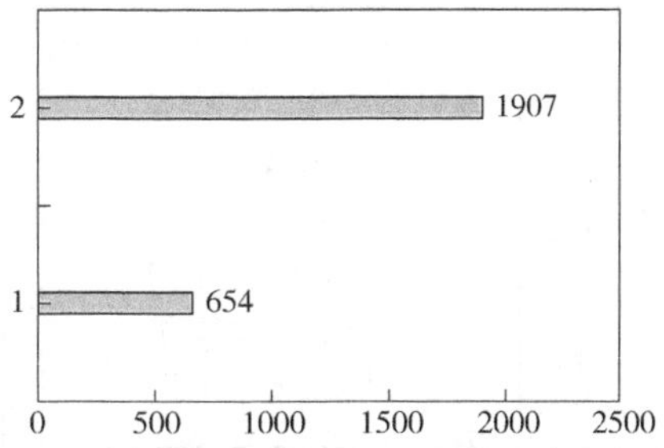 1: 654 2: 1907	交流：1000	中国特高压线路建设的开端为之后特高压线路建设提供宝贵的经验
2012—2015	五条线路(淮南-浙北-上海-锦屏-苏南)	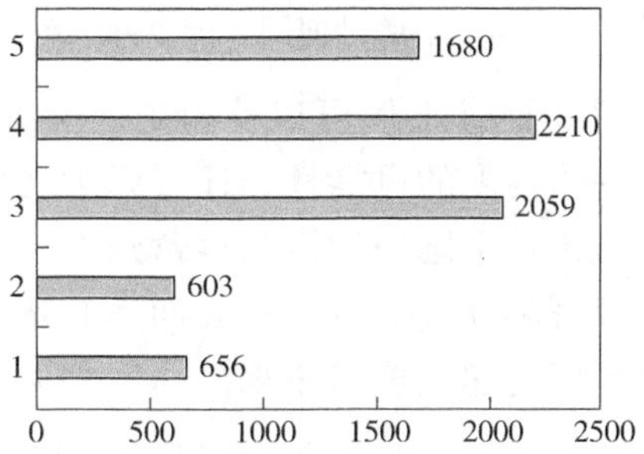 1: 656 2: 603 3: 2059 4: 2210 5: 1680	交流：1000 直流：800	逐渐掌握核心技术，特高压进入快速发展阶段
2015—2019	十二条线路(锡林郭勒盟—山东—宁东—浙江，等)	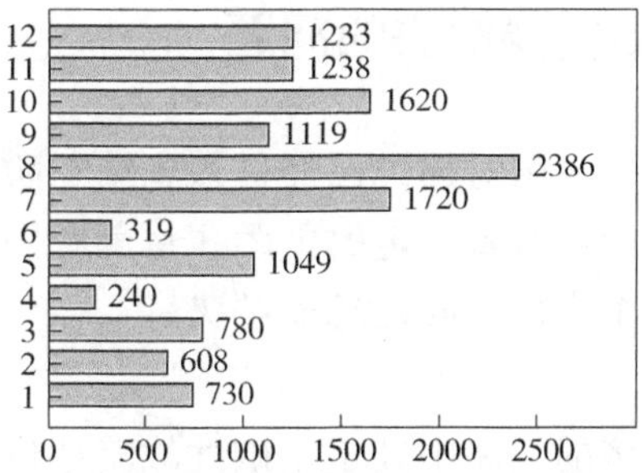 1: 730 2: 608 3: 780 4: 240 5: 1049 6: 319 7: 1720 8: 2386 9: 1119 10: 1620 11: 1238 12: 1233	交流：1000 直流：800	更好地促进中国西部和北部的能源消耗，并确保中国东部能源消费中心供给

3) 中新天津生态城智能电网示范工程

位于天津市滨海新区的中新天津生态城智能电网综合示范工程是中国智能电网标志性的综合示范工程，自建成投运以来，生态城供电可靠率可达99.999%，电压合格率可达100%，综合线损率降低1.18%，保证了用户的用电可靠性。中新天津生态城智能电网项目主要包括5个发电侧项目，5个电网侧项目和7个用户侧项目，如图3所示。

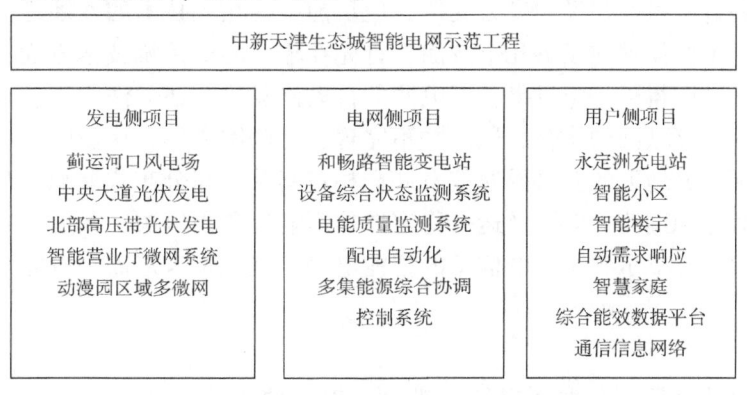

图3 中新天津生态城智能电网示范工程

4) 上海世博园智能电网示范工程

上海世博园智能电网示范工程是国家电网第一批智能电网示范工程，此工程包含了新能源接入、储能系统、智能变电站、配电自动化系统、故障抢修管理系统、电能质量监测、用电信息采集系统、智能家居及智能用电小区/楼宇、电动汽车充放电站9个项目，如图4所示。

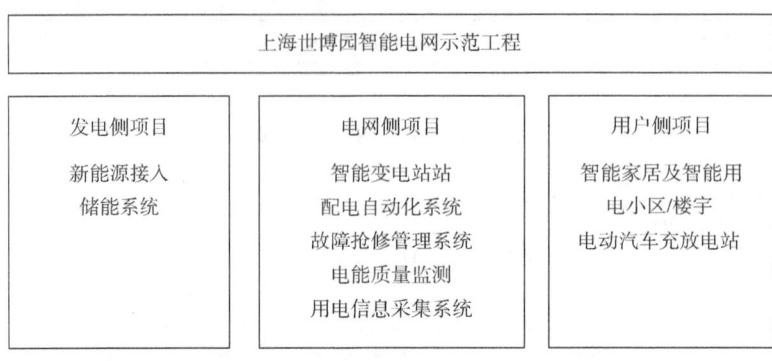

图 4　上海世博园智能电网示范工程

各类智能电网综合示范项目的推进不仅可以检验数十年来中国在智能电网领域的理论研究成果，验证其未来在中国可以进一步发展的可能性，还可以为之后智能电网工程的建设提供经验和参考，为大规模智能电网及智慧城市在中国的建设与运营建立一系列相关标准体系。另外，智能电网综合示范项目所带来的一系列经济和环境效益，一方面是对智能电网概念的有力推广，另一方面也可以吸引更多投资到中国智能电网的建设项目中来。

五、中国智能电网发展需要解决的问题

按照国家电网提出的规划，中国对建设已经进入到第三阶段，虽然在各个方面都取得了长足的发展，但与完全的坚强智能电网还有着一定的差距。目前中国智能电网发展主要有政策投资、相关技术、基础设施、概念推广四个方面的问题急需解决。

1. 政策投资

智能电网的建设在中国经济的发展中处于基础性战略地位，为了引导智能电网建设的发展，中国政府出台了大量的政策。但是到目前为止出台的政策并没有对智能电网的建设有明确的指引，大多数政策都是与新能源及环境保护有关，只是在其中涉及了智能电网。在投资方面，目前中国对于智能电网投资方式比较单一，主要是由国家电网公司进行建设，未来智能电网建成后带来的效益也必然是属于国家电网，私人资金难以加入，也降低了一部分投资者对于智能电网的积极性。

2. 相关技术

各类相关技术是智能电网建设的有力支撑，但目前中国相关技术的发展还无法支持未来智能电网的正常运行。问题主要体现在以下几个方面，首先在输、配电系统技术方面，中国在电网故障的检测、定位技术方面已取得了一定成果，但电网的自动修复目前还无法实现；其次在高级通信技术方面，目前中国电网与互联网的结合、运作并不完善，互联网方便、快捷的优势在电网运行中体现不明显，另外，中国部分地区的互联网通信发展也相对落后；在分布式能源管理技术方面，大规模的分布式发电并网对电网潮流、电压及运行稳定性的影响也急需解决；最后，目前中国还未能普及可以实现双向通信及实时显示各类用电信息的智能电表，这也是未来需求侧管理项目发展过程中所需解决的问题。

3. 基础设施

智能电网的自愈性是建立在大规模分布式电源投入使用的基础上的，未来智能电网运行过程

中，大规模分布式电源的接入是电网可靠性的保障。然而目前中国小型风电、小型光伏以及小型热电联产设备并没有开始普及。在电网自身方面，部分老旧电网无法承受大量分布式电源的接入，急需升级改造。并且作为"坚强智能电网"骨干的特高压线路距离真正意义上的网络化还有一定差距。

4. 概念推广

智能电网在中国的起步较晚，大多数人对于未来智能电网对于节约资源和保护环境及带来的经济利益没有一个深入的认识，对于分时电价、实时电价等电价新形式没有概念。因此如何将智能电网的概念在社会中推广开来，特别是鼓励更多的终端用户参与到需求侧管理项目中来，也是中国智能电网建设过程中不能忽略的一个方面。

六、总结

对于以上四个方面的问题，在接下来智能电网的建设过程中，可以从以下几个方面进行改进：

（1）在政策方面，中国政府应明确智能电网的相关标准，出台专项政策，制定更加具体的智能电网发展路线。在投资方面，吸引社会资金的加入，不仅可以促进中国经济的发展，缓解国家电网公司压力，也可以让智能电网的概念得以推广。

（2）在已有电网故障检测定位的基础上对电网自动修复功能进一步研究，形成一套完整的电网自愈系统。在通信技术方面，可以借助中国5G通信发展的优势，将先进的通信技术应用到智能电网的建设中，增强电力公司和终端用户双向交流的能力。

（3）未来分布式电源想要大规模普及主要涉及两个方面，其一是分布式电源设备本身，既要保证风力和光伏发电设备的小规模化，以方便终端用户的安装，又要保证设备的发电效率是未来中国分布式电源设备制造企业研究的方向；其二，要让终端用户从中受益，大范围设备的安装才可以顺利进行。在新老电网的过渡方面，目前中国特高压线路的建设数量还不能满足智能电网建设的需求，加快特高压线路的建设，最终使大量的特高压线路连接成坚强的特高压网络，是坚强智能电网的基础。最后，加强对智能电网的宣传，建设更多的智能电网示范工程，让用户参与到建设中来，对于智能电网概念的推广有积极作用。显然，智能电网在中国良好的发展前景是不可否认的。本文介绍了智能电网相关信息及目前中国智能电网发展现状，还指出了中国在政策投资、相关技术研究、基础设施建设、概念推广方面存在的问题并给出相应建议。目前，在智能电网研究方面中国与欧美等发达国家还有一定差距。因此，加强与发达国家的交流，开放中国电力市场，积极引入国外先进技术对于中国特色坚强智能电网体系的建成也是至关重要的。

参 考 文 献

[1] 曾鸣，杨雍琦，刘敦楠，等. 能源互联网"源—网—荷—储"协调优化运营模式及关键技术[J]. 电网技术，2016，40(1)：114-124.
[2] 宋璇坤，韩柳，鞠黄培，等. 中国智能电网技术发展实践综述[J]. 电力建设，2016，37(7)：1-11.
[3] 罗明志. 智能电网综述[J]. 中国电力教育，2010(16)：239-242.

油气管道工程 10kV 变电所防雷接地技术的应用

周 睿

(中国石油天然气管道工程有限公司电力室)

摘 要：防雷接地设计作为 10kV 变电所设计的重要组成部分，防雷接地效果理想与否是保障变电所安全稳定运行、发挥预期功能效用的关键。鉴于此，本文以 10kV 变电所防雷接地技术为切入点，简要叙述 10kV 变电所防雷接地的必要性，详细阐述 10kV 变电所中的防雷接地关键技术及应用要点。旨在为 10kV 变电所的规划设计、建造施工与运营管理提供技术参考，达到理想防雷效果，确保变电所在雷雨天气下仍可保持良好、稳定的运行工况。

一、引言

变电所是电力系统的核心所在，承担着变换、集中与分配电压电流的重要职能，如果变电所处于异常状态，将由此引发设备烧损、大面积停电、电气火灾等一系列问题，造成严重损失。雷击作为变电所运行故障的一项重要诱因，如何高效应用防雷接地技术，保护变电所设备不受雷害是现阶段的工作重点，本文就此展开研究。

二、10kV 变电所防雷接地的必要性

雷雨天气有可能导致变电所遭受雷击，雷直击在变电所设备上，或是雷电波沿线路侵入变电所，就会在变电所内形成远超过正常状态的电压值。变电所在过高电压条件下会对沿途输电线路与电气设备施加具备破坏属性的机械效应及热效应，最终造成设备线路烧损、变电所瘫痪的严重后果，产生大量的直接经济损失，并因影响电气系统总体运行状况而产生一定的间接经济损失。目前来看，雷击事故是 10kV 变电所投运使用期间最为常见的一类安全事故。因此，可以通过安装避雷器、装设避雷线、搭建接地网等方法，把绝大多数雷电流接闪引入地下进行泄散，阻隔过电压侵入电源线与变电所内部设备，始终把线路、设备的电压值控制在装置可承受范围内，避免保护对象直接遭受雷击和出现烧损问题，从而最大限度降低雷击事故对设备线路工况、变电所整体运行状态造成的影响，减少大面积停电、设备烧损、设备停机瘫痪等问题。

三、10kV 变电所中的防雷技术及应用要点

1. 直击雷防护技术

直击雷是在雷云直接击中变电所电气设备时在装置上形成强大雷电流与过高电压的一种现象，在雷电流通过电气设备与电源线时会造成严重破坏。对此，考虑到避雷针具有保护范围大的优势，可选择在变电所顶端部位设置避雷针，连通避雷针导线和泄流地网，在雷雨天气来临时，由避雷针主动接引带电云层中蓄积的雷电流，雷电流经过避雷针、接地引下线和泄流地网而泄入大地，避免

因雷击而造成电气设备烧损。在装设避雷针时，应重点关注避雷针的安装形式选择、安装位置、抵抗雷电反击等问题。

（1）在安装形式选择方面，相比110kV及更高电压等级的变电所，10kV变电所存在设备绝缘性能差、整体绝缘水平不足等问题，并且常规的避雷针安装形式缺乏通用性，容易导致10kV变电所在遭受雷击时出现反击现象，因此必须采取独立的避雷针安装形式，禁止线路终端杆避雷器和变电所构架二者相互连接。

（2）对于安装位置问题，要求避雷针的设计标高略高于保护物体高度，且避雷针保护范围完全涵盖变电所电气设备，一档进线涵盖在实际保护范围以内（图1）。根据现场环境情况、仿真实验结果和所选用避雷针的型号性能来计算实际保护范围，从而确定最佳的避雷针安装位置。计算如式（1）所示。

$$R=(1.5h-2h_x)P \tag{1}$$

式中　R——实际保护范围，m；

　　　P——影响系数；

　　　h——安装高度，m；

　　　h_x——保护物体高度，m。

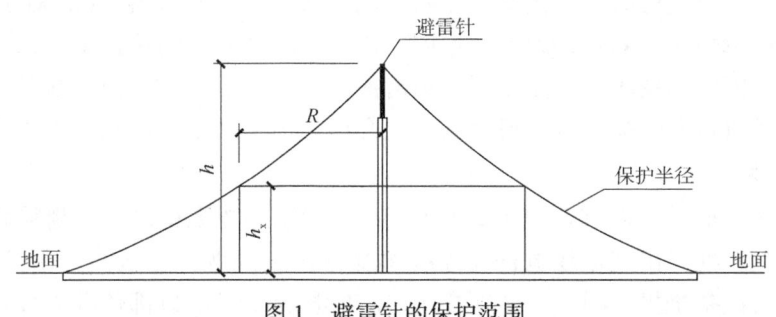

图1　避雷针的保护范围

（3）对于防止雷电反击问题，避雷针、保护物体二者存在一个空气间隙，当空气间隙长度不足时，所保护物体容易受到空气冲击放电电压影响而出现击穿现象，存在安全隐患，因而需要根据绝缘介质的冲击放电电压来计算空气间隙最小长度，以此来确定避雷针安装位置，保持避雷针、保护物体的安全间距。例如，当变电所使用的绝缘介质冲击放电电压值为500kV/m时，空气间隙则保持在5.0m及以上。

2. 侵入波防护技术

为降低侵入波对变电所设备造成的影响，避免出现设备烧损、停机瘫痪等现象，需要在进线上安装阀型避雷器。在避雷器运行期间持续检测电压值，当电压值超过整定值时，避雷器自动执行防护动作，通过阻隔电压的方式保护电气设备不受损害。而在电压低于整定值、变电所恢复正常状态后即可自动关闭避雷器的防护功能。

在应用侵入波防护技术时，应重点关注避雷器选型和连接方式。在避雷器选型方面，根据电气设备绝缘水平、容量来选择型号种类，例如，在保护小容量电气设备时选用FS系列阀型避雷器；在保护大容量电气设备时选用SFZ系列阀型避雷器；在保护旋转电机时选用FCD系列磁吹阀型避雷器。而在连接方式方面，10kV变电所可采取连接大地导线、并联电气设备的方式，连接大地导线是通过把雷电流直接泄入大地起到保护作用，并联电气设备则是通过释放线路过电压实现保护效果，视项目情况进行选择。同时，对变压器、避雷器二者的实际电气距离进行计算，如果电气距离过大，则在变压器附近加装一组避雷器。

3. 进线防护技术

在变电所遭受雷击时，入侵波将经由导线侵入，在线路中形成幅值为1/2线路绝缘的放电电压，由于阀型避雷器的实际通流能力有限，容易出现避雷器损坏问题，无法有效保护变压器设备。因此，需要在变电所进线侧装设避雷线，把保护范围设定为1.0~2.0km，由避雷线配合避雷器一同保护变压器，起到阻止进线段以内区域形成雷电波、确保雷电波的幅值坡度不超过设备绝缘击穿电压的作用。同时，根据变电所进线段线路的额定电压等级、线路与变压器冲击强度来选用特定耐雷水平的避雷线。

4. 变压器防护技术

对于变压器防雷保护问题，装设避雷器是一种最为常用、有效的方法，在靠近变压器部位设置避雷器，由避雷器起到阻止雷电波经由线路侵入、损坏变压器绝缘的防雷作用，并根据变压器的类型来选择具体的布置方式。例如，在10kV变电所内安装双绕组变压器时，由于变压器的高低压侧保持闭合回路状态，需要将避雷器安装在高低压侧部位，当避雷器检测到雷电波入侵时自动切断回路、导通接地。而在变电所内安装三绕组变压器时，需要在任一相低压绕组出口部位安装对地避雷器。

此外，在应用变压器防护技术时，应重点关注电气距离、中性点防雷两项问题。（1）对于电气距离问题，优先在变压器中间部位设置避雷器，使用最短连接线把避雷器接入总接地网中，并在线路回路数为一回、二回时分别把变压器、避雷器的电气距离分别控制在15m和23m以内。在特殊情况下导致实际电气距离超标时，则在变压器周边额外安装一组避雷器。（2）对于中性点防雷问题，考虑到10kV变电所的线路绝缘性能较低，变压器中性点普遍采取间接接地方式，但仍然存在遭受雷电波入侵的可能，因此为变压器中性点提供防雷保护，在变压器中性点部位安装阀型或金属氧化物型的避雷器，要求避雷器熄弧电压不超过电位上升稳态值、冲击绝缘水平大于冲击放电电压值。

5. 馈线防护技术

馈线承担着将电能输送至电网或电力系统的重要职能，如果未对馈线侧采取专项防雷保护技术，容易在变电所运行期间出现馈线电杆、馈线遭受雷击的问题，雷电流经由馈线侵入内部设备，因形成过电压而造成设备烧损。因此，必须在10kV变电所馈线出口部位独立安装避雷针，以及选用电容器组、单芯电缆加装避雷器的接线方式，由避雷针起到阻止雷电波侵入变电所、控制馈线幅值变化程度的作用，同时有效限制过电压。在条件允许的情况下，还可以对馈线长度进行调整。当馈线长度较长时，在馈线沿线布置一定数量的绝缘子。绝缘子遭受雷击时会出现闪络现象，处于闪络状态的绝缘子数量越多，则雷电流分流效果越显著，由绝缘子配合避雷针来保护馈线，有利于降低变电所内设备的过电压值。

四、10kV变电所降低接地电阻的方法及应用要点

1. 采用离子接地体

传统接地网的实际接地效果与使用寿命与土壤电阻率有关，如果土壤电阻率较大，则会加快接地网的老化腐蚀速度，出现局部断裂、接地线脱落等问题，并对降阻效果造成不良影响。因此，当10kV变电所位于土壤电阻率较大的环境中，或是对接地网占地面积有严格要求时，可选择应用离子接地技术。

接地系统由缓释接地极、增效电解离子填充剂与引发剂三部分组成，缓释接地极使用紫铜合金等材质作为外表，在内部填充电离子化合物，起到向周边土壤释放活性电离子等作用。在接地极外部，填充具备优异阳离子交换性能和耐高电压冲击性能的材料，起到减小周边土壤和电极接地电阻值、调节土壤电阻率、强化雷电导通释放性能的作用。在离子接地系统运行期间，通过使用引发剂、填充剂，将离子接地极与周边土壤的间隔区域形成过渡带，并始终进行离子交换反应，快速把雷电流排入大地。

在采用用离子接地体时，应重点关注电阻计算、组合体布置、接地极安装三项问题。(1)对于电阻计算问题，采取表面积置换等方法来计算接地电阻值，将变电所面积、现场土壤电阻率等参数导入公式进行计算，并根据现场地形貌来适当调整电阻值，例如，变电所现场属于环形地貌时，可适当增加接地电阻。如果10kV变电所现场地表层电阻率过高，应选取水平电极、垂直电极并联的接地方式，搭建复合接地网，准确计算复合接地网的电阻值，并考虑到因雨水冲刷带走泥土、导电离子数量减少对接地电阻值造成的影响。(2)对于组合体布置问题，在现场地质土壤环境较为复杂的情况下，如果仅布置单个离子接地装置，很难把电阻值调节至理想值，且实际接地效果有限。因此，在必要情况下应在土壤中同时设置若干离子接地装置，对装置进行连接后形成组合体形态的离子接地网络，把相邻装置间隔距离设定为3倍接地体长度。(3)对于接地极安装问题，根据现场情况与接地要求来采取水平安装或是垂直安装方式，在指定位置钻设孔洞并放入离子接地棒电极，使用裸铜缆连接接地棒并对节点部位焊接连接，直至将全部的电解离子接地极安装就位、相互连接，并在接地主环上接入避雷针引下线，在接地主汇流排上接入电气设备接地线。

2. 接地装置防腐

在10kV变电所使用期间，土壤中埋设的接地装置持续受到外部环境侵蚀，加之自身老化，在一段时间后陆续出现装置腐蚀、接地网局部断裂、接地线脱落等问题，对接地效果造成明显影响，严重时甚至会造成变电所接地失效。因此，需要搭配使用接地装置防腐技术，根据不同接地装置的所处环境条件、功能定位、结构特点来选择与之匹配的防腐措施。例如，对于接地引下线，重点开展水平、地下接地体二者连接部位的防腐作业，在连接部位引下线表面均匀涂刷防锈保护漆层或沥青漆料，定期检查引下线防腐漆层完好情况，对漆层剥落部位进行补刷，从而预防引下线电化学腐蚀问题出现。而对于接地极，可选用电解离子接地极、铜包钢接地极等材质，禁止使用再生钢材质的接地极，并要求接地极埋深在0.6m及以上，重点控制接地极焊接质量，禁止在焊缝部位形成虚焊、夹渣等质量缺陷，在焊口部位与接地极表面施作防锈保护漆层，最后使用细土分层回填、夯实接地极。

3. 采用引外接地

引外接地是指在变电所内部与外侧同时布置主接地网和辅助接地网，避雷针顶端在接引雷电流后，雷电流经过避雷针、接地引下线流入主接地网，再经过辅助接地网泄入变电所外侧区域的大地，这将起到进一步降低接地电阻的作用，防雷接地效果较为显著。相较于常规接地方法，引外接地对变电所现场的土壤环境要求更严格，只有在变电所周边区域分布大量水洼地、水塘时才能满足引外接地对土壤电阻率的要求。因此需要根据项目实际情况慎重选择接地技术，不得盲目采用引外接地技术。

五、结语

综上所述，防雷接地既是变电所的核心所在，也是决定供电系统能否稳定运行的关键。工作人员必须提高对10kV变电所防雷接地问题的重视程度，深入了解各项技术手段的工作原理、适用条件和注意事项，根据变电所具体情况来选用恰当的技术手段，编制一套科学合理、切实可行的防雷接地技术方案。

参 考 文 献

[1] 刘颖川. 变电站的防雷接地技术分析[J]. 低碳世界，2020，10(4)：48-49.
[2] 何亚非. 变电所防雷综合技术分析[J]. 电气时代，2020(8)：40-41.
[3] 戴丽君，成明华. 变电所防雷综合技术研究[J]. 电气自动化，2017，39(4)：74-77.

油气管道站场弱电设备防感应雷击的设计

赵微[1]　祁瑞和[2]

(1. 中国石油天然气管道工程有限公司电力室；2. 中油朗威工程项目管理有限公司)

摘　要：随着油气管道站场信息系统的不断提高，仪表、通信等弱电设备数量也不断增加，站场内自动化、通信系统已成为油气管道的神经中枢。然而，大部分油气管道站场坐落在雷暴活动极其复杂的地区，且设备装置较多，雷击现象时有发生。雷击主要表现为直击雷电与感应雷电，感应雷电通常会危害仪表、通信等弱电设备，导致站场信息系统的中断，影响油气管道监控及信息传输功能。本文以感应雷击入侵弱电设备的表现形式，对成因进行分析，采用全方位防雷设计理念，即屏蔽、均压和接地的方式，提出具体防雷措施，从而降低了感应雷击的危害，取得了较好的防雷效果，提高了油气管道站场运行的可靠性。

一、前言

感应雷，是指雷电在放电的时候，在附近导体产生的一系列感应变化，主要通过电流形式，由电源进线侧、仪表、通信设备或数据传输系统进入电子设备内部，强大的脉冲电流对附近金属物产生的电磁感应，主要侵害建筑物内的电子设备及弱电系统，从而危及设备的运行安全，严重时将烧毁设备，并引起供电系统的中断，造成油气管道的停输。根据油气管道站场的特点，感应雷击主要表现为电磁感应、雷电感应和静电感应，如图1所示。

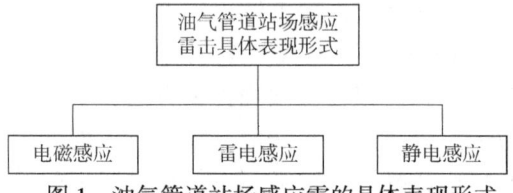

图1　油气管道站场感应雷的具体表现形式

通过感应雷击具体表现形式，油气管道站场弱电设备防感应雷击系统，是在直击雷有效防护的基础上进行设计，采用全方位防雷设计理念，即屏蔽、均压和接地，并主要从电磁感应、雷电感应、静电感应三方面进行防护。

二、油气管道站场防感应雷击防护方案

1. 感应雷击成因分析

1) 电磁感应成因

当雷击入侵建筑物或入户线路时，闪电电流与高频电磁场会形成闪电电磁脉冲，当该电磁脉冲通过接地装置与空间敷设电磁场感应相耦合，就会形成瞬间的过电压或过电流。这种瞬态过电压或过电流会对仪表、通信设备产生致命的危害。

2) 雷电感应成因

当发生雷击时，户内布置仪表、通信设备的综合设备间屋面在进行接闪时，电气线路上会产生极高的瞬态感应电压，并与雷云极性相反的电荷聚积到一段线路上，成为束缚电荷，在雷闪瞬间，又变为自由电荷，向线路两端活动，形成感应过电压，侵害设备。

3）静电感应成因

油气管道站场中，仪表、通信等弱电设备内包含较多的集成元器件，当这些元器件线路缩短，耐压降低时，就导致设备内元器件耐静电冲击能力减弱，电子就会在设备元器件表面自由流动，若与带电物体接触，将发生电荷转移，产生静电电流。

2. 防感应雷击具体措施

1）防电磁感应措施

首先根据电磁场环境明确防雷区的划分，其目的为了限定各部分空间不同的闪电电磁脉冲强度，以明确各不同空间内被保护设备相应的防雷击电磁干扰水平。根据该区域内防雷区的电磁环境特点，采用屏蔽措施，在其空间外部设置屏蔽措施以有效减弱雷击电磁场强度，如图2所示，为防止电磁感应对信息设备的影响，进入保护区前的配电设施处，设置Ⅰ类试验的电涌保护器作为第1级保护；在配电线路分配电箱、需要保护的设备，即仪表、通信等后续防护区交界处，设置Ⅱ类试验的电涌保护器作为第2级保护。

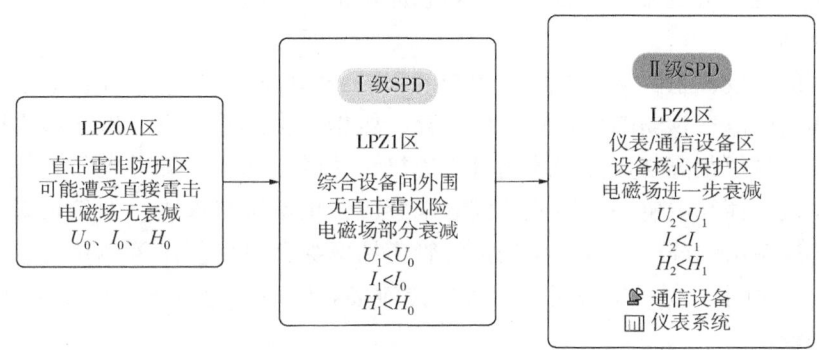

图2 油气管道站场防电磁感应原理示意图

典型油气管道站场的仪表、通信设备布置在综合设备间内，其外墙有钢筋或金属壁板等屏蔽措施，该区域内不可能遭受直接雷击，界定则该雷击区域为LPZ1区域，图中原理所示中的需要保护设备，采取一级、二级防护措施，有效的获得了防导入的电涌（$U_1<U_0$ 和 $I_1<I_0$）和防辐射磁场（$H_1<H_0$）的防护。

2）防雷电感应措施

通过对雷电感应形成的原因进行分析，雷电感应是由于瞬间的感应过电压和感应过电流传递至另一个防雷区域，采取相应的屏蔽措施，达到防雷效果。

通过另一区域内的感应过电压和过电流要进行屏蔽，首先确定线路屏蔽层的截面 S_c：

$$S_c = \frac{10^6 I_f \rho_c L_c}{U_w} \tag{1}$$

式中 S_c——线路屏蔽层的截面，mm^2；

I_f——流入屏蔽层的雷电流，kA；

ρ_c——屏蔽层的电阻率，$\Omega \cdot m$，20℃时铜为 $17.24 \times 10^{-9} \Omega \cdot m$；

L_c——线路计算长度，m；

U_w——线路所接仪表、通信设备的绝缘耐受电压额定值，取 1.5kV。

为降低线路受到雷电感应产生的过电压，还要做到电力电缆与弱电设备信号线缆或光缆之间采取适当的屏蔽措施，选择相应的敷设间距，避免形成大面积的感应环路。仪表、通信等弱电设备线缆或光缆与其他管线应满足间距要求，见表1。

表1　表弱电设备线缆与其他管线的间距

其他管线	弱电设备线缆或光缆	
	最小平行净距/mm	最小交叉净距/mm
防雷引下线	1000	300
保护接地线	50	20
户内给水管	150	20
煤气管	300	20

在线路装设浪涌保护器是防止感应雷电的基本措施，目前在建筑物防雷系统中应用较为广泛。为了研究长输管道站场防雷电感应的基本效果，仿真分析浪涌保护器的工作状态及应用结果，浪涌保护器防护效果如图3所示。

由上图可知，在线路并联浪涌保护器后，感应雷电电压明显要低于雷电冲击状态值，降压效果较为明显，降低了雷电冲击电流，进而起到了防感应雷击的目的。

3）防静电感应措施

防止静电感应的入侵，主要从全方位防雷中的"均压和接地"措施。为了防止静电感应产生的过电压，综合设备间内的电气及弱电设备的金属外壳、机柜、金属管、槽、屏蔽线缆金属外层、浪涌保护器接地端等均以最短距离与户内接地网可靠连接，并做到均压，即等电位连接，这样信息系统与场区防雷接地系统不存在电位差，即使受到静电感应，也不会对仪表、通信设备的电子元件产生影响。为了降低感应雷击的静电危害，典型油气管道站场综合设备间内等电位连接的网格形结构通常采用M型，如图4所示，保护的设备通过等电位连接导体与等电位连接网络的连接点进行连接，并接至共用接地系统。

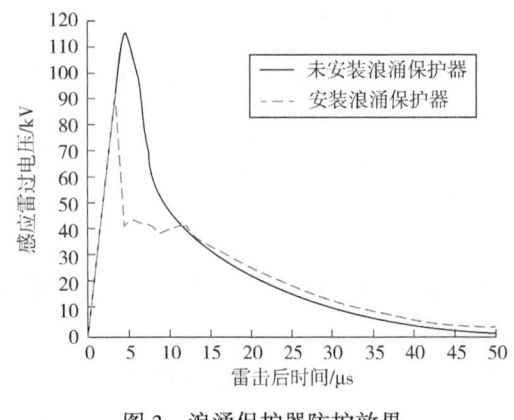

图3　浪涌保护器防护效果

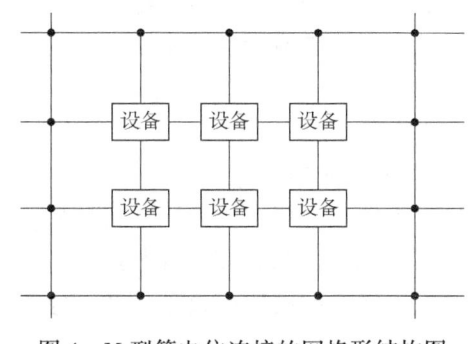

图4　M型等电位连接的网格形结构图

三、接地与等电位连接系统

油气管道站场接地系统做联合接地，接地形式采用TN-S系统。在具有仪表、通信等较多弱电设备的综合设备间内，电气接地、自控、通信的保护接地及工作接地、防雷防静电接地共用同一接地装置，进而满足统一接地的要求，保证了户内等电位效果，不存在电位差，有效避免了感应雷的危害。

户内采用等电位连接，能够把建筑物内所有的机柜及其他设备金属物与接地装置连接在一起，使整个建筑物不存在电位差，构成良好的等电位体，这样不会使仪表、通信机柜被高电位反击，受到雷电侵害。根据油气管道站场特点，引用的等电位(LEB)连接系统图，如图5所示，采取的就是等电位连接接地，这样就可以使所有机柜及其用电设备与静电接地网格可靠连接，免受电磁感应、雷电感应、静电感应所带来的侵害。

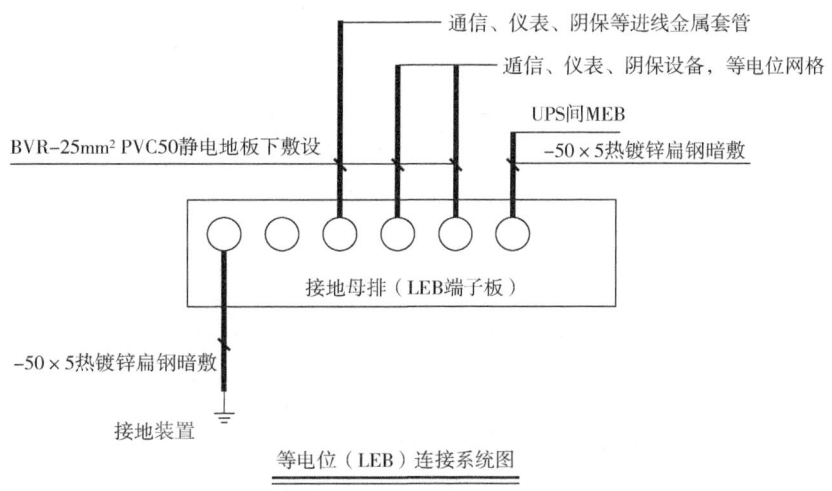

图 5 油气管道站场综合设备间等电位连接图

四、结论

油气管道站场仪表、通信等弱电设备，因电子器件较多，精密度较高，只有通过综合的防雷措施才能确保安全运行，提高核心的防感应雷击能力。为了有效保护弱电设备的防感应雷，在直击雷有效防护的基础上，建立全方位防雷设计思想，即防电磁感应和防雷电感应主要采用屏蔽方式；防静电感应主要采用均压和接地的方式，并通过接地系统及等电位连接。采用该方案，有效避免了站场内部受感应雷的侵害，保护了仪表、通信设备，确保了油气管道站场安全、可靠运行。

参 考 文 献

[1] 刘勇. 等电位联结在低压接地故障保护中的应用研究[J]. 佳木斯大学学报（自然科学版），2018，36(4)：520-523.
[2] 叶向东. 仪表及控制系统接地探讨[J]. 石油化工自动化，2019，55(1)：1-7.
[3] 徐珑. 加强天然气输气站防雷安全的技术措施[J]. 中国化工贸易，2022，25(3)：181-183.
[4] 陈昊. 输油气管道仪表及控制系统接地技术分析[J]. 百科论坛电子杂志，2021，24(1)：154.
[5] 杜文娟. 防雷接地装置在输油站场的应用[J]. 化工管理，2018，18(1)：34.

新能源技术与发展

甲醇长输管道泄漏扩散影响因素分析

张效研　林宝辉　吴凤荣

(中国石油天然气管道工程有限公司项目管理部)

摘　要：绿色甲醇要实现大规模发展，高压长距离的高效管道输送成为关键。鉴于甲醇的易燃易爆性和毒性，管道腐蚀等原因产生的泄漏扩散引发火灾、爆炸和毒气扩散将造成人员伤亡和财产损失。本文以甲醇长输管道泄漏后蒸气云扩散所造成的中毒和火灾事故为研究对象，采用国际风险评估专业软件 DNV PHAST8.71，对管道泄漏蒸气云扩散影响因素进行了敏感性分析，为甲醇场站的总平面布置、设备布置和甲醇管线的路由选择提供一定的借鉴，并为减小甲醇泄漏后可能造成的影响以及应急处置措施提供参考。

一、DNV PHAST 软件计算模型

1. DNV PHAST 软件

DNV PHAST 软件是由挪威船级社精心研发的专业安全计算工具，专注于事故后果的定量分析与计算。该软件所采用的计算模型已通过全球规模领先的火灾爆炸实验室——DNV GL Spadeadam 的严格验证，其科学性和可靠性得到充分证实。不仅如此，DNV PHAST 软件还获得了中国国家安全生产监督管理总局的权威认可，在安全计算领域具备极高的专业性与权威性，能够为各类安全风险评估和事故后果预测提供精准且值得信赖的计算结果[1]。该软件计算范围较广，可以用来分析甲醇的泄放扩散、燃烧、爆炸和毒气扩散，评估甲醇泄漏后毒性和火灾爆炸的事故后果，并可快速地得到模拟事故的各种数据[2]。

2. 扩散模型

UDM 模型，全称 Unified Dispersion Model（统一扩散模型），作为深度集成于 DNV PHAST 软件的核心事故后果计算模块，其理论框架最早由 Woodward 等人于 20 世纪 90 年代系统构建并投入实际应用。这一模型属于半经验性质，在高斯模型、BM 模型等经典基础理论模型的架构上，融合了大量真实实验数据的优化修正，形成独特的复合计算体系[3]。以距离与时间为核心计算参数，UDM 模型通过严密的代数方程体系，精准刻画喷射过程、云团密度变化、自然及强制对流效应、液滴蒸发与沉降触地现象，以及池体扩散与汽化等复杂物理过程，完整呈现扩散云团的动态演变状态。该模型经严格的风洞实验验证，在喷射扩散、重气扩散、被动两相扩散等多种场景的模拟计算中展现出卓越的适用性与计算精度，为事故后果分析提供可靠的技术支撑[4]。

甲醇长输管道多发腐蚀或者密封损坏引起的连续泄漏，泄漏量较小、泄漏状态较为稳定，不会立即对上游工艺产生影响。UDM 模型分析气体连续泄漏时，通常假定管道内部压力和气体泄漏速率恒定[5]。

对于连续泄漏，其质量浓度 $c(x, y, \xi)$ 如式（1）所示[6]：

$$c(x, y, \xi) = c_0(x) \exp\left(-\left|\frac{\xi}{\sqrt{2}\sigma_z(x)}\right|^{n(x)}\right) \exp\left(-\left|\frac{y}{\sqrt{2}\sigma_y(x)}\right|^{m(x)}\right) \tag{1}$$

式中 $c(x, y, \xi)$——连续排放时形成稳定的流场后,给定地点(x, y, ξ)的污染物浓度,kg/m^3;
$c_0(x)$——气云中心线质量浓度,kg/m^3;
ξ——距烟羽中心线的距离,m;
y——横风向距离,m;
$\sigma_z(x)$——侧风向的扩散系数,m;
$\sigma_y(x)$——垂直风向的扩散系数,m;
$n(x)$——质量浓度垂直分布函数指数;
$m(x)$——质量浓度横风向分布函数指数。

图1展示了连续泄漏时气云在下风向的运动趋势。

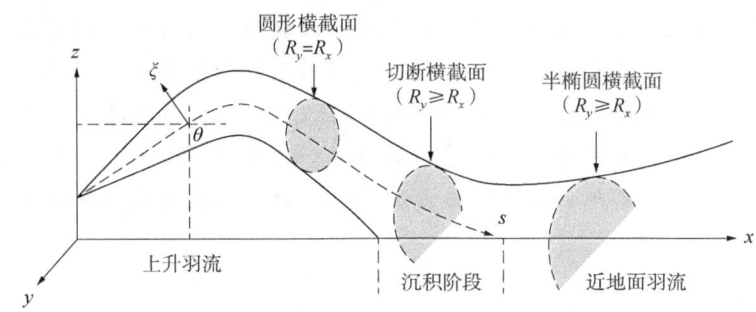

图1 UDM几何云团持续扩散运动轨迹

二、甲醇管道泄漏扩散分析

1. 甲醇的物质特性

甲醇是一种无色透明、有酒精气味的液体品,兼具高度易燃性与毒性特征。因其具有较强的挥发性,在环境中极易形成扩散性蒸气云团,当与空气充分混合后,遇明火或能量源便极易引发剧烈的火灾与爆炸事故,存在显著的安全隐患。同时,甲醇对人体危害极大,尤其会对神经系统与血液系统造成严重损害,若大量吸入甲醇蒸汽,不仅可能导致不可逆的双目失明,更会危及生命,引发死亡风险[7]。

甲醇的基本理化特性见表1。

表1 甲醇的理化特性

名称	分子式	UN危货编号	CAS号	危险类别
甲醇(methanol)	CH_3OH	1230	67-56-1	甲B类液体
相对分子量	熔点/℃	沸点/℃	临界温度/℃	临界压力/MPa
32.04	-97.8	64.7	240	7.95
闪点/℃	密度/(g/cm³)	相对密度	性状	溶解性
11.1	0.791	水:0.792 空气:1.1	无色透明液体,有刺激性气味	溶于水

针对甲醇长输管道泄漏后的毒气危害评估,采用了PHAST软件所提供的ERPGs(Emergency Response Planning Guideline,即应急响应计划指南)标准体系。该ERPGs体系涵盖三个风险分级,分别为ERPG-1、ERPG-2与ERPG-3,以此构建系统化的危害程度判别框架[8]。甲醇的危害特性见表2。

表 2　甲醇的危害特性

项目	名称	单位	数值
UFL	爆炸上限	ppm	365000
LFL	爆炸下限	ppm	60000
ERPG-1(60min)	应急响应计划指导值	ppm	200
ERPG-2(60min)	应急响应计划指导值	ppm	1000
ERPG-3(60min)	应急响应计划指导值	ppm	5000

2. 事故案例

以管径711mm、设计压力7.5MPa的甲醇长输管道为分析对象，气象条件假定为2F时，采用DNV PHAST8.71软件对甲醇管道泄漏的影响区域展开模拟剖析，泄漏场景及初始参数见表3。

表 3　甲醇管道参数

管道参数	管道直径	设计压力	设计温度	管道粗糙度
	711mm	7.5MPa	40℃	管道内壁光滑
环境参数	风速	大气稳定度	环境温度	相对湿度
	2m/s	F	7.5℃	50%
泄漏参数	泄漏孔径	泄漏方向	距地面高度	周边环境
	150mm	水平方向	1m	无明显遮挡

由软件模拟得到甲醇管道泄漏后下风向的可燃气体扩散范围如图2所示，有毒气体扩散范围如图3所示。

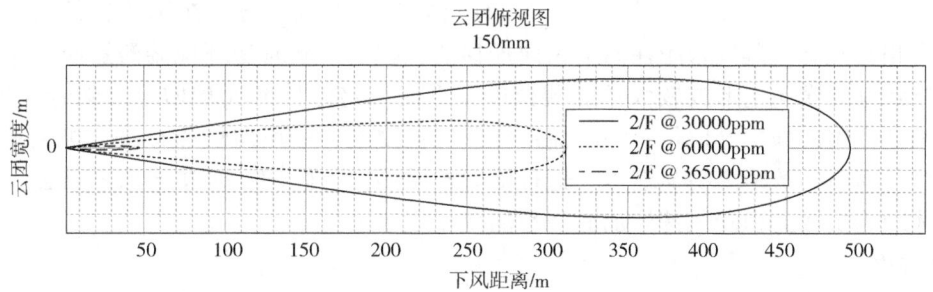

图 2　甲醇管道泄漏后可燃气体扩散的范围

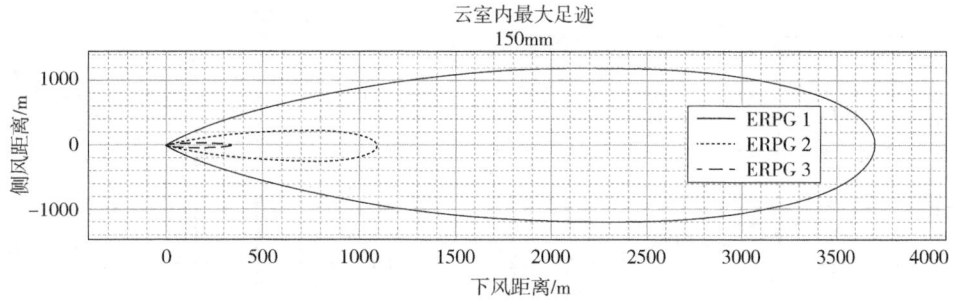

图 3　甲醇管道泄漏后有毒气体扩散的范围

由图3可见，气体扩散区域类似纺锤形，在下风向不断延展。

三、扩散后果影响因素的敏感性分析

利用控制变量法研究大气稳定度、风速、环境温度、泄漏孔直径、泄漏压力等因素对甲醇管道泄漏事故后果的影响规律[9]，各影响因素的变化范围值见表4。其中甲醇泄漏后有毒蒸气云团的扩散分析基于 ERPG-1 浓度值指标对应的最大有效距离，甲醇泄漏后可燃蒸气云团的扩散分析基于爆炸下限的50%指标对应的最大有效距离。

表4 影响因素的参数

名称	大气稳定度	风速/(m/s)	环境温度/℃	泄漏孔径/mm	泄漏压力/bar	泄漏量/m³
范围	A, B, C, D, E, F	2, 3, 5, 7, 9, 11, 15, 17, 19	0, 5, 10, 15, 20, 25, 30, 35	20, 50, 100, 150, 300, 400	40, 50, 60, 75, 90, 100, 120	40, 80, 120, 160, 200, 240

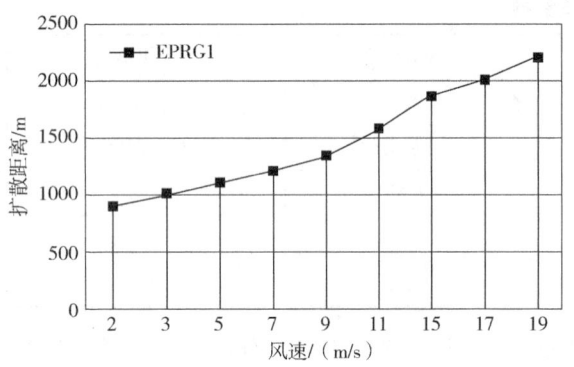

图4 风速对有毒蒸气云扩散距离的影响

1. 有毒蒸气云扩散的敏感性分析

1）风速

风速对甲醇管道泄漏有毒蒸气云扩散距离的影响如图4所示。

由图4可知，在同一条件下，风速对甲醇有毒蒸气云（浓度200ppm）扩散影响显著。随着风速的增加，甲醇有毒蒸气云的最大扩散距离基本呈直线上升，这是由于风速主要起促进往下风向扩散的作用。

如图5所示，随着风速逐渐增强，扩散面积呈现出显著的缩减趋势。在风速较低的初始阶段，由于气流驱动力相对较弱，蒸气云团在向下风向迁移的过程中，同时受环境湍流影响产生显著的侧向扩散效应，导致其在横向上形成较大的延展范围，进而使整体扩散面积增大。随着风速逐步增强，气流的定向推动作用占据主导地位，强气流迫使蒸气云团主要沿风向快速移动，极大地抑制了横向扩散趋势，使得横向扩散距离明显缩短。这种横向扩散能力的削弱，直接导致蒸气云团的覆盖范围缩小，最终体现为扩散面积随风速增加而减小的变化规律。

2）环境温度

环境温度对甲醇管道泄漏有毒蒸气云扩散距离的影响见图6。

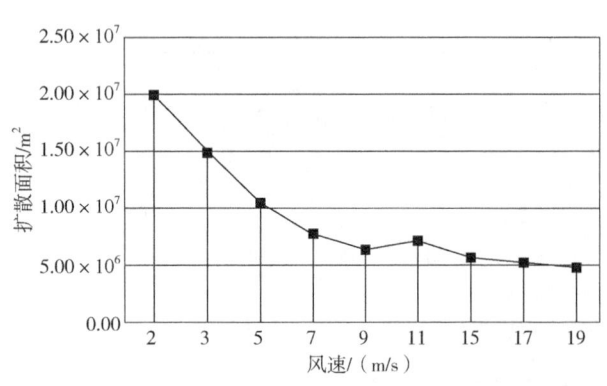

图5 风速对有毒蒸气云扩散面积的影响

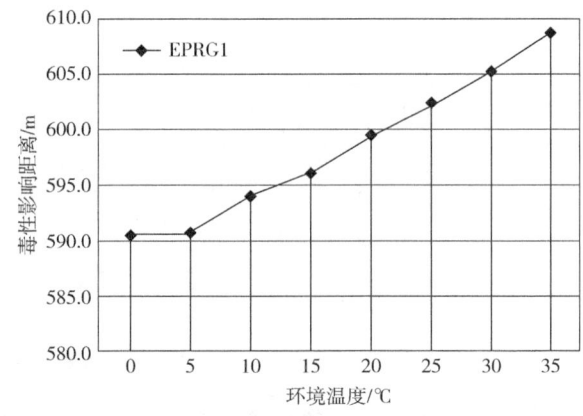

图6 环境温度对有毒蒸气云扩散距离的影响

由图6可知，在同一条件下，甲醇有毒蒸气云最大扩散距离随着环境温度的增加而稳步上升，这是因为环境温度升高一方面引起大气对流/湍流加强，增大了蒸气云扩散速度，一方面加速了甲醇蒸发，加大了蒸气云扩散浓度。但总体来说环境温度相对风速，对泄漏扩散的影响较小。

3）大气稳定度

在大气环境研究领域，帕斯奎尔（Pasquill）法作为经典的评估手段，将大气稳定度细致划分为六级体系。其中，强不稳定、不稳定、弱不稳定、中性、较稳定和稳定状态，分别对应以A、B、C、D、E、F的符号标识[5]。

图7为大气稳定度对甲醇泄漏有毒气体最大扩散距离的影响。

由图7可知，大气稳定度A-D变化时，风速逐渐增大，大气越稳定甲醇有毒蒸气云扩散范围越远；大气稳定度D-F变化时，风速逐渐减小，大气越稳定甲醇有毒蒸气云扩散范围越近；而且，微风的夜晚比白天扩散距离远。

这是由于大气稳定度和风速、环境温度存在密切关系。由上所知，有毒蒸气云扩散距离随风速增大、环境温度提高而增加，而且风速影响更为显著。甲醇泄漏事故在昼夜时段呈现出显著不同的扩散风险特征，相较于白天，夜间甲醇泄漏的潜在危害范围往往更为广泛。白天，太阳辐射促使地表升温，导致近地面空气密度低于高空，由此引发强烈的垂直对流运动，这种大气不稳定状态加速了空气的混合，使得泄漏的甲醇能够快速与环境空气充分稀释，有效遏制了有毒物质的扩散范围。而在夜间，地表持续散热导致温度低于上层大气，形成"逆温层"现象，该现象抑制了空气的垂直对流，使得泄漏的甲醇难以与上层空气充分混合，而是在近地面不断积聚、扩散，进而显著扩大了潜在危害区域。

4）泄漏孔径

泄漏孔径对甲醇管道有毒蒸气云扩散距离的影响如图8所示。

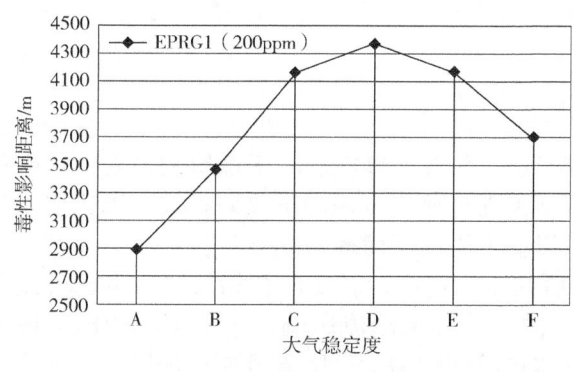

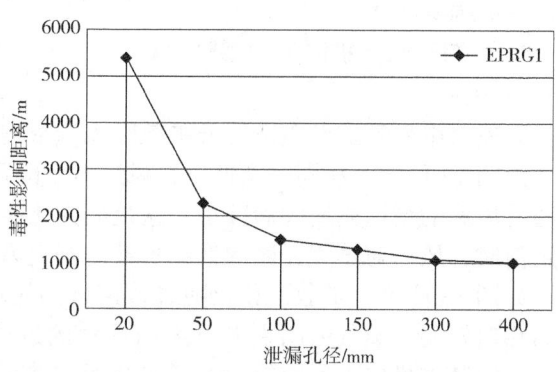

图7 大气稳定度对有毒蒸气云扩散距离的影响　　图8 泄漏孔径对有毒蒸气云扩散距离的影响

由图8可知，在同一条件下，甲醇有毒蒸气云（浓度200ppm）的最大扩散距离随着泄漏孔径的增加迅速下降。这是由于相同泄漏量下泄漏速率随泄漏孔径的增大而增大，泄漏时间随泄露速率的增大而缩短（图9）造成的，如果泄漏时间相同或者持续泄漏时，结果将大有不同。

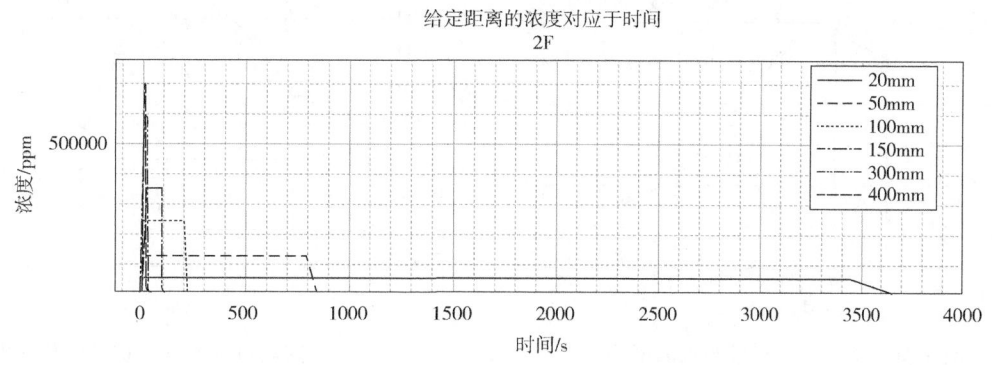

图9 相同泄漏量下不同泄漏孔径的泄漏时间

5）泄漏压力

甲醇管道运行压力对有毒蒸气云扩散距离的影响如图10所示。

由图10可知，泄漏压力越大，甲醇有毒蒸气云（浓度200ppm）最大扩散距离越远。在40~60bar，扩散距离增长迅速；在60~120bar，扩散距离增长缓慢。这表明在同一条件下，泄漏压力越大泄漏速率越大，相应的有毒蒸气云扩散距离越大。而在40~60bar泄漏压力下，形成了一定范围的液池，随着泄漏压力超越60bar，泄漏甲醇的雾化效果大大增加。

6）泄漏量

泄漏量对甲醇管道有毒蒸气云扩散距离的影响如图11所示。

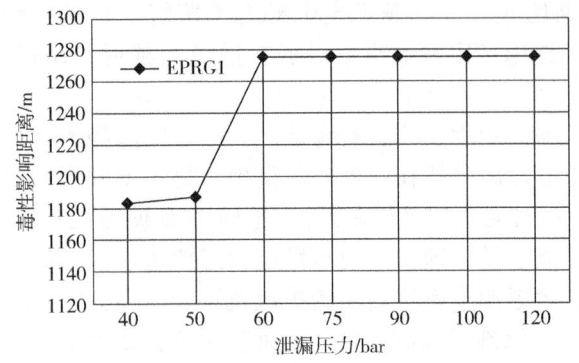

图10 泄漏压力对可燃蒸气云扩散距离的影响　　图11 泄漏量对可燃蒸气云扩散距离的影响

由图11可知，甲醇管道泄漏量的增加将使有毒蒸气云扩散更远距离，且扩散距离变化十分明显，增加幅度较大。

2. 可燃蒸气云扩散的敏感性分析

1）风速

风速对甲醇管道可燃蒸气云扩散距离的影响如图12所示。

由图12可知，在同一条件下，风速对甲醇可燃蒸气云（浓度30000ppm）扩散影响显著，扩散距离随着风速的增加先增大后减小。这是因为初始风速增大促进蒸气云团向下风向扩散；风速增大到一定值时，风速对蒸气云团的稀释扩散占据上风，所以扩散距离反而逐渐减小。

如图13所示，扩散面积也随着风速增加先增大后减小。在风速较低的初始阶段，由于气流驱动力相对较弱，蒸气云团在向下风向迁移的过程中，同时受环境湍流影响产生显著的侧向扩散效应，导致其在横向上形成较大的延展范围，进而使整体扩散面积增大。随着风速逐步增强，气流的定向推动作用占据主导地位，强气流迫使蒸气云团主要沿风向快速移动，极大地抑制了横向扩散趋势，使得横向扩散距离明显缩短。这种横向扩散能力的削弱，直接导致蒸气云团的覆盖范围缩小，最终体现为扩散面积随风速增加而减小的变化规律。

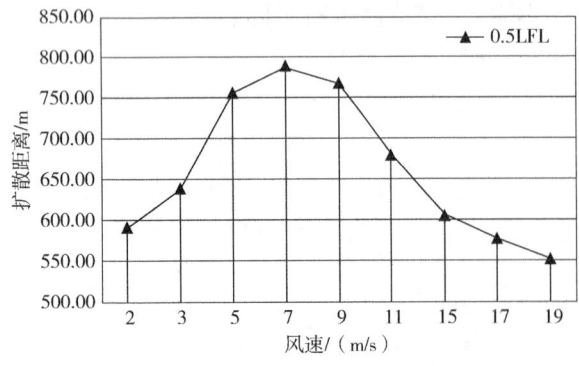 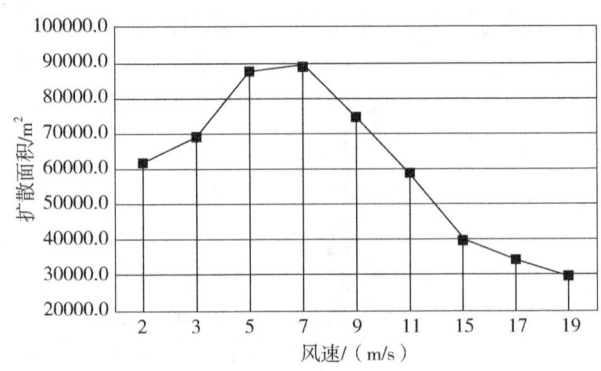

图12 风速对可燃蒸气云扩散距离的影响　　图13 风速对可燃蒸气云扩散面积的影响

2) 环境温度

环境温度对甲醇管道可燃蒸气云扩散距离的影响如图 14 所示。

由图 14 可知，在相同工况条件下，甲醇可燃蒸气云的最大扩散距离呈现出随环境温度上升而递增的趋势。这一现象的产生主要归因于两个关键因素：其一，环境温度的升高促使大气对流与湍流运动加剧，为蒸气云的扩散提供了更强的动力，从而显著提升其扩散速率；其二，温度上升加速了甲醇的蒸发进程，使得蒸气云内的甲醇浓度得以增加，进一步推动了扩散范围的扩大。不过，通过综合对比分析发现，相较于风速因素，环境温度对甲醇泄漏后扩散过程的影响程度相对有限。

3) 大气稳定度

大气稳定度对甲醇管道可燃蒸气云扩散距离的影响如图 15 所示。

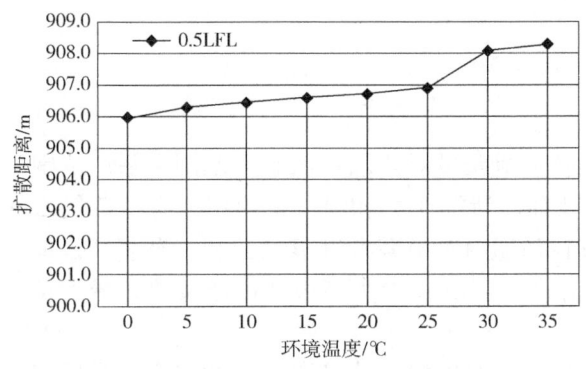

图 14 环境温度对可燃蒸气云扩散距离的影响　　图 15 大气稳定度对可燃蒸气云扩散距离的影响

如图 15 所示，对甲醇可燃蒸气云，最大扩散距离随着大气稳定度的提升而缩短，表明大气越稳定，蒸气云团的扩散能力越小。

4) 泄漏孔径

泄漏孔径对甲醇管道可燃蒸气云扩散距离的影响如图 16 所示。

由图 16 所示，在同一条件下，甲醇可燃蒸气云扩散范围随着泄漏孔径的增大而显著增加。因为泄漏孔径越大，泄漏速率也就越大，那么下风向泄漏扩散的蒸气云团浓度也随着增加。

5) 泄漏压力

泄漏压力对甲醇管道可燃蒸气云扩散距离的影响如图 17 所示。

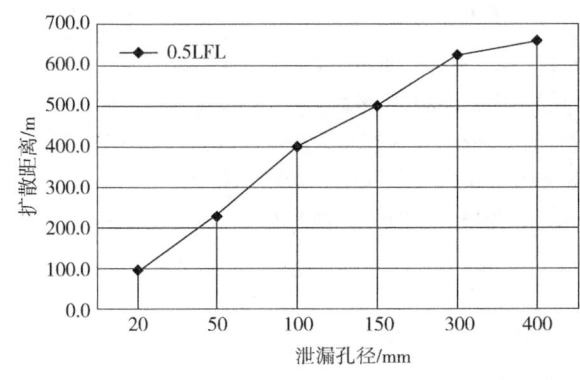 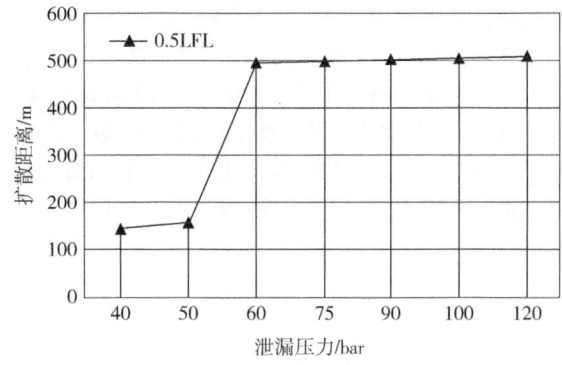

图 16 泄漏孔径对可燃蒸气云扩散距离的影响　　图 17 泄漏压力对可燃蒸气云扩散距离的影响

由图 17 可知，泄漏压力越大，甲醇可燃蒸气云最大扩散距离越远。在 40~60bar 之间，扩散距离增长迅速；在 60~120bar 之间，扩散距离增长缓慢。这表明在同一条件下，泄漏压力越大泄漏速率越大，相应的可燃蒸气云扩散距离越大。在 40~60bar 泄漏压力下，形成了一定范围的液池，随着泄漏压力超越 60bar，泄漏甲醇的雾化效果大大增加。

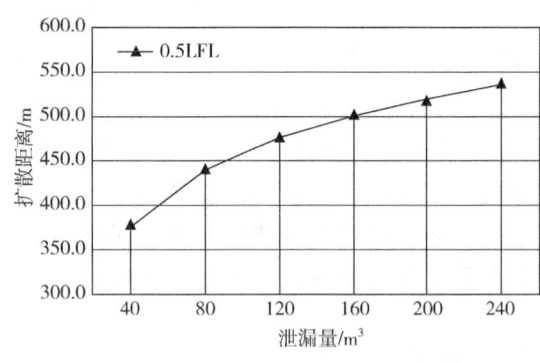

图 18 泄漏量对可燃蒸气云扩散距离的影响

6）泄漏量

泄漏量对甲醇管道可燃蒸气云扩散距离的影响如图 18 所示。

由图 18 可知，甲醇管道泄漏量的增加将使可燃蒸气云扩散更远距离，且扩散距离变化十分明显，增加幅度较大。泄漏量会对泄漏扩散产生影响最为主要的原因是泄漏量的大小决定泄漏时间的长短，云团随时间累积，那么下风向泄漏扩散的蒸气云团浓度也随着增加。

四、结论

通过研究风速、环境温度、大气稳定度、泄漏孔径、泄漏量对泄漏扩散有毒范围和易燃范围的影响规律，可以得出：(1) 风速、大气稳定度、泄漏孔径、泄漏压力和泄漏量对甲醇有毒蒸气云和可燃蒸气云的最大扩散距离的影响显著，泄漏压力仅在初期内对甲醇有毒蒸气云和可燃蒸气云最大扩散距离的影响较为明显，之后逐渐减小。(2) 环境温度对甲醇有毒蒸气云和可燃蒸气云最大扩散距离的影响程度一般，保持着较低的正相关关系。

基于甲醇泄漏可能造成的火灾、毒性影响范围分析，应对甲醇长输管道运行的安全、环保问题予以重视，甲醇场站的总平面布置、设备布置和甲醇管线的路由选择应充分借鉴，制订甲醇泄漏后影响减缓措施和应急处置措施也应参考。

参 考 文 献

[1] 朱伯龄，於孝春，李育娟. 气体泄漏扩散过程及影响因素研究[J]. 石油与天然气化工，2009，38(4)：354-358.

[2] 潘鹏. DNV PHAST 软件在气体扩散模拟分析中的应用[J]. 石油化工设计，2006，23(2)：61-62.

[3] 袁景，赵东风，孟亦飞. 气体扩散数学模型对比及工程适用性分析[J]石油化工安全环保技术，2016，32(1)：16-19.

[4] 陈南熹，何佳坤，梁开武，等. 含硫天然气泄漏后 H_2S 扩散模型对比分析[J]重庆科技学院学报(自然科学版)，2018，20(6)：67-70.

[5] 刘飞燕. 基于 PHAST 软件的甲醇储罐泄漏影响范围分析[J]. 化工管理，2020，24(6)：87-89.

[6] 雷小佳. 基于 PHAST 软件的化工厂液氨储罐泄漏模拟[J]能源化工，2021，42(3)：78-82.

[7] 张宪法. 甲醇储罐泄漏扩散及事故状态的数值模拟[J]. 石油化工安全环保技术，2011，27(4)：14-19.

[8] 吴雅菊，田宏，侣庆民，等. 液氯泄漏扩散数值模拟及应急区域分析[J]. 安全，2016，3：34-37.

[9] 张苗. 甲醇储罐泄漏事故后果模拟与风险评估[J]. 广东化工，2014，41(16)：259-260.

采用 PHAST 软件对甲醇管道泄漏后果分析

张效研 林宝辉 吴凤荣

(中国石油天然气管道工程有限公司项目管理部)

摘 要：甲醇具有易燃、易爆和毒性，是国家首批重点监管的危险化学品之一[1]。伴随着绿色甲醇的大规模发展，甲醇长输管道也将大力建设，鉴于甲醇的危险性，一旦管道泄漏将会造成人员伤害和财产损失。因此，分析甲醇长输管道泄漏后果，采取合理有效措施减缓危害，对保障甲醇长输管道的安全运行有重要意义。本文针对甲醇管道运输过程中的泄漏事故后果，采用国际后果评估专业软件 DNV PHAST8.71 对甲醇泄漏后的火灾和中毒后果进行模拟及敏感性分析。结合事故后果研究，为甲醇长输管道的安全运行提供数据支持。

一、甲醇管道泄漏后的危险场景

甲醇易挥发，扩散蒸气云团与空气混合易发生火灾爆炸；对人体也伤害性大，大量吸入可造成双目失明[3]。

甲醇管道泄漏后，可能出现多种危险情形：高速喷出的甲醇遇火会形成喷射火；泄漏液体聚集燃烧形成池火；可燃蒸气云团遇火源瞬间燃烧引发闪火；蒸气云团与空气混合达到爆炸极限会发生爆炸；同时，甲醇挥发产生的有毒蒸汽会危害人体健康[4]，危险场景如图1所示。

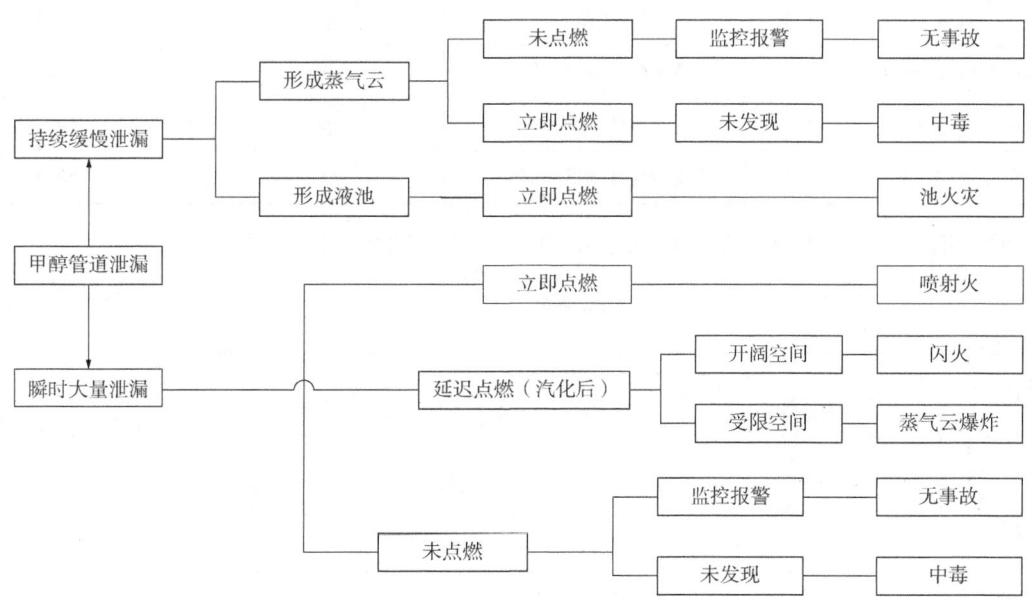

图1 甲醇管道泄漏危险场景

二、甲醇管道泄漏后果分析的基本条件

以管径711mm、设计压力5MPa的甲醇长输管道为分析对象,采用PHAST软件模拟分析甲醇管道泄漏后果,基础数据见表1[4]。

表1 甲醇管道参数

管道参数	管道直径	设计压力	设计温度	管道粗糙度
	711mm	5MPa	40℃	管道内壁光滑
环境参数	风速	大气稳定度	环境温度	相对湿度
	2m/s	F	7.5℃	50%

以50mm泄漏孔径为典型孔径进行分析;参考目前的长输管道的工艺和控制水平及泄漏探测和切断能力,泄漏时间分别按照1min、5min和20min[5-13]。

三、泄漏后果分析

1. 毒性后果分析

有毒物质的毒性影响通常通过剂量对人员造成死亡或伤害,采用评估软件DNV PHAST8.71提供的ERPG值划分甲醇长输管道泄漏后的毒气危害标准[14]。甲醇的危害性[16-18]见表2。

表2 甲醇的危害特性

项目	名称	单位	数值
UFL	爆炸上限	ppm	365000
LFL	爆炸下限	ppm	60000
ERPG-1(60min)	应急响应计划指导值	ppm	200
ERPG-2(60min)	应急响应计划指导值	ppm	1000
ERPG-3(60min)	应急响应计划指导值	ppm	5000

通过的模拟计算,甲醇泄漏后造成人员不同伤害[19]如图2至图4所示。

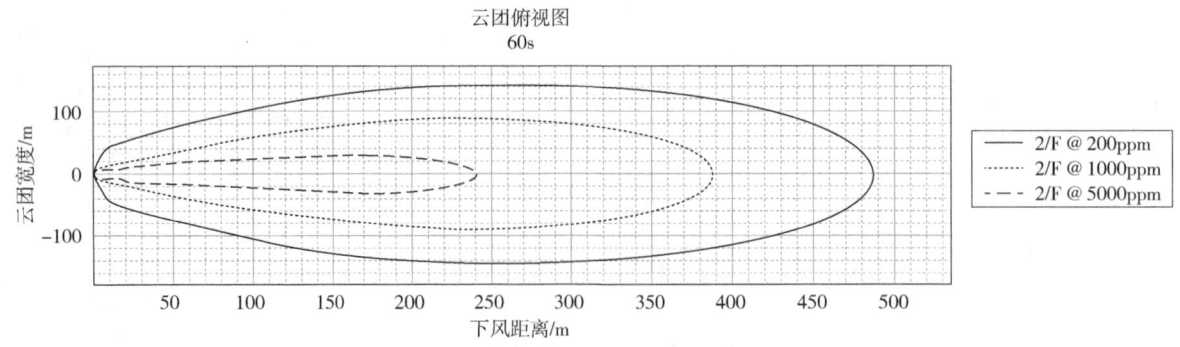

图2 切断时间60s毒性影响的距离

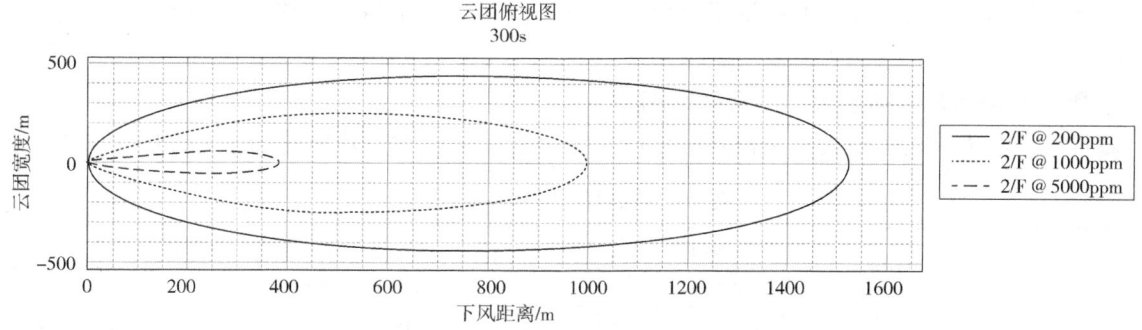

图3 切断时间300s毒性影响的距离

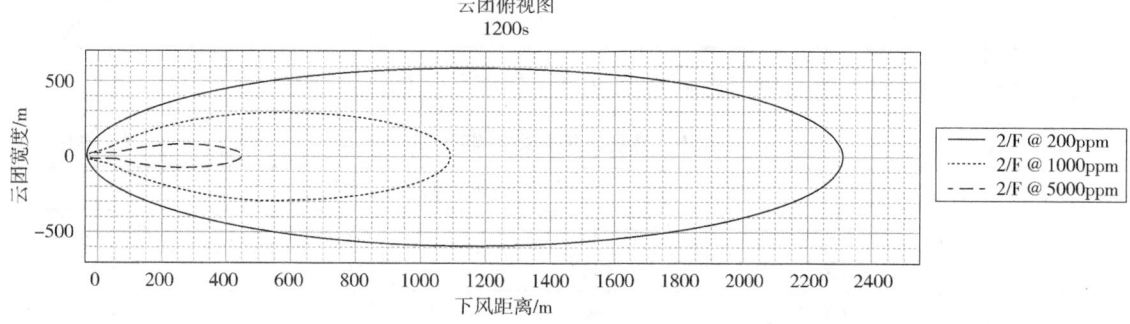

图4 切断时间1200s毒性影响的距离

从结果可以看出，泄漏时间60s时，下风向约240m范围内的人员死亡；泄漏时间300s时，下风向约380m范围内的人员死亡；泄漏时间1200s时，下风向约440m范围内的人员死亡。

分别对运行压力40bar、50bar、60bar、75bar、90bar、100bar、120bar甲醇管道进行毒性敏感性分析，如图5所示。

由图5可知，甲醇有毒蒸气云（浓度200ppm）最大扩散距离随管道运行压力的增大而扩大。在40~60bar，扩散距离增长迅速；在60~120bar，扩散距离增长缓慢。这表明在同一条件下，泄漏压力越大泄漏速率越大，相应的有毒蒸气云扩散距离越大。而在40~60bar泄漏压力下，形成了一定范围的液池，泄漏的甲醇转化为蒸气云团的量减少，扩散浓度下降，相应的影响距离减小；而随着泄漏压力超越60bar，泄漏甲醇的雾化效果大大增加，泄漏的甲醇全部转化为蒸气云团。

分别对管道泄漏孔径20mm、50mm、100mm、150mm、300mm、400mm进行毒性敏感性分析，如图6所示。

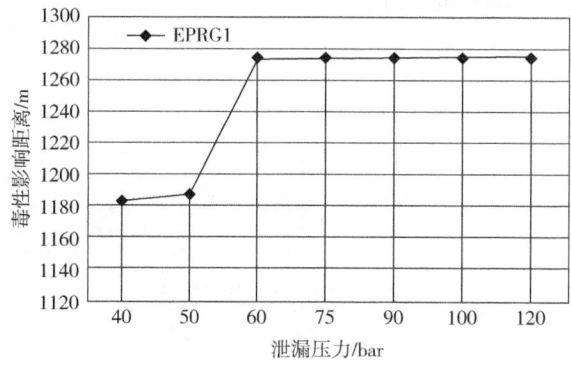

图5 运行压力对毒性影响距离的影响

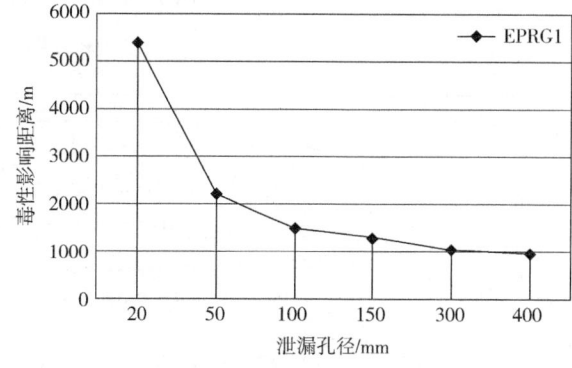

图6 泄漏孔径对毒性影响距离的影响

由图6可知，在同一条件下，甲醇有毒蒸气云最大扩散距离随泄漏孔径的增大而缩短，且随着泄漏孔径的增加迅速下降。这是由于泄漏速率随泄漏孔径的增大而增大，相同泄漏量下的泄漏时间越短,综合作用下有毒蒸气云的扩散距离反而越近。但是如果泄漏量足够大持续泄漏时,结果将大有不同。

2. 甲醇泄漏后形成喷射火的热辐射影响[20]

喷射火、池火等火灾对人员和设备的影响主要表现为热辐射,热辐射的伤害基准见表3。

表3 热辐射伤害/破坏准则[4]

热辐射值/(kW/m²)	对设备的伤害	对人的伤害
37.5	操作设备损坏	1min内100%的人死亡,10s内1%的人死亡
25.0	在无火焰,长时间辐射下木材燃烧的最小能量	1min内100%的人死亡,10s内重大烧伤
12.5	有火焰时,木材燃烧及塑料熔化的最低能量	1min内1%的人死亡,10s内1度烧伤
4.73	—	暴露16s,裸露皮肤有痛感;无热辐射屏蔽设施时,操作人员穿上防护服可停留几分钟

通过模拟计算,喷射火的热辐射影响范围见表4和图7至图9。

表4 喷射火热辐射影响范围 单位:m

泄漏时间	不同热辐射基准的影响范围			
	4.73kW/m²	12.5kW/m²	25kW/m²	37.5kW/m²
60s	176.0	146.6	135.2	135.2
300s	176.0	146.6	135.2	135.2
1200s	176.0	146.6	135.2	135.2

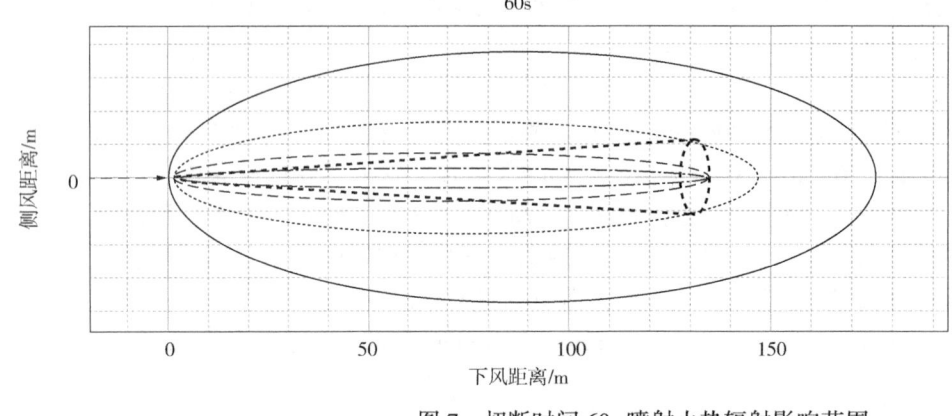

图7 切断时间60s喷射火热辐射影响范围

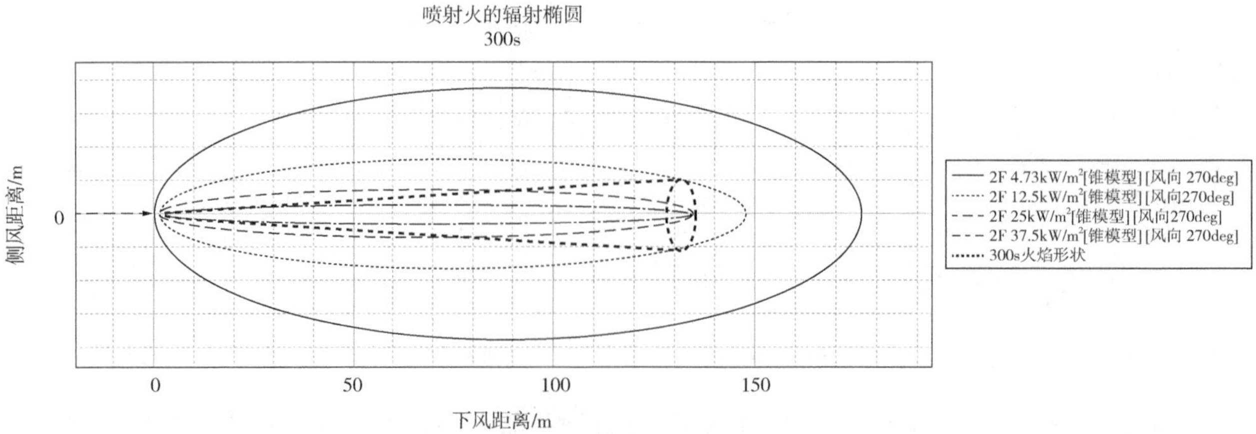

图8 切断时间300s喷射火热辐射影响范围

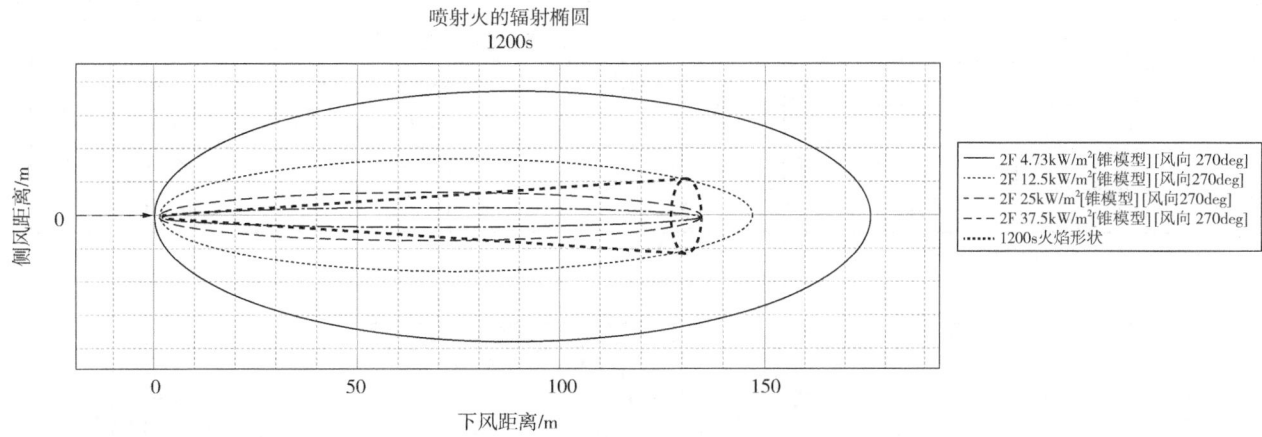

图9 切断时间1200s喷射火热辐射影响范围

由上可知,本次模拟的3种场景(即泄漏切断时间60s、300s和1200s),甲醇泄漏形成的喷射火,其热辐射影响范围始终保持不变,这表明该范围不受泄漏时间影响,而是与管道运行压力、泄漏孔径紧密相关。模拟数据显示,甲醇泄漏引发的喷射火热辐射强度最高可达37.5kW/m²,足以严重破坏设备、危及人员生命安全。

为深入探究管道运行压力对甲醇泄漏喷射火热辐射的影响,选取40bar、50bar、60bar、75bar、90bar、100bar、120bar等不同运行压力工况,对喷射火热辐射敏感性展开分析,具体结果详见图10。

由图10可见,在同一条件下,随着甲醇管道运行压力的增加,喷射火热辐射距离稳步扩大。这是因为泄漏压力越大泄漏速率越大,相应的蒸气云团的扩散距离越远,宽度和高度越大,甲醇的浓度也越高,蒸气云团被点燃产生的燃烧热辐射能量也越大。

分别对管道泄漏孔径20mm、50mm、100mm、150mm、300mm、400mm的喷射火热辐射进行敏感性分析,如图11所示。

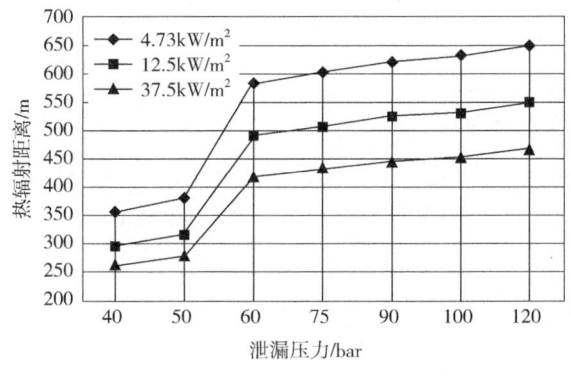

图10 运行压力对喷射火热辐射距离的影响　　图11 泄漏孔径对喷射火热辐射距离的影响

由图11可见,在同一条件下,随着甲醇管道泄漏孔径的增加,喷射火热辐射距离也稳步扩大。这是因为泄漏孔径越大泄漏速率也越大,相应的燃烧热辐射能量也越大。

3. 甲醇泄漏后形成池火的热辐射影响[19]

运行压力50bar的甲醇管道泄漏后,甲醇不会立即全部气化(甲醇沸点64.7℃),而是部分在地面形成液池,点燃后形成池火。通过模拟计算,池火的热辐射影响范围见表5和图12至图14。

表5 池火热辐射影响范围   单位：m

泄漏时间	不同热辐射基准的影响范围			
	4.73kW/m²	12.5kW/m²	25kW/m²	37.5kW/m²
60s	121.3	102.8	87.3	85.7
300s	218.9	173.1	141.2	129.6
1200s	289.4	224.6	182.3	163.4

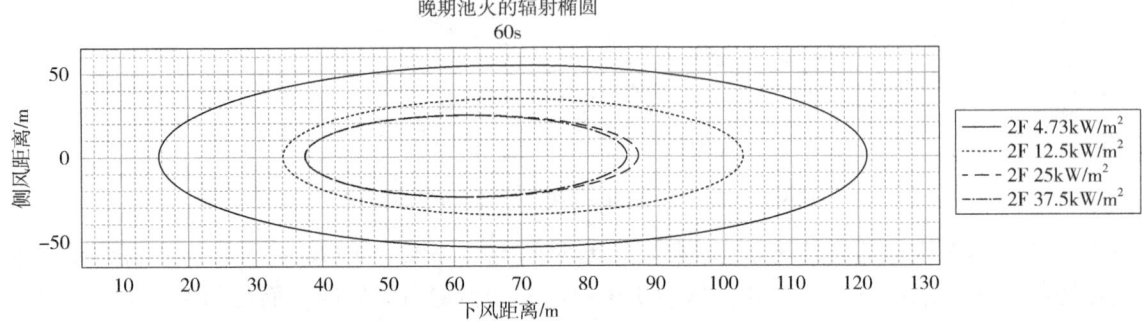

图12 切断时间60s池火热辐射影响范围

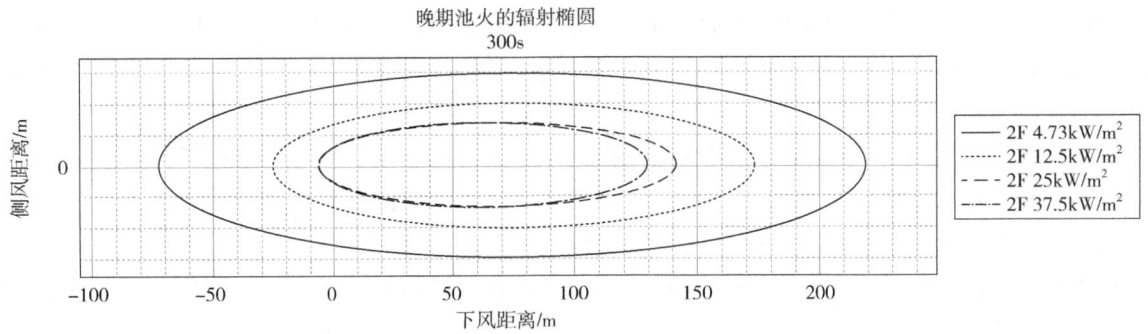

图13 切断时间300s池火热辐射影响范围

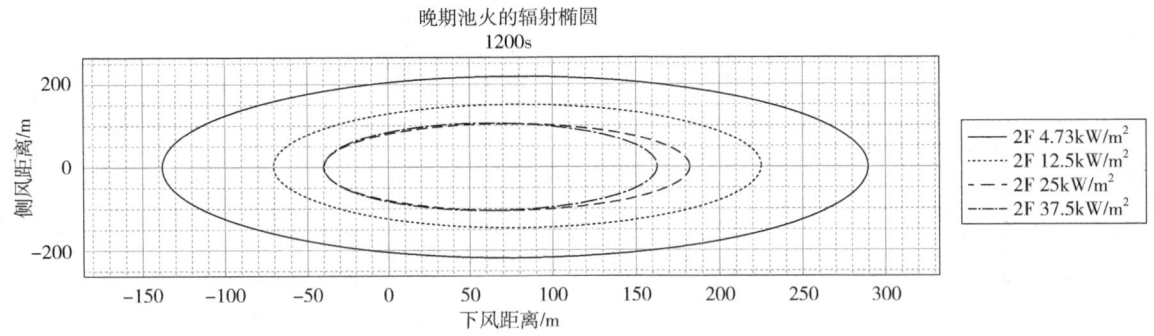

图14 切断时间1200s池火热辐射影响范围

从模拟结果可以看出，甲醇泄漏后形成的池火热辐射强度可达37.5kW/m²，足以造成设备损毁和人员伤亡。影响池火热辐射距离的主要因素是泄漏量和泄漏面积，因此提升切断阀门质量、增加切断阀门数量从而缩短泄漏时间、减少泄漏量，设置围堰、防火堤限制流动范围从而减小流淌面积等，都可以有效减小池火热辐射影响范围。

池火热辐射影响范围而与甲醇管道的运行压力、泄漏孔径密切相关。分别对甲醇管道运行压力40bar、50bar、60bar、75bar、90bar、100bar、120bar的池火进行热辐射敏感性分析，见表6。

表6 不同管道运行压力下的液池直径　　　　　　　　　　　　　　　　　　　　　　　　　　单位：m

液池直径	不同甲醇管道运行压力						
	40bar	50bar	60bar	75bar	90bar	100bar	120bar
	180.1	179.5	—	—	—	—	—

由表6可知，在40~50bar泄漏压力下，形成了一定范围的液池，随着运行压力升高，泄漏甲醇的雾化效果大大增加，泄漏介质都转化为蒸气云团，没有液池形成。

分别对管道泄漏孔径20mm、50mm、100mm、150mm、300mm、400mm进行池火热辐射敏感性分析，见表7。

表7 不同泄漏孔径下的池火热辐射影响　　　　　　　　　　　　　　　　　　　　　　　　单位：m

泄漏孔径	液池直径/m	不同热辐射基准的影响范围		
		4.73kW/m²	12.5kW/m²	37.5kW/m²
20mm	109.7	171.0	132.3	95.7
50mm	168.0	254.8	199.2	146.6
100mm	176.8	286.6	228.6	173.7
150mm	179.5	305.7	247.0	191.4
300mm	182.4	342.7	283.2	226.8
400mm	183.3	359.0	299.2	242.7

由表7可见，在同一条件下，随着甲醇管道泄漏孔径的增加，形成液池的直径逐渐增大，液池点燃池火热辐射距离也稳步扩大。这是因为泄漏孔径越大泄漏速率也越大，相应的液池质量越大，燃烧热辐射能量也越大。

4. 甲醇泄漏后形成闪火的影响

甲醇泄漏后若未被立即点燃，与空气混合后在开阔空间延迟点燃行形成闪火。闪火不产生热辐射或超压冲击伤害，但如果人员被闪火火焰吞没，也会100%致死。假定50%爆炸下限（30000ppm）为闪火指标，暴露于闪火的人员的死亡概率为100%。

通过模拟计算，甲醇泄漏后闪火影响范围如图15至图17所示。

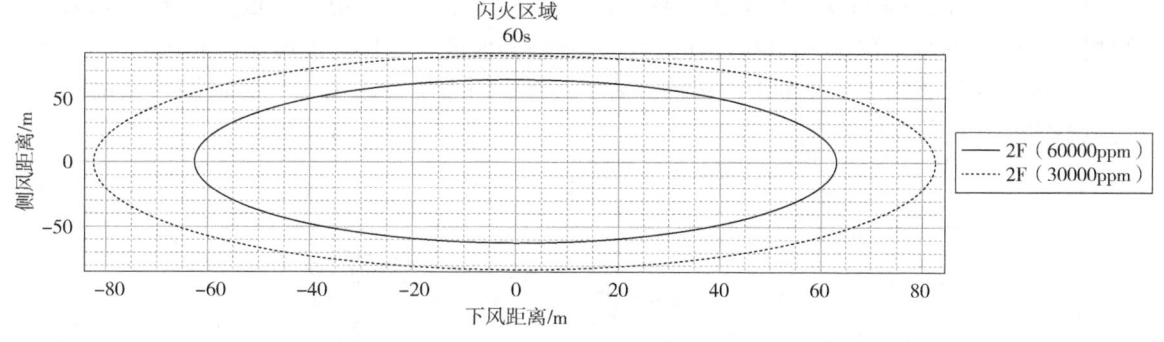

图15 切断时间60s闪火热辐射影响范围

从模拟结果可以看出，甲醇泄漏后发生切断时间60s、300s、1200s的泄漏时，分别可以造成下风向约82.6m、84.0m和83.7m范围内的人员死亡，闪火影响区域不大且范围基本一致。

分别对甲醇管道运行压力40bar、50bar、60bar、75bar、90bar、100bar、120bar进行闪火影响距离敏感性分析，如图18所示。

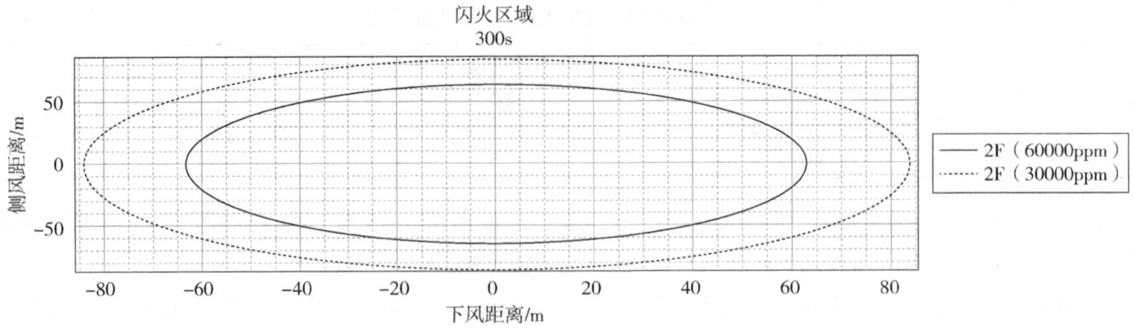

闪火区域
300s

图16　切断时间300s闪火热辐射影响范围

闪火区域
1200s

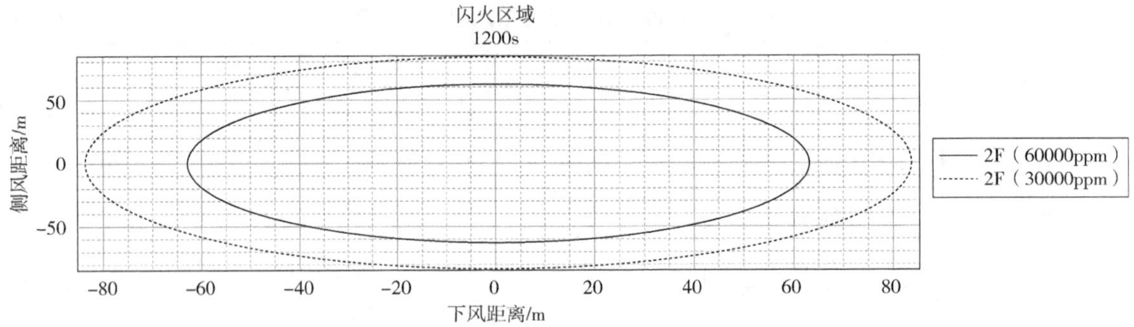

图17　切断时间1200s闪火热辐射影响范围

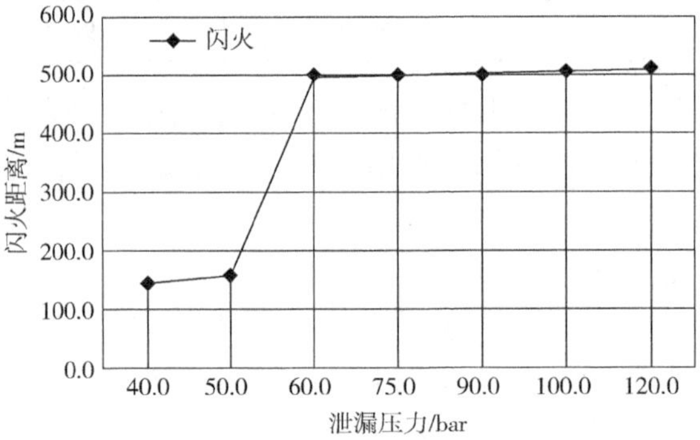

图18　运行压力对闪火影响距离的影响

由图18可知，同一条件下，泄漏压力越大，甲醇闪火最大影响距离越远。在40~60bar，闪火最大影响距离增长迅速；在60~120bar，闪火最大影响距离增长缓慢。泄漏压力40~60bar闪火影响距离的突变因为此时形成了一定范围的液池；60~120bar闪火影响距离变化缓慢因为在此之间火焰长度变化不大，详见图19。

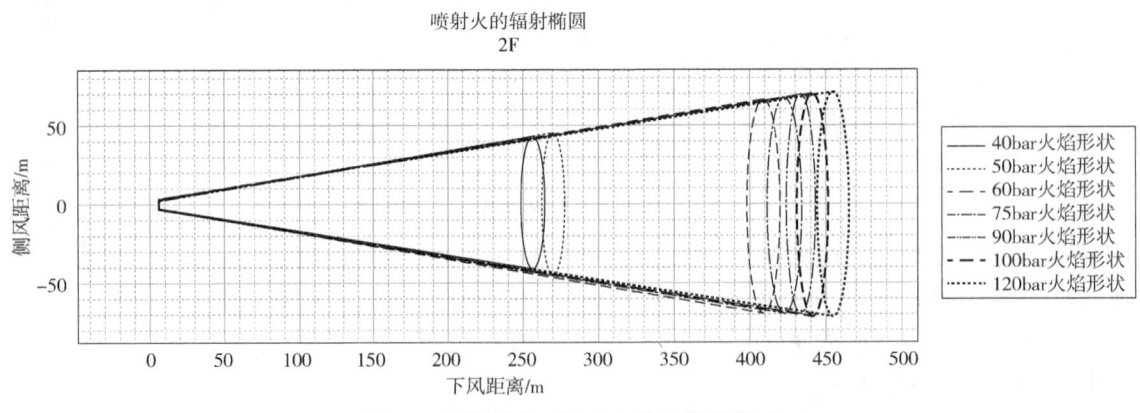

图19　运行压力对闪火火焰长度的影响

分别对管道泄漏孔径 20mm、50mm、100mm、150mm、300mm、400mm 进行闪火影响距离敏感性分析，见图20。

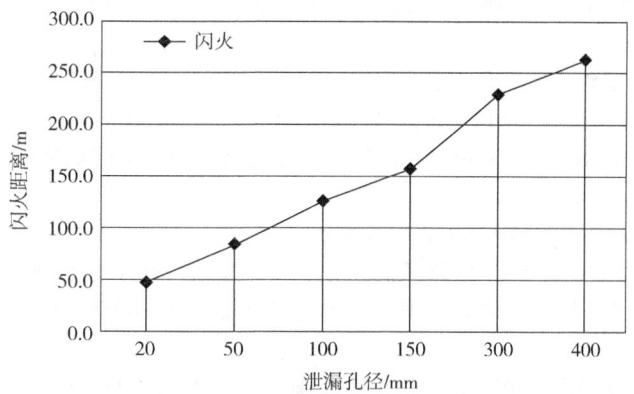

图20 泄漏孔径对闪火影响距离的影响

由图20可知，在同一条件下，泄漏孔径越大，甲醇闪火最大影响距离越大。这是由于泄漏孔径越大，泄漏速率越大，闪火火焰长度越大（图21），闪火影响的致死区域越大。

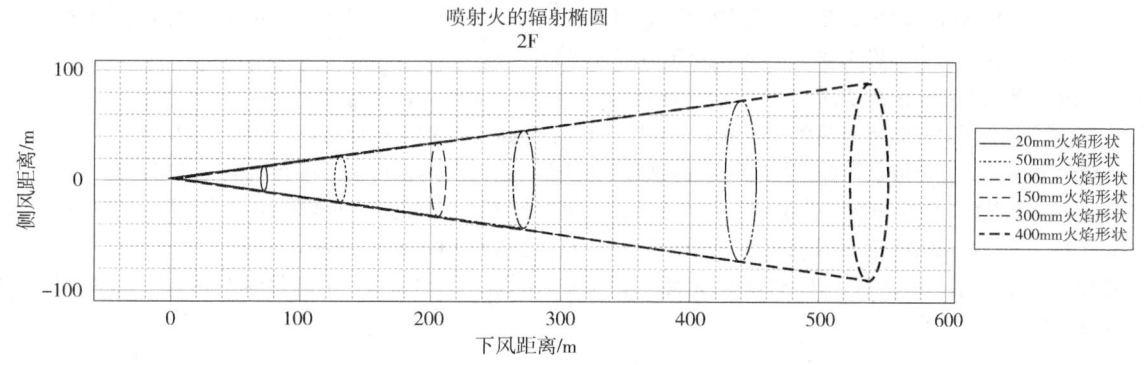

图21 泄漏孔径对闪火火焰长度的影响

四、结论

（1）本文利用专业软件 DNV PHAST 模拟得到不同切断时间下甲醇管道泄漏后的毒性、喷射火、池火和闪火的事故范围和影响区域。

（2）甲醇管道泄漏后，切断时间60s、300s、1200s 时，毒性可以分别造成下风向约240m、380m、440m 范围内的人员死亡，泄漏后有液池生成时管道运行压力对毒性影响距离影响显著，无液池生成时影响不大。

（3）甲醇管道泄漏后，喷射火的热辐射影响范围与切断时间长短无关，与甲醇管道的运行压力、泄漏孔径密切相关，且管道运行压力变化对其影响小，泄漏孔径变化影响显著。

（4）甲醇管道泄漏后，池火的热辐射影响距离随切断时间延长而扩大，但液池的形成与否与甲醇管道运行压力息息相关；相同条件下，液池的直径及池火热辐射的影响范围都随泄漏孔径的增加显著提高。

（5）甲醇管道泄漏后，闪火的影响距离随切断时间延长基本不变；泄漏后有液池生产时管道运行压力影响显著，无液池生成时闪火火焰长度和闪火影响距离随管道运行压力的升高略有扩大；相同条件下，闪火火焰长度和闪火影响距离随泄漏孔径的增大显著扩大。

参 考 文 献

[1] 王涛. MTBE 装置潜在危险性分析及物料泄漏扩散后果模拟研究[J]. 中国安全生产科学技术, 2011, 7(11): 103-110.

[2] 陈亚雄. 基于 ALOHA 的甲醇槽罐车泄漏处置措施研究[J]. 广州化工, 2021, 49(13): 234-236.

[3] 张苗. 甲醇储罐泄漏事故后果模拟与风险评估[J]. 广东化工, 2014, 41(16): 259-260.

[4] 葛安然, 何中其. 采用 ALOHA 软件对甲醇储罐泄漏扩散范围影响因素的敏感性分析[J]. 安全与环境工程, 2017, 24(6): 155-161.

[5] 刘飞燕. 基于 PHAST 软件的甲醇储罐泄漏影响范围分析[J]. 化工管理, 2020, 24(6): 87-89.

[6] 李保良, 赵东风. 基于 PHAST 的甲醇储罐定量风险分析[J]. 安防科技, 2011: 6-9.

[7] 潘太星. 基于 PHAST RISK 软件模拟 LNG 管道泄漏场景判定外部安全防护距离的探究[J]. 现代职业安全. 2023(11): 45-47.

[8] 宋毅. 甲醇储罐区火灾后果危险性评价[J]. 广州化工, 2015, 43(5): 233-235.

[9] 靳建彬, 张蓓. 甲醇储罐小孔泄漏环境风险范围的确定[J]. 大氮肥, 2018, 41(1): 57-60.

[10] 靳建彬. 甲醇储罐小孔泄漏火灾事故受影响距离分析[J]. 氮肥技术, 2018, 39(2): 50-53.

[11] 王雅茹. 甲醇储罐小孔泄漏事故情景分析[J]. 中小企业管理与科技, 2019: 167-168.

[12] 郑丽娜, 王虹, 刘恒明. 甲醇储罐泄漏环境风险事故后果计算及预测[J]. 广州化工, 2011, 38(5): 292-293.

[13] 张宪法. 甲醇储罐泄漏扩散及事故状态的数值模拟[J]. 石油化工安全环保技术, 2011, 27(4): 14-19.

[14] 王序涵. 甲醇泄漏的临界判据[J]. 当代化工研究, 2020: 148-150.

[15] 邓祥国. 煤化工企业甲醇泄漏扩散事故分析[J]. 广州化工, 2016, 24(3): 200-203.

[16] 李涛. 某化工厂甲醇储罐泄漏事故职业危害风险分析与控制[J]. 化工设计通讯, 2017, 43(2): 8.

[17] 何晓萌, 杨扬. 试论液氨泄漏产生的原因与预防手段[J]. 中国石油和化工标准与质量, 2014, 34(11): 36.

[18] 徐吉福, 张鹏娟. 浅析甲醇工艺生产存在的危险、危害因素[J]. 中小企业管理与科技(上旬刊), 2011(10): 310.

[19] 张倩玉. 基于 PHAST 软件的液氨储罐泄漏模拟[J]. 化工管理, 2019(22): 60-61.

[20] 朱伯龄, 李孝春. PHAST 软件对液化天然气泄漏扩散的研究[J]. 计算机化学与应用, 2009, 26(11): 1418-1422.

海上固定平台与海底管道防腐技术差异对比分析

王秉权　杨传川

(中国石油天然气管道工程有限公司海洋工程事业部)

摘　要：本文从涂层防腐选型、防腐施工工艺、牺牲阳极用量计算等多个角度，对海上固定平台与海底管道防腐的差异进行对比分析，为相关领域技术人员提供建议和指导。

一、引言

海洋环境具有高盐、高湿特点。海洋结构物腐蚀环境恶劣，防腐至关重要，直接影响结构物的使用安全及服役年限。虽同为海洋结构物，海上固定平台与海底管道在海洋中的分布位置、使用用途及维保更换难易等方面各不相同。[1]随着经济发展和工程技术进步，将海上固定平台和海底管道作为一个整体，进行发包的EPC工程成为国内外工程建造主流。这给相关设计人员带来挑战，防腐工程师需同时掌握海上固定平台和海底管道防腐知识。

本文着重对比海上固定平台和海底管道防腐技术差异，促进海上固定和海底管道防腐工程领域技术融合。

二、涂层防腐选型

1. 海上固定平台涂层防腐

ISO 12944防护涂料体系对钢结构的腐蚀防护，对海洋设施的涂层系统选择做了相关规定。GB/T 31415—2015《色漆和清漆　海上建筑及相关结构用防护涂料体系性能要求》，等同采用ISO 20340，规定了海上平台及相关结构防护涂料体系的性能要求，为国内海上平台涂层的设计、施工和验收提供了依据。

海上固定平台常见的防腐材料有环氧防腐漆，环氧玻璃鳞片涂漆等。以某固定式平台为例，其涂层防腐配套见表1。

表1　某典型海上固定平台涂层防腐选型

位置	底漆		中间漆		面漆	
	油漆名称	干膜厚度/μm	油漆名称	干膜厚度/μm	油漆名称	干膜厚度/μm
海底泥下区及水下全浸区	环氧重防腐涂层	200+200	—	—	改性环氧耐磨漆	200
干湿交替区	环氧重防腐涂层	350+350+300	—	—	脂肪族聚氨酯面漆	50
大气区	环氧富锌底漆	80	改性环氧重防腐涂料	200+200	脂肪族聚氨酯面漆	60

2. 海底管道涂层防腐

(1) ISO 21809-1：国际标准化组织发布的关于石油和天然气工业用防腐涂层的标准。规定了防腐3PE涂层的原材料、施工要求、质量控制等方面的内容。

(2) DIN 30670：德国标准化协会发布的关于防腐 3PE 涂层的标准，主要适用于输送液体和气体的管道。

(3) QSY GD 0195—2009：由中国石油管道公司标准化技术委员会提出并归口。规定了钢质管道工程三层结构聚乙烯防腐层材料、涂敷及试验方法要求，适用于运行温度不超过 70℃ 的管道工程挤压聚乙烯三层结构防腐层的涂敷及检验。

以某 1016mm 管径海底管道为例，其选用三层结构聚乙烯防腐，涂层配套见表 2。

表 2　典型海底管道涂层防腐选型

位置	底层		中间漆		面层		说明
	材料名称	干膜厚度/μm	材料名称	干膜厚度/μm	材料名称	干膜厚度/μm	
海底泥下区及水下全浸区	熔结环氧粉末	150	胶粘剂	170	聚乙烯	—	涂层总厚度≥4.2mm

3. 涂层防腐选型对比分析

海上固定平台一般选用海洋重防腐漆，而海底管道一般选用三层结构聚乙烯防腐[2]，这主要是因为两者结构不同及使用环境不同。以上述某固定式平台及某 1016mm 管径海底管道为例，总结差异见表 3。

表 3　典型固定平台和典型海底管道结构及使用环境差异

差异项	某固定式平台	某海底管道
结构物分布	导管架部分主要分布于海底泥下区、水下全浸区和飞溅区；上部组块部分主要分布于飞溅区和潮差区	分布于海底泥下区和水下全浸区
工作温度	常温	因输送流体的不同，温度范围大
维保难度	相对容易	困难
设计寿命	不低于 25 年	不低于 40 年

三、涂层防腐施工工艺

1. 海上固定平台涂层防腐施工工艺

海洋固定平台结构复杂，施工工艺也相对复杂[3]。以上述某固定式平台为例，其涂层防腐施工工艺流程如图 1 所示。

2. 海底管道涂层防腐施工工艺

海底管道结构简单，防腐涂层单一，工艺流程相对可控。

以上述某海底管道为例，其工厂预制流程如图 2 所示。

3. 防腐施工工艺对比分析

海上固定平台防腐施工工艺相对海底管道较为复杂。

导致施工工艺差别的原因有：(1) 海上固定平台分段结构复杂，内部各种板材、角钢、T 型材、穿孔等，特别近些年，预舾装率要求越来越高，很多精密设备、如电器柜等在涂装前已安装就位，这进一步增加了涂装难度；而海底管道仅为一根形状规则的管线，结构简单，工序可控。(2) 海上固定平台选用的油漆，分为底漆，中间漆和面漆，各涂层之间有较为严格的间隔时间，油漆本身也对空气湿度、温度等有明确要求。国内恒温车间数量少，存在大量露天涂装，增加了涂装作业管理难度；而海底管道涂装工序较少，占用空间可控，实现车间内机械化作业，对自然环境的依赖度低。(3) 海上固定平台随着结构物所处环境的不同，油漆配套不同，给涂装施工带管理来挑战；海底管道涂层单一，管理相对容易[4]。

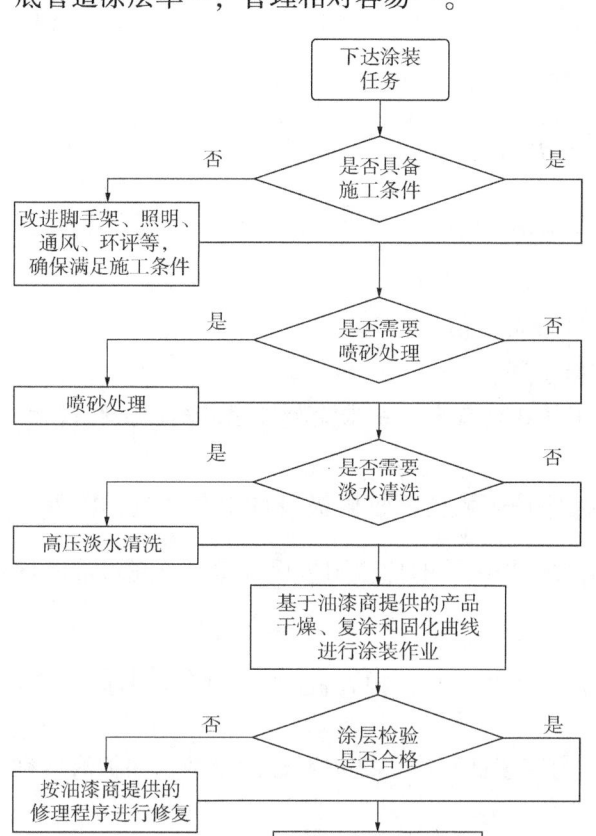

图1　固定平台结构涂层防腐施工工艺流程

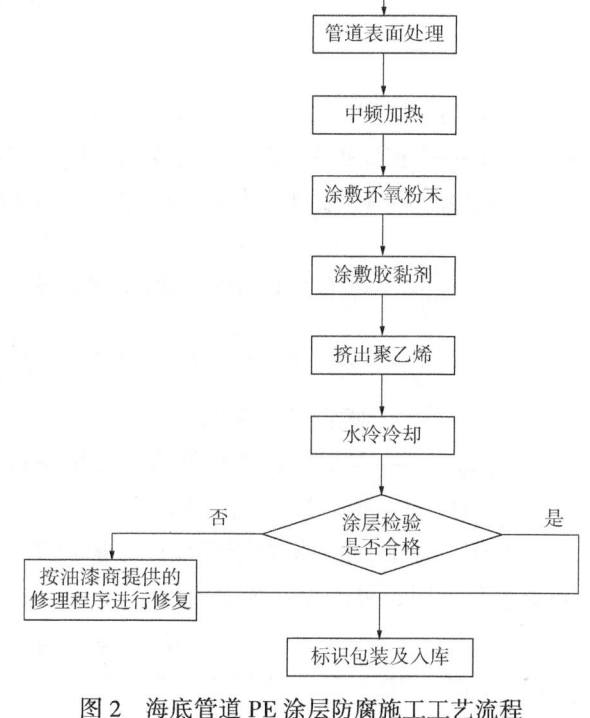

图2　海底管道PE涂层防腐施工工艺流程

四、牺牲阳极用量计算

海上固定平台通常在平台的水下结构部分安装大量的牺牲阳极，如锌合金阳极、铝合金阳极等。阳极的分布需要根据平台的结构特点和海水腐蚀环境进行合理设计，一般在桩腿、导管架等部位会密集布置，以确保充分的保护。其用量计算涉及的国际标准主要为DNVGL-RP-B401，此外，中国船级社（CCS）等也有相关的标准和指南。

对于海底管道，牺牲阳极通常安装在管道的外壁上，间隔一定距离进行布置。阳极的大小和数量要根据管道的直径、长度、材质以及海水的腐蚀性等因素来确定，以保证在管道的设计寿命内提供有效的保护。涉及的国际标准主要为DNVGL-RP-F103，国内标准SY/T 6878—2012《海底管道牺牲阳极阴极保护》。对阴极保护的详细设计及牺牲阳极的制造和安装提出了相关要求。

1. 海上固定平台牺牲阳极用量计算

目前，国际主流基于挪威船级社（DNV）发布的DNVGL-RP-B401推荐实践，进行海上固定平台的牺牲阳极用量设计。其关键输入参数包括：涂层破损系数常数、初始电流密度、平均电流密度、最终电流密度、牺牲阳极物理参数、牺牲阳极电位及电化学容量等。

考虑到本文提及的某海上固定平台所用牺牲阳极为长型齐平式，且其长度大于或等于四倍宽度，且长度大于或等于四倍厚度，海洋固定平台牺牲阳极按照三个阶段不同工况，分别核算不同的用量：

$$N_1 = \frac{A_c f_{c(\text{initial})} i_{c(\text{initial})} \rho}{2 S_{(\text{initial})} (E_{o,a} - E_{co})} \tag{1}$$

$$N_2 = \frac{A_c f_{c(\text{final})} i_{c(\text{final})} \rho}{2 S_{(\text{final})} (E_{o,a} - E_{co})} \tag{2}$$

$$N_3 = \frac{8760 A_c f_{c(\text{mean})} i_{c(\text{mean})} t_f}{u \varepsilon m_a} \tag{3}$$

应分别基于以上三种工况,计算牺牲阳极用量,并取最大值。

式中 A_c——被保护区域表面积,可通过数学公式直接求得;

$f_{c(\text{initial})}$——被保护区域初始涂层破损系数,对于某些具有大面积未涂覆表面的被保护结构物,$f_{c(\text{initial})} = a$;

$f_{c(\text{mean})}$——被保护区域平均涂层破损系数,当被保护区域的牺牲阳极设计寿命超过油漆保护设计寿命时,$f_{c(\text{mean})} = 1 - \frac{(1-a)^2}{2 \times b \times t_f}$;当被保护区域的牺牲阳极设计寿命不超过油漆保护设计寿命时,$f_{c(\text{mean})} = a + 0.5 b t_f$;

$f_{c(\text{final})}$——被保护区域最终涂层破损系数,$f_{c(\text{final})} = a + b t_f$;且,当 $f_{c(\text{final})}$ 按前述公式计算值 $\geqslant 1$ 时,取 $f_{c(\text{final})} = 1$。

上述公式中,t_f 为牺牲阳极设计保护寿命;a 和 b 为用于计算涂层破损系数的常数,根据涂层种类及水深不同,可按表4选取。

表4 海洋结构物涂层破损系数计算常数

水深/m	常数		
	Ⅰ(单层环氧油漆涂层,标称干膜厚度最小 20μm)	Ⅱ(一层或多层船用油漆涂层,总标称干膜厚度最小 250μm)	Ⅲ(两层或多层船用油漆涂层,总标称干膜厚度最小 350μm)
	$a = 0.1$	$a = 0.05$	$a = 0.02$
0~30	$b = 0.10$	$b = 0.025$	$b = 0.012$
>30	$b = 0.05$	$b = 0.015$	$b = 0.008$

$i_{c(\text{initial})}$——被保护区域初始电流密度,$i_{c(\text{final})}$ 为被保护区域最终电流密度,该数值可由表5选取。

表5 海洋结构物被保护区域初始/最终电流密度

水深/m	电流密度							
	>20℃		12~20℃		7~11℃		<7℃	
	初始	最终	初始	最终	初始	最终	初始	最终
0~30	0.150	0.100	0.170	0.110	0.200	0.130	0.250	0.170
30~100	0.120	0.080	0.140	0.090	0.170	0.110	0.200	0.130
100~300	0.140	0.090	0.160	0.110	0.190	0.140	0.220	0.170
>300	0.180	0.130	0.200	0.150	0.220	0.170	0.220	0.170

$i_{c(\text{mean})}$——被保护区域平均电流密度,该数值可由表6选取。

表6 海洋结构物被保护区域平均电流密度

水深/m	平均电流密度			
	>20℃	12~20℃	7~11℃	<7℃
0~30	0.0025	0.0015	0.0010	0.0008
30~100	0.0020	0.0010	0.0008	0.0006
>100	0.0010	0.0008	0.0006	0.0006

ρ——环境电阻,一般由业主,或查询相关海域资料获得;

$S_{(initial)}$——牺牲阳极初始长度和初始宽度的算术平均值,可由数学公式求得;

$S_{(final)}$——牺牲阳极最终长度和最终宽度的算术平均值,可由数学公式求得;

$L_{(initial)}$——牺牲阳极初始长度,由牺牲阳极厂家提供;

$L_{(final)}$——牺牲阳极最终长度,DNVGL-RP-B401推荐假定长度减少10%;

m_a——单块牺牲阳极初始质量,由牺牲阳极厂家提供;

u——阳极利用系数,取0.85;

ε——牺牲阳极的电化学容量;

$E_{o,a}$——牺牲阳极的设计闭路电位,该数值可由表7选取;

表7 海洋结构物用牺牲阳极电化学容量及设计闭路电位

阳极形式	使用环境	电化学容量/(Ah/kg)	闭路电位/V[①]
铝基	海水	2000	-1.05
	海底沉积物	1500	-0.95
锌基	海水	780	-1.00
	海底沉积物	700	-0.95

[①] 采用银—氯化银电极。

E_{co}——碳钢保护电位,常取-0.85V;

t_f——牺牲阳极设计保护寿命。

2. 海底管道牺牲阳极用量计算

GB/T 35988:石油天然气工业海底管道阴极保护。该标准规定了石油石化天然气工业海底管道的阴极保护系统相关技术要求及推荐做法。

国际主流基于挪威船级社(DNV)发布的DNVGL-RP-F103推荐实践,进行海底管道牺牲阳极用量计算。其关键输入参数包括:涂层破损系数常数、平均电流密度、设计因子、牺牲阳极物理参数、牺牲阳极电位及电化学容量等。

考虑到本文提及的某海底管道所用牺牲阳极为镯式,参照DNVGL-RP-F103,牺牲阳极用量计算方法如下:

$$N_1 = \frac{0.315 A_c f_{c(final)} i_{c(mean)} k\rho}{\sqrt{A}(E_{o,a}-E_{co})} \tag{4}$$

$$N_2 = \frac{8760 A_c f_{c(mean)} i_{c(mean)} k t_f}{u\varepsilon m_a} \tag{5}$$

$$f_{c(mean)} = a + 0.5 b t_f$$

$$f_{c(final)} = a + b t_f$$

应分别基于以上两种工况,计算牺牲阳极用量,并取较大值。

式中 A_c——被保护区域表面积，可通过数学公式直接求得；
$f_{c(mean)}$——被保护区域平均涂层破损系数；
$f_{c(final)}$——被保护区域最终涂层破损系数；
t_f——牺牲阳极设计保护寿命；
a、b——用于计算涂层破损系数的常数，根据涂层种类及输送温度不同，可按表8选取：

表8 海底管道涂层破损系数计算常数

管道涂层形式	是否混凝土配重	最大输送温度/℃	a	b
玻璃纤维增强沥青瓷漆	是	70	0.01	0.0003
熔结环氧粉末（FBE）	是	90	0.030	0.0003
	否		0.030	0.0010
3层熔结环氧粉末（FBE）/聚乙烯（PE）	是	80	0.001	0.00003
	否		0.001	0.00003
3层熔结环氧粉末（FBE）/聚丙烯（PP）	是	110	0.001	0.00003
	否		0.001	0.00003
熔结环氧粉末（FBE）/聚丙烯（PP）保温涂层	否	140	0.0003	0.00001
熔结环氧粉末（FBE）/聚氨酯（PU）保温	否	70	0.01	0.003
氯丁橡胶	否	90	0.010	0.001

$i_{c(mean)}$——被保护区域平均电流密度，该数值可由表9选取：

表9 海底管道被保护区域平均电流密度

暴露条件	管道内部流体温度/℃				
	≤25	>25~50	>50~80	>80~120	>120
非埋地管道	0.050	0.060	0.075	0.100	0.130
埋地管道	0.020	0.030	0.040	0.060	0.080

k——设计因子，出于保守计算考虑，$k \geq 1$，本值一般由勘察服务商提供建议值，并提交业主审核；
ρ——环境电阻（海水或海床沉积物），一般由勘察服务商提供，或查询相关海域资料获得；
u——阳极利用系数，对于镯式阳极（最小厚度50mm）最大值为0.80，对于安装在其他海底结构上用于保护管道的长条形支腿式阳极，最大值应为0.90；
A——牺牲阳极最终剩余表面积，可由数学公式并结合工程实践及厂家数据求得；
m_a——单块牺牲阳极初始质量，由牺牲阳极厂家提供；
ε——牺牲阳极的电化学容量；
$E_{o,a}$——牺牲阳极的设计闭路电位，该数值可由表10选取：

表10 海底管道用牺牲阳极电化学容量及设计闭路电位

阳极形式	牺牲阳极表面温度/℃	非埋地管道（海水暴露）		埋地管道（泥面以下）	
		电化学容量/V	闭路电位/(A·h/kg)[①]	电化学容量/V	闭路电位/(A·h/kg)[①]
铝锌钢基	≤30	−1.050	2000	−1.000	1500
	60	−1.050	1500	−1.000	680
	80	−1.000	720	−1.000	320
锌基	≤30	−1.030	780	−0.980	750
	>30~50			−0.980	580

①采用银—氯化银电极。

E_{co}——待保护管道的设计保护电位。对于碳锰钢管线，取常值：-0.85V；对于13Cr马氏体不锈钢管线，取常值：-0.60V；对于铁素体-奥氏体（双相）不锈钢管线，取常值：-0.50V；

t_f——牺牲阳极设计保护寿命。

3. 牺牲阳极用量计算对比分析

无论海上固定平台还是海底管道，其牺牲阳极计算原理共分两大类：一类为所需总的牺牲阳极质量除以单个阳极质量；第二类为所需总电流除以单块阳极电流。针对第一类，海上固定平台和海底管道计算公式及选取参数一致。针对第二类，海上固定平台又分成初始所需总电流除以初始单块阳极电流，和最终所需总电流除以最终单块阳极电流；而海底管道仅提供了一种算法，即最终所需总电流除以最终单块阳极电流。

进一步，对比海上固定平台和海底管道牺牲阳极用量计算涉及的参数见表11。

表11 典型海上固定平台和典型海底管道牺牲阳极用量计算涉及参数对比

符号	参数名称	海上固定平台[①]	海底管道[①]	来源
a	用于计算涂层破损系数的常数	Y	Y	DNV推荐值
b	用于计算涂层破损系数的常数	Y	Y	
$i_{c(initial)}$	被保护区域初始电流密度	Y	N	
$i_{c(mean)}$	被保护区域平均电流密度	Y	Y	
$i_{c(final)}$	被保护区域最终电流密度	Y	N	
$L_{(final)}$	牺牲阳极最终长度	Y	N	
$E_{o,a}$	牺牲阳极的设计闭路电位	Y	Y	
E_{co}	碳钢保护电位	Y	Y	
ε	牺牲阳极的电化学容量	Y	Y	
u	牺牲阳极利用系数	Y	Y	
k	设计因子	N	Y	
m_a	单块牺牲阳极初始质量	Y	Y	牺牲阳极厂家提供
A_c	被保护区域表面积	Y	Y	数学公式
$S_{(initial)}$	牺牲阳极初始长度和宽度的算术平均值	Y	N	
$S_{(final)}$	牺牲阳极最终长度和宽度的算术平均值	Y	N	
A	牺牲阳极最终剩余面积	N	Y	
ρ	环境电阻	Y	Y	业主或查询相关海域资料获得
t_f	牺牲阳极设计保护寿命	Y	Y	

①Y代表涉及，N代表不涉及。

五、结论

海上固定平台和海底管道在涂层防腐选型和防腐施工工艺方面的差异，主要是由两者结构及使用环境不同导致。

牺牲阳极用量计算方面，以DNV规范为例，相较于海底管道，海上固定平台牺牲阳极计算涉及初始电流密度和最终电流密度，这主要是因为海底管道普遍采用3PE涂层或熔结环氧粉末涂层，其绝缘电阻高，管道表面的腐蚀微电池难以形成，且海底管道防腐设计寿命长，因此无须区分初始和最终状态；而海洋平台结构复杂、涂层易破损，初始和最终电流密度大，需特别考虑。

另一方面，相较于海上固定平台，海底管道牺牲阳极计算引入设计因子 k，这主要是考虑海底管道防腐一旦失效，更换难度及潜在后果严重，因此建议保守计算，通过 k 值调节保守计算度。

参 考 文 献

[1] 薛伟航. 海洋平台结构腐蚀规律及长效防腐技术分析[J]. 中国石油和化工标准与质量，2022，42(6)：16-18.
[2] 张晓辉. 油气管道防腐施工技术及效果分析[J]. 工程技术研究，2025，10(6)：84-86.
[3] 郭明乐，黄伟彬. 海上固定平台结构防腐浅析[J]. 当代化工研究，2016(2)：63-64.
[4] 董兆佳，朱时征，张璐. 海底天然气管道防腐涂敷应用探讨[J]. 天然气与石油，2017，35(4)：99-104.

海洋结构物波浪载荷短期预报研究

梁 凯 王亚琼

(中国石油天然气管道工程有限公司海洋工程事业部)

摘 要：如何减少结构物在波浪中的运动响应和极小化结构的波浪载荷，是海洋工程结构物设计过程的重要目标。一般通过水池试验或数值模拟的方法预测结构物在波浪中的运动性能和波浪载荷，然而水池试验成本高昂，在项目的前期阶段不具备经济性。本文基于水动力软件SESAM对某一非常规海洋结构物的波浪载荷预报进行了研究分析，为结构物设计提供了参数，该方法可用于类似海洋结构物研发阶段，有效降低物理实验成本。

一、前言

结构物处于随机海浪作用下，波浪载荷具有随机性和复杂动力性，难以精确计算，因此选取合理可行的方法计算波浪载荷对结构物整体设计至关重要。现阶段在结构物设计中应用最成熟和最广泛的波浪载荷计算方法为设计波法。所谓设计波，一般是指依据波浪载荷等效的原则并按照某种波浪理论构造的规则波列。通过对波高、周期、波浪入射角以及波浪相位角的组合搜索使结构物处于最不利状态且达到一定回复期的最大载荷，可以得到相应的设计波参数。

在设计波法应用方面，冯国庆[1]等提出了一种选择疲劳评估设计波的方法，并对一艘滚装船的典型结构进行疲劳评估，给出了各计算点的疲劳寿命；梁双令[2]等人对设计波法的原理进行说明，对比不同规范在载荷控制参数选取上的区别；王维健[3]等采用设计波法对某半潜式生活平台主体结构强度进行了分析校核；肖桃云[4]基于谱分析法对舰船剖面波浪载荷进行长期预报并确定设计波参数。设计波法在海洋工程领域得到了广泛应用，确定设计波的方法有很多种，本文对某一非常规海洋结构物的短期波浪载荷预报进行了研究，可用于确定海洋结构物的设计波，为类似海洋工程结构物的设计提供参考。

二、波浪载荷预报基本理论

波浪载荷的短期预报是指对较短时间内波浪载荷的各种统计值的预报。在短时间内，可以认为船舶的装载、航向、航速和海况条件均不变。选定一种合适的海浪谱后，即可利用传递函数计算船舶在任一指定海区的各响应变量的短期预报。

1. 线性波浪载荷短期预报

短期海浪可视为均值为零的平稳正态随机过程。此时船体对波浪的响应，可看作是线性时不变系统。由随机过程理论可知，在海浪的作用下，其响应亦将是均值为零的平稳正态随机过程。输入与输出关系如式(1)：

$$S_w(\omega, H_{\frac{1}{3}}, T_z, V, \beta+\theta) = H^2(\omega, V, \beta+\theta) S_\zeta(\omega, H_{\frac{1}{3}}, T_z, \theta) \tag{1}$$

式中　ω——波浪圆频率；

V——航速；

θ——组合波与主浪向的夹角；

β——航向角；

$H_{\frac{1}{3}}$——有义波高；

T_z——波浪的特征周期；

$S_\zeta(\omega, H_{\frac{1}{3}}, T_z, \theta)$——海浪谱密度；

$S_w(\omega, H_{\frac{1}{3}}, T_z, V, \beta+\theta)$——波浪载荷的谱密度；

$H(\omega, V, \beta+\theta)$——系统传递函数（又称频率响应函数）的模，常称为幅频特性、响应幅算子或增益因子，其值为单位规则波幅下的载荷响应幅值（可由规则波中的理论计算或水池模型试验得到）。

数学上可以证明，对于一个均值为零的平稳正态随机过程，在窄谱（谱宽系数小于 0.4）假定下，其幅值 X 服从 Rayleigh 分布，对应的概率密度为：

$$f_0(x) = \frac{2x}{E}\exp\left(-\frac{x^2}{E}\right) \tag{2}$$

其中，E 为两倍的波浪载荷方差 m：

$$E = 2m(H_{\frac{1}{3}}, T_z, V, \beta) \tag{3}$$

由谱密度函数的性质及式（1），可知方差为：

$$m(H_{\frac{1}{3}}, T_z, V, \beta) = \int_{-\pi/2}^{\pi/2}\int_0^\infty S_w(\omega, H_{\frac{1}{3}}, T_z, V, \beta+\theta)\mathrm{d}\omega\mathrm{d}\theta \tag{4}$$

根据式（2），可以进一步得到波浪载荷的各种特征值，如有义值。

2. 非线性波浪载荷短期预报

由于非直舷，当结构物在波浪中做大幅运动时，特别是当发生严重的砰击时，波浪载荷将呈明显的非线性现象，中拱和中垂的波浪载荷分量将不再相同。非线性波浪载荷属于非平稳随机过程，谱分析方法已不再适用。此时的载荷预报，只能采用时域分析和数理统计的方法。

在短期情况下，可利用给定的海浪谱，模拟不规则波浪的时域形式。将小于谱峰密度百分之一的低频和高频段抛弃，把海浪谱的有效频段分成若干份（大约 30 份），则相应于该海浪谱的不规则波的波面升高 $\zeta(X_b, t)$，可视为诸规则成分波的叠加：

$$\zeta(X_b, t) = \sum_{i=1}^n \zeta_{ai}\cos(K_i X_b + \omega_{ei}t + \delta_i) \tag{5}$$

式中 ζ_{ai}、K_i、ω_{ei}——成分波的波幅、波数及遭遇频率；

X_b——计算剖面在随船坐标系中的坐标；

δ_i——定义在 [0, 2π] 上均匀分布的随机相位。

依据能量关系，成分波波幅可按式（6）确定：

$$\zeta_{ai} = \sqrt{2\Delta\omega_{ei}S_\zeta(\omega_{ei})} \tag{6}$$

式中 $\Delta\omega_{ei}$——成分波的频率间距；

$S_\zeta(\omega_{ei})$——频率 ω_{ei} 对应的海浪谱密度。

根据式（5）、式（6），可在时域内算得非线性波浪载荷响应。对一个足够长的时间历程取样，可分别按中拱和中垂分量统计整理出相应的直方图，然后采用 Weibull 分布进行拟合，通过矩法点估计获得所需的两个分布参数，并进行非参数假设检验其可接受程度。得到了非线性波浪载荷的 Weibull 分布后，余下的与线性情况的做法一样，可求出载荷的各种特征值。

3. 波浪谱和响应谱

波浪谱密度函数 $S(\omega)$ 是平稳随机过程的频率描述，它表示不规则波浪的能量相对于频率的分布，所以又称为能量谱。不规则波谱表示了不规则波内各单元谐波的能量分布情况。对结构物的运动响应的频域分析是利用 SESAM 程序系统的后处理模块 Postresp 进行的，采用的海浪谱为 JONSWAP 谱。根据研究，JONSWAP 谱与我国南海的波浪谱比较接近。对于线性系统，其响应谱等于波浪谱乘以系统的传递函数 RAO。

三、波浪载荷预报的基本流程

结构物波浪载荷预报的一般流程为：首先求出结构物在规则波中的运动和载荷的传递函数，然后通过结构物海区的波浪谱计算出结构波浪运动和载荷的响应谱，最后采用统计学方法得出结构物的波浪运动和载荷的预报。基于 SESAM 软件的波浪载荷短期预报主要流程为：

（1）建立计算模型。选定装载模式，在 SESAM 软件 Genie 模块或 Patran-pre 模块完成水动力模型（Panel Model）和质量模型（Mass Model）建模。其中，湿表面模型的高度可以从结构底部直到水面之上或到结构物甲板，质量模型包括所有设备的质量及质量分布，浮体质量、浮体内部安装设备质量及质量分布和系泊系统的质量。

（2）完成结构物水动力计算，计算各个规则波的波浪载荷响应函数。在 SESAM 软件波浪载荷分析与响应计算模块 Wadam 计算全船在一系列规则波上的流体动力载荷，包括动压力在湿表面上的分布及其对指定截面的积分，形成载荷传递函数。为了搜索得到最大结构响应，需要进行一系列规则波的分析，规则波的选择一般按照结构物的类型根据相应规范确定。

（3）确定计算剖面。计算剖面用于确定结构物的控制载荷的输出位置，计算剖面一般按照规范选取多个。

（4）控制载荷选取。控制载荷是影响结构物设计的关键载荷因素，不同的结构物形式的控制载荷不一样，要参考相应的结构物设计规范确定该参数的选取。常用的控制载荷有最大中拱弯矩、最大中垂弯矩、最大剪力、最大扭矩弯矩、最大垂向加速度和最大纵向加速度等。

（5）在 SESAM 软件的 Postresp 模块完成短期预报，确定控制载荷的概率水平，进行谱分析，求解控制载荷在该概率水平下的短期分布值。

四、案例分析

1. 水动力模型

本文以某一新型养殖海洋平台为例，采用 SEAM 软件建立了结构物的水动力模型对其进行短期波浪载荷预报，平台总长 73.6m，型宽 32.0m，型深 7.9m，设计吃水 6.4m，拖航吃水 3.25m。图 1 为浮式平台的水动力分析模型，平台主体结构为圆管焊接结构，根据海洋工程结构物分类原则，本平台属于小尺度结构物，水动力计算采用 Morison 理论。该平台水动力模型共由 4243 个 Morison 单元组成，共 3259 个节点，质量模型共由 18240 个梁单元和 6334 个板单元组成，重心坐标为 (0.0166, 0, 2.9605)，质量约 3661276kg。

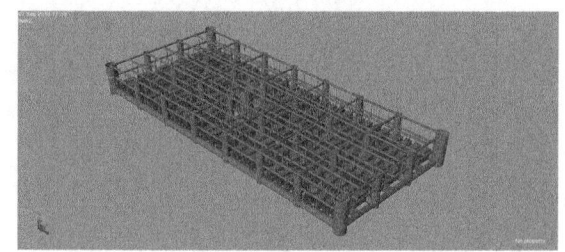

图 1　水动力模型

2. 计算参数设定

计算水深 40m。考虑到平台关于中纵剖面对称，计算中波浪入射角取 0°~180°，浪向间隔取为 15°，共计13个浪向。计算航速取为0。计算所取的波浪频率范围取为：0.2~1.8rad/s，步长0.05rad/s，其中在RAO响应值极值所处频率前后0.15rad/s范围步长取0.025rad/s。

3. 计算工况

由于正常作业工况除海况外其他条件与自存工况相同且海况条件优于自存工况，本次计算采用的工况是自存工况和迁航工况，自存工况基于50年重现期的环境条件：

（1）自存工况系指平台承受最严重设计环境载荷时停止作业或其他操作，从而把抗环境能力提高到最大的状态。

（2）迁航工况系指平台从一个地区迁移到另一个地区时的状态。

4. 计算剖面设定

平台计算剖面选取为：(1)纵向：由平台艉-35m处起沿x轴每间隔5m设置一个yz平面的截面，共计15个剖面。(2)横向：由平台右舷-12m起沿y轴每间隔4m设置一个xz平面的截面，共计7个剖面。

5. 控制载荷

总强度分析组合工况应考虑如下控制载荷的典型计算工况包括最大中拱/中垂弯矩，最大剪力，最大扭矩，最大垂向加速度（以最大垂向力表征），最大纵向加速度（以最大纵向力表征）以及最大横向中拱/中垂弯矩。

6. 计算响应结果

本例中响应结果包括中拱/中垂弯矩RAO、剪力RAO、横向弯矩RAO、扭矩RAO、垂向加速度RAO、纵向加速度RAO，典型结果图如图2至图6。

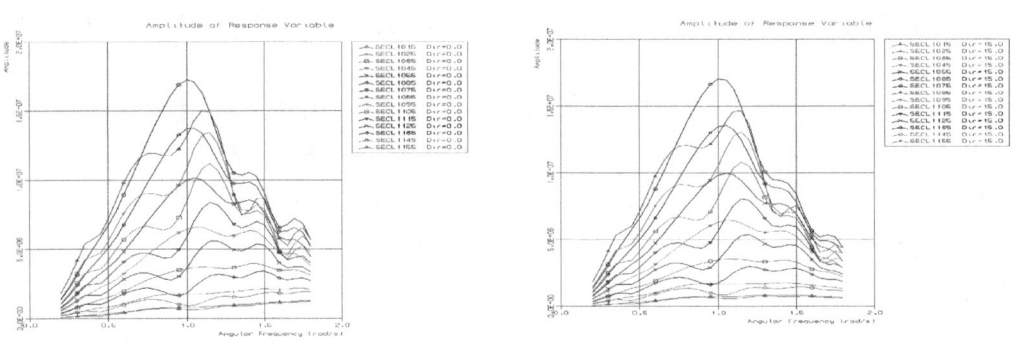

图2　各横剖面中拱/中垂值RAO典型图

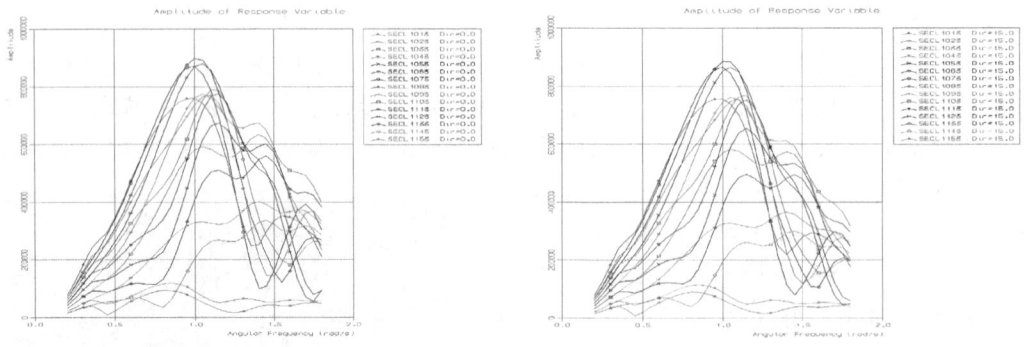

图3　各横剖面剪力RAO典型图

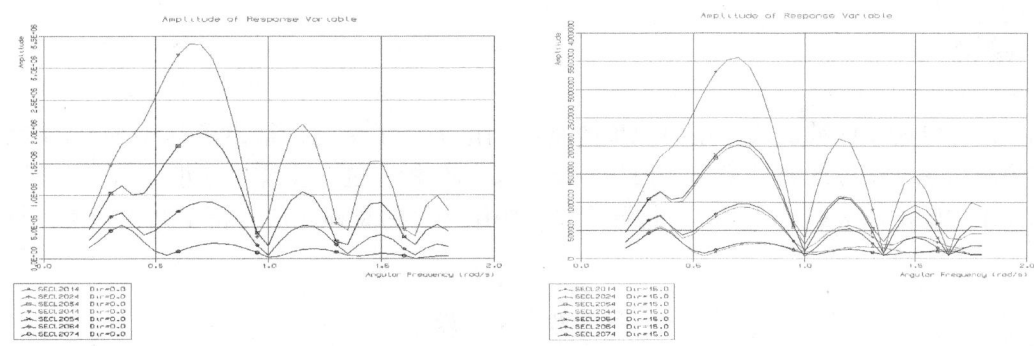

图 4　各横剖面横向弯矩 RAO 典型图

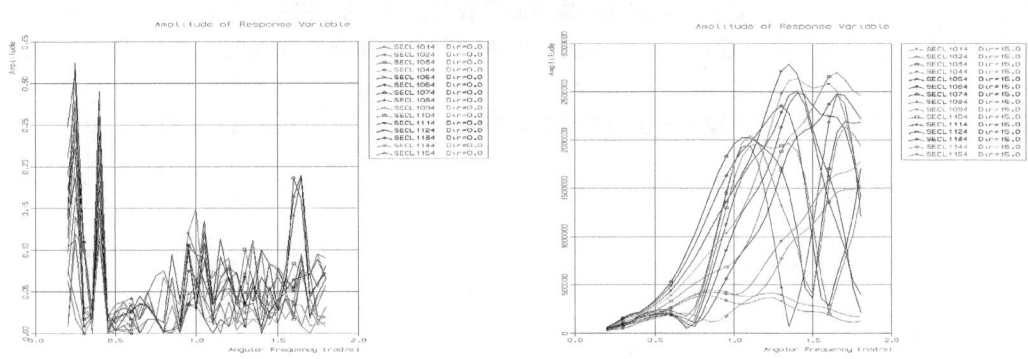

图 5　各横剖面扭矩 RAO 典型图

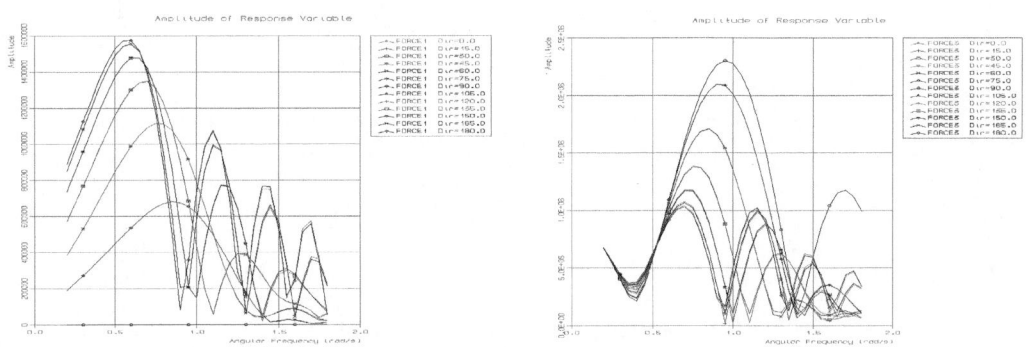

图 6　各浪向纵向加速度、垂向加速度 RAO

7. 波浪载荷预报

根据计算得到的控制载荷的响应结果，在 Postresp 中进行谱分析，求解控制载荷在该概率水平下的短期分布值。计算结果见表 1。

表 1　自存工况响应结果统计表

控制载荷	RAO 极值	RAO 极值对应剖面	RAO 极值对应浪向	RAO 极值对应频率/(rad/s)	短期预报最大响应幅值
最大纵向弯矩	1.48×10^7 N·m	SEC7	45°	1.05	1.26×10^8 N·m
最大剪力	7.78×10^5 N	SEC7	45°	1	6.8×10^6 N
最大横向弯矩	8.34×10^6 N·m	SEC204	75°	1	5.63×10^7 N·m
最大扭矩	1.03×10^7 N·m	SEC7	60°	1.25	6.35×10^7 N·m
最大纵向加速度	1.35×10^6 m/s²	—	45°	0.7	1.22×10^7 m/s²
最大垂向加速度	1.71×10^6 m/s²	—	60°	0.85	1.41×10^7 m/s²

五、结论

本文对海洋结构物的波浪载荷短期预报的基本理论进行了阐述,给出了基于 SESAM 软件的结构物的波浪载荷短期预报的典型流程。最后,结合案例分析,进一步详细说明了计算过程和方法。本文对海洋结构物的波浪载荷计算具有指导意义,为结构物的总体响应分析、结构强度计算提供了思路。

参 考 文 献

[1] 冯国庆,任慧龙.船体结构疲劳评估的设计波法[J].哈尔滨工程大学学报,2005,26(4):430-434.

[2] 梁双令,章红雨,齐江辉,等.基于设计波法的船体波浪载荷计算[J].舰船科学技术,2018,40(4):39-42.

[3] 王维健,梁晓锋,刘维勤.基于设计波法的半潜式生活平台主船体强度分析[J].舰船科学技术,2023,45(23):100-107.

[4] 肖桃云,樊佳,梅国辉,等.基于设计波法的舰船整船有限元强度分析[J].舰船科学技术,2010,32(6):14-19,55.

项目管理与规划

平硐勘探施工安全管理浅析

吕宝辉 李雷

(中国石油天然气管道工程有限公司工程管理中心)

摘 要：施工安全不仅会影响平硐勘探过程的质量及施工的效率，而且对施工人员的人身安全及经济效益形成巨大影响。是否能在平硐勘探过程中有效实施相应的安全治理措施是衡量一个项目管理能力及具有较强竞争实力的关键。平硐勘探以其地下施工的地质不可明确探查性，对施工安全管理提出了挑战。

针对地下工程的特点及存在的风险，本文通过对平硐勘探安全管理过程进行探讨和分析。

一、引言

平硐勘探是指在山区、丘陵地区，利用平硐方式，对地下地质状况进行勘探的一项技术。它广泛应用于地下岩土、矿产、地热、水文等资源的勘查，也是获取山体周围区域地质参数、全面了解地层情况的一种技术手段。

平硐勘探施工以其地下施工的地质不可明确探查性，对施工安全管理提出了挑战。平硐勘探的施工安全关系到工程建设的成败，也是保证工程建设顺利完成的前提。本文以××平硐勘探项目的工程实践为例分析探讨平硐勘探施工安全控制要点。

二、平硐勘探的工作内容及特点

某平硐勘探项目共计布置 3 条平硐（选择地下水封石洞油库非功能区，即施工巷道洞口至水幕巷道开口段，长度约 2821m），断面采用直墙圆拱形，断面尺寸 9m（宽）×8m（高）。项目工作的内容主要包括地表沉降监测、支护结构、通风系统、排水系统、岩土力学、地质条件探测、裂缝监测、温湿度监测、安全警报系统、环境影响评估、钻探取样分析、土壤承载力、气体浓度、岩层稳定性分析、震动监测、支护材料、设备安全性、紧急疏散路径评估等。

本项目的平硐勘探主要特点：

(1) 平硐勘探作业直接进入地下，获取山体内部的地质参数，如岩性、岩体结构、构造发育、岩体卸荷、地下水等。

(2) 相比于传统的矿山巷道围岩变形监测技术，平硐勘探的安全风险较小，不需要在危险的环境中长时间作业。

(3) 平硐勘探对项目的总体成本相对较低，不需要大量的勘探道路建设和维护。

(4) 平硐勘探具有较强的全面性，可以进行全面的地质监测，包括长距离、高精度和大面积的监测能力。

综上所述，平硐勘探是一种高效、安全且成本效益高的地质调查方法，特别适合于高陡地形坝址区的地质勘探工作。平硐勘探可查明地下工程地质条件或特殊的地质问题，如断层、夹层等，并进行现场的原位测试和试验，为工程设计提供翔实的工程地质资料。

三、平硐勘探施工安全控制要点

从项目安全管理角度分析，人的作业安全行为有违规操作或冒险作业；安全意识不足，应急能力差；心理因素（如情绪波动、侥幸心理）导致失误。物的状态安全有设备老化、超负荷运行；防护装置缺失或失效；未定期检修，技术参数不达标。过程监控缺失，执行偏差未被纠正。

结合以上因素，××平硐勘探项目制定以下控制要点：

1. 人为因素控制

关于人为因素，抓安全教育培训是消除安全隐患的关键。并通过案例教学、VR模拟事故场景提升风险感知。人是施工生产活动中最活跃、最不稳定的因素，因此也是在施工中各种安全隐患的根源，是能否抓好施工安全的决定性因素。因此，安全教育是抓好施工安全的工作基础。首先，要摸清情况，人员定位，对症下药。确保现场人员的相对稳定，管理层必须清楚掌握现场施工人员的数量、素质和其他情况。实施"最后一分钟询问"制度，操作前确认安全措施、建立安全积分奖励机制，鼓励员工主动报告隐患。随时根据人员的动态行为调整和流动建立、更新岗位隐患档案，确保安全教育的对象处于受控状态。其次要确保现场工作的各工序工种施工人员及管理人员都能够受到相应的教育。要求对现场所有参与人员建立教育培训卡片及档案，通过引入心理援助（EAP），帮助员工缓解压力、保持稳定状态。通过亲情化宣传（如家庭安全寄语）增强责任意识。

2. 设备及材料的控制

设备是人的生产能力的延伸，是现代工程建设必要的物质保障；也是平硐勘探施工生产中的主要工具，同时也是安全管理的重中之重。定期对设备进行巡检，并记录检查结果，及时发现并处理潜在的安全隐患，掌握现场每一台设备的运转状况，确保设备在良好状态下运行；掌握设备操作人员的持证情况，制定详细的岗位操作规程，确保所有操作人员都了解并遵守；确保设备运转过程中无"三违"情况发生；对设备时时监控，并定期进行维修和保养，避免因设备故障导致的安全事故。定期组织员工进行安全培训，提高他们的安全意识和操作技能。推行设备"四无五不漏"标准（无积尘/油/水/杂物，不漏油/水/风/煤/电）。确保特种设备配备紧急停止按钮和报警装置，以便在紧急情况下能够及时采取措施。建立定期检修台账，强制淘汰超期服役设备。

材料是施工的物质基础，材料的优劣被普遍认为对于质量方面的影响较大。但对于平硐勘探施工，几项常用的材料却对平硐勘探安全关系重大。火工材料是平硐勘探施工中最重要的一项，同时也是要特别加强管理的材料，若火工材料管理不善，不但会酿成惨剧，而且社会影响恶劣，甚至于危害公共安全。因此在平硐勘探施工中对于火工品的管理必须要做到：火工品的每一个环节都必须有专人管理，都要具有可追溯性，确保在使用过程中全程受控。在平硐勘探施工中，各种设备运转所需的油料也是安全工作中的防控重点。油料要做好的主要是运输、贮藏、防火、防雷、防盗方面，要逐项确保到位，才能确保使用过程的安全。平硐勘探中的易燃材料也必须给予足够的安全重视，施工过程使用的易燃材料，如果操作不当，很容易引燃，发生火灾，产生有害气体，对人的身体造成伤害，在使用这类材料时要严格把关。

3. 技术控制

技术控制方面的控制主要包括：围岩判定，超前预报和监控量测。

（1）围岩判定方面的要求，主要是根据平硐勘探现场的围岩级别，控制好软弱围岩段的施工工艺。简要来说工艺方面主要做好超前支护、超前地质预报、超前加固；工法选择到位、支护措施到位、快速封闭到位、衬砌跟进到位；强化监控量测。

（2）超前预报已经列入平硐勘探施工的正常工序。针对不良地质平硐勘探、特殊地质平硐勘探等，如没有超前预报做保证，平硐勘探施工将不可控。超前预报总体来说可分为物探和钻探。目前使用较多的物探的手段有：TSP303，地质雷达、红外探水、电阻法、电磁法测段断层等。钻探的方法一般是长短结合。长钻探一般采用20m以上的钻孔进行超前钻探，短的钻孔一般采用超前炮孔的方式来完成。这些方法能够大体判断检测范围内一定区域的地质围岩状况。特别对于软弱地质、不良地质、特殊地质等，可以帮助我们制定方案，规避风险。

（3）监控量测是针对已经施工完成初期支护，尚未进行二次衬砌施作段的监测围岩稳定情况的方法。监测的形式分周边收敛和拱顶下沉。对于收敛和沉降在正常变化范围的围岩来说，大家会认为监控量测无关紧要，但对于局部围岩有突变、变化速率较快的围岩段，监控量测可以为项目提供准确的围岩信息，能够让我们分析出变形原因，同时对围岩状况进行安全判断，制订确保安全的措施。

（4）技术防护升级：技术防护升级，安装漏电保护、自动停机装置等技术屏障；采用物联网技术实时监测设备运行状态，如振动、温度异常预警。

4. 管理控制

采用SWOT分析、风险矩阵等工具系统识别风险，明确施工环境、设备状态等多维度的不安全因素。

制订包含安全目标、责任分工、技术措施的分级管控计划，如定期消防演练和专项检查。建立安全生产责任制，明确岗位职责（如"三违"行为管理）；实施"三读"机制，对施工方案、应急预案反复论证，确保技术措施无漏洞。通过安全检查"三要素"（看现场、问操作、测设备）实时监测风险；运用沙盘推演模拟施工安全，提前预判并修正潜在问题。

环境与物资管控：规范危险品存储，划分安全作业区域；配备防爆、防静电等专用设备，降低物理环境风险。

四、结语

安全管理工作的成败决定项目和企业的前途和命运，良好的安全环境，可以给企业带来社会信誉和经济效益，使国家和集体财产免遭损失，使职工生命安全得到保障。本文主要从控制平硐勘探施工的安全要点论述，但并不全面。我们要全面抓安全管理必须做到：现场有施工的地方就有人管安全，这才能做到全面的安全管理。希望能给同行的平硐勘探施工安全管理提供参考。

参 考 文 献

[1] 王兆林. 浅议隧道施工安全管理[J]. 建筑安全，1999(1)：30-32.
[2] 张振义. 隧道施工安全管理体会[J]. 江西教材，2012(1)：272-273.
[3] 郭亮. 施工工程安全培训实用教材[M]. 北京：北京图书出版社，2014.

浅谈地下石油储备库建设中的 HSE 风险管理

吕宝辉　曲智超

(中国石油天然气管道工程有限公司工程管理中心)

摘　要：地下石油储备库工程建设在全球范围内呈现出日益增长的态势。然而，这类工程项目往往伴随着高风险性，如地质条件复杂、施工环境恶劣、技术难度高等因素都可能给工程带来不可预测的挑战。因此，风险管理在地下工程建设中显得尤为重要。本文旨在探讨地下工程建设中的风险管理，分析当前风险管理的实践应用以及面临的挑战，以期为未来相关领域的研究和实践提供借鉴和参考。

本文以××地下石油储备库项目为例，将对地下工程建设中的风险管理研究探讨，提出未来类似工程建设管理方向和建议。通过本文的阐述，旨在为相关领域的实践者提供该方面的风险管理知识和方法，促进地下工程建设风险可控和可持续发展。

一、地下工程建设风险管理概述

地下工程建设作为土木工程中一项复杂且风险较高的工程类型，其风险管理的重要性不言而喻。风险管理涵盖了风险识别、风险评估、风险应对和风险监控等多个环节，其目的在于确保工程建设的顺利进行，降低不确定性带来的损失，并保障人员安全。

随着技术的进步和工程实践经验的积累，地下工程建设的风险管理研究取得了显著的进展。在风险应对方面，随着工程实践的不断深入，人们总结出了一系列有效的风险应对措施，如地质预报、超前支护、排水降压等。同时，随着保险业的发展，工程保险作为一种重要的风险转移手段，在地下工程建设中也得到了广泛应用。地下工程建设的风险管理是一项系统工程，需要综合运用多种方法和手段。随着技术的不断进步和实践经验的不断积累，风险管理研究将不断深入，为隧道及地下工程建设的安全顺利进行提供更加坚实的保障。

二、风险管理方法

在地下工程建设中，风险管理方法的应用对于确保工程安全、提高建设效率、降低经济损失具有重要意义。随着科技的进步和工程实践的深入，风险管理方法也在不断更新和完善。地下工程建设中的风险管理方法包括风险识别、风险评估、风险应对和风险监控等方面。这些方法的应用可以有效提高隧道及地下工程的风险管理水平，保障工程的安全性和经济性。随着科技的不断进步和工程实践的不断深入，未来风险管理方法将进一步完善和发展，为地下工程建设提供更加全面和有效的支持。

风险管理的步骤包括风险识别、风险评估、风险应对、风险监控。风险识别作为风险管理的首要步骤，主要目的是系统地识别出可能影响项目的各种风险因素。在地下工程领域，风险识别需要充分考虑地质条件、施工环境、技术难度、工程规模等多方面因素。通过采用专家调查、数据分析、现场勘察等手段，可以全面识别出潜在的风险因素，为后续的风险评估和控制奠定基础。风险识别的过程可以分为四个步骤：收集、筛选、监测和诊断。

风险评估作为风险管理关键环节，可以通过评估各种潜在风险，制订相应的措施来避免这些风险的发生，从而减少可能的风险损失。他是一个持续的过程，通过定期监控与更新，可以跟踪已实施策略的效果，并关注新的外部环境变化，以便及时做出反应。风险评估在现代管理和决策中具有不可替代的作用，它们帮助项目管理中预见和应对不确定性，从而保障组织的稳定和可持续发展。常见的风险评估方法有危害因素辨识和风险评估法、作业条件危险分析法（简称 LEC 法）、风险评估矩阵法（简称 RAM 法）、SWOT 分析法、头脑风暴法、蒙特卡洛模拟、专家调查法等。

风险应对是根据风险评估结果制定相应的风险应对措施的过程。在地下工程领域，风险应对措施通常包括风险规避、风险降低、风险转移和风险接受等策略。例如，对于地质条件复杂、施工难度大的工程，可以采取风险规避策略，通过改变设计方案或施工方法来避免潜在风险；对于无法完全避免的风险，可以采取风险降低策略，通过加强施工监控和采取应急措施来降低风险发生的概率和影响程度。

风险监控是在项目实施过程中对风险进行持续跟踪和监控的过程。在地下工程中，风险监控需要建立完善的风险监控体系，通过定期检查和不定期抽查等方式，及时发现和解决潜在风险问题。还需要根据风险监控结果及时调整风险应对措施，确保项目的顺利进行。

三、地下工程建设中的风险识别管理

在风险识别阶段，需要借鉴历史经验，特别是后评价的经验，同时运用逆向思维方法来审视项目，寻找可能导致项目风险不易控的因素，以充分揭示项目的风险来源。

地下水封洞库施工规模大、施工技术复杂、不可预见风险因素相对较多等特点，主要风险体现为：人力资源风险、培训不足风险、职责不清风险、流程不规范风险、交通风险、塌方（掉块）风险、爆破风险、触电风险、中毒窒息风险、高处坠落等。

人力资源风险：关键岗位水平不足及人才流失可能导致组织运作受阻，影响项目进度和业务发展。例如项目中负责重要岗位的核心人员离开，可能使项目进度停滞，影响组织目标的实现。

培训不足风险：员工技能和素质无法满足组织发展需求，影响工作效率和创新能力。若组织部员工缺乏必要的专业培训，在面对复杂的组织工作时可能会力不从心，降低工作质量。

职责不清风险：各部门或个人对职责的认识存在差异，可能导致在处理事务时存在推卸责任、扯皮问题，影响组织正常的运营。

流程不规范风险：存在不规范的管理流程，可能导致组织内部效率低下、资源浪费，影响项目的运营。

交通风险：人员上下班车辆、运渣车辆、吊装车辆、各类设备机械在 9m 宽的施工通道内通行，且洞内坡度较大，洞口为 12%，洞内平均为 8%，出渣车辆均为重载，交通风险大。

塌方（掉块）风险：在洞口及围岩较破碎地段极易造成大面积塌方（或掉块）。在支护不及时在地质较差处随时出现掉块情况。

爆破风险：采用的爆破药量大，一般单次爆破药量在 100kg 以上，爆破过程中存在盲炮、早爆、飞石、掉块、塌方等风险。

触电风险：由于洞内潮湿，空间受限且洞内采用 380V 工业用电，极易造成触电风险。

中毒窒息风险：洞内属于受限空间，爆破后产生的有毒有害气体，车辆、机械产生的尾气，打钻施工及喷浆时产生的烟尘，容易造成中毒窒息风险。

高处坠落：由于本次平硐勘探洞室达到 8m 以上，在开挖、支护时均采用平台施工，平台施工人员存在高处坠落风险，平台下方存在物体打击风险。

四、地下工程建设中风险评估管理

项目风险分析时，需要建立一个专门负责风险评估和管理的团队，主张全员参与，由项目领导、各部门，施工各工种有经验代表等组成，以确保全面覆盖项目的各个层面。团队成员需要接受相关培训，以便他们能够有效地同标准地执行风险分析的各项任务。培训内容应包括风险分析的基本概念、方法和工具，以及如何在实际工作中应用这些知识。根据风险分析评估的结果，评估风险对项目目标可能造成的影响程度，并确定相应的风险等级。

在工程建设项目中，较多采用作业条件危险分析法（LEC法）或风险评估矩阵法（RAM法）进行风险分析，××地下石油储备库在平硐勘探阶段采用了风险评估矩阵法（RAM法），包含风险发生概率和影响程度的两个维度风险要素进行分析，每个因素分值均为1~5分，分值越高，发生的可能性或对项目造成的损失可能性越大。

根据风险发生的可能性和影响程度评价得分的乘积计算单项风险值，即风险值=风险发生的可能性×风险影响程度，由每位参与者的单项风险评估值加权平均后确定最终单项风险的风险值。风险等级和风险分值的对应关系详见图1。

		风险影响程度				
		1	2	3	4	5
风险发生的可能性	5	低	一般	较大	重大	重大
	4	低	一般	较大	较大	重大
	3	低	一般	一般	较大	较大
	2	低	低	一般	一般	一般
	1	低	低	低	低	低

图1 风险等级和风险分值的对应关系

通过上述方法进行分析，确定项目各类风险等级，风险等级根据风险分析评估分值划分：20≤Ⅳ级≤25为重大风险，12≤Ⅲ级<20分为较大风险；6≤Ⅰ级<12分为一般风险；1≤Ⅰ级<6为低风险。

五、地下工程建设中风险控制措施

根据上述的风险评估确定的风险等级结果，对风险进行分级分类管控，一般风险应制定有效的控制措施，较大风险和重大风险需要制定了专项应急预案、现场处置方案等管理方案。风险等级和风险分值的对应关系详见表1。

表1 风险等级和风险分值的对应关系

风险等级	分值	描述	需要的行动	改进建议
重大	20≤Ⅳ级≤25	严重风险（绝对不能容忍）	必须通过工程和/或管理、技术上的专门措施，限期（不超过六个月内）把风险降低到级别Ⅱ或以下	需要并制定管理方案
较大	12≤Ⅲ级<20	高度风险（难以容忍）	应当通过工程和/或管理、技术上的控制措施，在一个具体的时间段（12个月）内，把风险降低到级别Ⅱ或以下	需要并制定管理方案

续表

风险等级	分值	描述	需要的行动	改进建议
一般	6≤Ⅰ级<12	中度风险（在控制措施落实的条件下可以容忍）	具体依据成本情况采取措施。需要确认程序和控制措施已经落实，强调对它们的维护工作	个案评估。评估现有控制措施是否均有效
低	1≤Ⅰ级<6	可以接受	不需要采取进一步措施降低风险	不需要。可适当考虑提高安全水平的机会（在工艺危害分析范围之外）

××地下石油储备库项目 HSE 风险 12 类 168 项，其中 9 个较大和重大风险制定了专门的管理方案，一般风险对应制定了应对防控措施，风险应对的管理措施归纳为以下三方面。

按照 HSE 措施按技术手段可以分为工程技术措施、管理措施和防护措施。

1. 保证 HSE 的管理措施

1）全面落实全员安全生产责任制

按照"管生产必须管安全"和"谁主管、谁负责"的原则，将安全生产责任分解落实到每个人。纵向到底、横向到边项目安全管理体系。从项目经理—安全负责人—施工班组长—现场作业小组长—工人的纵向管理，项目其他管理人员协同配合的横向管理。这样将安全目标责任层层分解、逐级落实，做到安全生产、人人有责。组织项目部与施工分包商签订《HSE 目标责任状》，就项目安全生产管理的目标、任务、措施、奖惩等条款予以明确，项目经理与项目部全员签订《安全生产责任书》，建立健全项目施工现场管理人员和各施工班组长的安全生产管理职责，并定期考核。把治理安全生产隐患、较重大风险、预防和控制各类事故发生作为考核安全生产责任制是否落实的主要内容。对认真履行安全生产责任制并做出显著成绩的，项目给予表彰奖励；对不认真履行职责，导致安全生产目标不能实现的将严格追究违约责任。

2）加强承（分）包商监督管理

监督各承（分）包商执行作业许可。平硐勘探项目部对作业许可进行升级管理，提高作业许可实施的监控及流畅度。HSE 风险失控且发生 HSE 突发事件时，应当按规定及时报告，启动应急预案，进行现场应急处置，实施应急救援。执行安全目视化、安全网格化管理、变更管理、应急处置卡、现场准入管理等 HSE 风险管理方法，并培训员工掌握、使用。对于承包商存在多次或较大安全问题时，采取约谈、专项会议等形式，促进现场安全问题的解决办法和预防措施落实。

3）加强设备管理

在各承（分）包商设备设施采购、安装、操作、检查、维护及保养等环节中，应监督其落实 HSE 风险防控措施。

4）落实全面隐患排查，综合治理

对 HSE 风险可能引发的事故隐患，监督各承（分）包商按有关规定对事故隐患进行治理，组织制定事故隐患治理方案，落实整改措施、责任、资金、时限和应急预案，对隐患治理效果进行评估，确保 HSE 风险控制在可接受的水平。

5）落实 HSE 各项措施

开工前编制"两书一表"等 HSE 管理文件，突出 HSE 风险防控，并按规定逐级上报批准，通过施工组织设计或专项方案明确 HSE 风险及防控措施。

6）落实安全培训教育，确保能力提升

监督各承（分）包商根据基层岗位培训矩阵对员工进行培训管理措施，使其具备 HSE 风险防控能力和应急处置救援能力。做好工人的入场培训安全教育的同时，将安全教育贯穿于施工的全过程。重点对开展以下安全教育工作：

（1）根据施工现场作业的特点及注意事项进行专项安全教育。

（2）进行各工种的安全教育，分班组对工人进行安全操作规程教育，使其明白该工种怎样做才安全，哪些该做，哪些不该做；针对不同工种和不同部位，提醒安全守则，叮嘱到位，监督必备用品，从而使管理者心中有数，管理有序，行之有效。

（3）时常开展安全学习，让现场外聘技术专家授课，安全管理关注项目重难点问题，让安全管理人员懂技术、明施工，让项目重点、难点作为项目安全管理的切入点。

7) 加强监督检查

EPC 项目部、施工承(分)包商安全人员每周必须进行全覆盖的安全监督检查，现场安全员每日至少一次安全检查。强化"三管三必须"安全管理：要求参建承(分)包商管生产人员进行安全管理，特别是网格员，充分发挥其每天盯现场，强化其管工作必须管安全的作用。

8) 及时召开安全会议

以会议形式，作业班组应召开班前会，开展工作前安全分析，进行安全交底，明确 HSE 风险和控制措施；每周定期组织项目全体人员召开一次安全生产专题会议，通报前一阶段的安全生产工作情况和项目在开展安全检查中发现的问题，并限期落实整改，对本周的工作进行小结，肯定成绩，纠正工作中的偏差；同时组织学习相关法律、法规、标准、规范和上级有关文件精神，并适时开展安全生产知识培训考试。遇到频繁出现同类问题及疑难解决问题组织召开安全专题会，剖析问题原因，解决问题顽疾。要求责任单位，落实责任，严格处罚，安全生产不能"失之以软"。

2. 保证 HSE 的工程技术措施

1) 专项安全技术措施

工程开工前，针对各项施工阶段的特点、施工环境、施工方法、劳动力组织、作业方法、使用的机械设备、变配电设施，以及各种安全防护设施等制定切实可行的安全技术施工组织设计，安全勘探策划方案及施工技术方法；对技术复杂工程要编制专项方案，对识别出的危大工程及超过一定规模危大工程要编制对应的危大工程专项施工方案和超一定规模危大工程专项施工方案。对安全技术施工组织设计的执行情况，建立严格的奖惩制度。

2) 安全技术交底

施工前，由安全管理人员向全体施工人员进行安全生产技术交底，其内容要做到面广，重点突出。各项作业实施前，有针对性地逐级进行安全技术交底。技术交底采取书面形式，配作业指导书(或操作细则)，并履行签字手续，保存资料。安全管理人员负责监督检查，施工操作人员严格按照安全技术交底的规定要求进行作业。

3) 事故预防、报告

在施工作业前，对员工要进行每日 HSE 班前讲话，并不定时进行 HSE 训练。必须按规定为员工提供符合原则的个人防护用品、HSE 装备及 HSE 监督员提出的其他安全装备。在施工前和施工过程中，应组织对施工过程存在的风险和危险进行分析。根据施工危险程度编制施工安全方案和工作安全性分析(JHA)，发生事故要及时上报。

4) 应急技术方法

在项目工程施工前，针对项目工程的实际状况，对项目工程施工范围内的潜在的 HSE 事故或紧急状况，实施应急响应需求的识别和评价。应急响应需求识别时，应综合考虑 HSE 因素(危险源)识别、评价(风险评价)和影响(危害)控制的成果；HSE 管理法律法规和其他规定；以往的 HSE 管理事故、事件或紧急状况等经验；以往的 HSE 管理事故、事件或紧急状况等经验。对施工范围内的潜在的 HSE 事故或紧急状况，制订 HSE 应急管理预案(响应计划)，实施 HSE 异常应急响应管理。

5）高空作业安全措施

由于高空作业存在人员和物件高空坠落的风险，因此需要采取防范措施，如使用护栏、安全网、安全帽、安全带，禁止穿硬底和带钉易滑的鞋，规范搭设脚手架并验收合格，工具顺手放入工具袋，严禁上下投掷工具、材料、杂物等。

6）受限空间安全措施

在作业空间狭小的情况下，容易发生施工人员挤伤或碰伤，因此需要施工人员相互提示、监护，施工过程严格按照各项操作规程。

3. 保证 HSE 的防护措施

1）监控系统场地视频监控

在施工场地设置视频监控系统，实时监视洞内和记录场地及周边环境、施工作业等情况，并通过 AI 视频分析技术识别安全风险、发出告警，实现施工作业过程智能监管。

2）洞内人员定位

采用 UWB（Ultra-Wide-Band，超宽带）技术，通过定位基站以及电子标签实现平硐内人员的定位功能，进而对进入地下施工人员数量、工种、进出时间、作业时长等进行实时监控，保证洞内作业人员工作有序，对施工人员可精准定位。

3）气体监测

施工掌子面每次爆破后，需要对洞内有毒有害气体进行检测，安装有害气体监测采集设备及传感器、通信模块，检测平硐内的空气中氧含量、一氧化碳、二氧化碳、二氧化氮及粉尘等参数，超过限定标准值会实时报警，为作业提供数据支持。

4）安全教育系统

（1）通过监控中心大屏，播放场区内安全视频，实现进场人员安全教育，视频包括入场动画安全教育，入场教育及场区各点的安全注意事项。事故应急处置视频，涉及涌水、塌方、爆炸、火灾发生后的应急处置过程。

（2）利用 VR 设备，展示地下储库的三维模型，渲染事故发生时的三维场景，事故包括涌水、塌方、爆炸、火灾，提升安全教育效果，实现虚拟现实化桌面应急演练。

5）监测系统

（1）扬尘监测。可就地查看工地上监测设备的 PM2.5、PM10 数据，监控中心可查看当前各个实时数据，或以报表、图表的方式检索查看相应的历史记录。当达到预警值时显示异常状态，监控中心通知现场立即停止产尘作业，查找分析原因后，加大降尘措施，达到正常监测水平。

（2）噪声监测。可就地查看监测设备的噪声数据，监控中心可查看当前各个实时数据，或以报表、图表的方式检索查看相应的历史记录。

（3）气象监测。可就地查看监测设备的现场气象数据，包括空气湿度、风速、天气等，监控中心可查看当前各个实时数据，或以报表、图标的方式检索查看相应的历史记录。

6）防护用品

为工人配备可有效减少或消除工作中对个人造成的伤害的个人防护用品。如安全帽、防护眼镜、耳塞、防尘口罩、面罩、空气过滤器、手套、防砸防刺鞋等。

7）门禁系统

（1）车辆道闸：对进出施工现场的车辆进行管理，支持车牌识别，判定能否让车辆正常通过，放行时启动闸门，不予放行时可发出警告提示。可记录车牌号码及车辆进出场时间，抓拍车辆图片，辅助施工现场进行车辆管理。

（2）人员道闸：实现人员进出控制，人员通道闸机通行支持 IC 卡、身份证、人脸识别、定位标签多种认证方式，同时支持以上认证方式的组合认证配置。

六、风险监控

项目进行过程中，风险因素可能会随着环境的变化而变化。因此，定期的风险评估对于及时发现新的风险。在每个项目阶段或者在项目关键时刻进行风险重新评估，可以帮助项目团队及时调整风险管理策略，确保风险管理的实时性和有效性，包括评估风险发生的可能性和影响是否有变化，以及风险应对措施的有效性，持续的风险监控是确保项目风险管理有效性的关键。项目团队应建立风险监控机制，动态监测风险及应对措施，及时对风险数据库进行更新，有助于保持项目团队对项目风险状况的关注，并确保风险管理计划的实施。

七、结语

风险管理在保障工程安全、提高经济效益和推动行业发展中发挥着越来越重要的作用。在当今复杂多变的环境中，强调全过程动态风险管理至关重要。随着地下工程建设的规模和复杂性日益增加，工程建设的风险因素复杂多变，如没有做到全过程覆盖，施工前的HSE管理准备工作和施工后的交接工作存在不足，无法全天候、全方位、全过程地监控工程建设HSE管理各个阶段，应进一步加强风险管理的理论研究和实际应用，结合不同领域自身特点，采取相应的策略，以实现可持续发展。

参 考 文 献

[1] 崔波. 论建筑工程施工项目安全风险控制与管理决策[J]. 江西建材. 2013(1)：3-6.
[2] 崔同舒. 浅析工程项目安全风险管理[J]. 城市建设理论研究，2011(19)：5-10.
[3] 陈霞. 论建筑工程施工项目安全风险控制和管理决策[J]. 中国科技博览，2011(36)：4-6.

地下工程施工安全管理的问题及对策浅析

吕宝辉　吕　冰

（中国石油天然气管道工程有限公司工程管理中心）

摘　要：地下工程施工是一项非常复杂同时也是非常系统的施工项目，地下工程施工安全关系到人民生命安全，确保地下工程的施工安全对于整个工程项目的建设总体安全形势意义重大。本文就地下工程施工安全方面的问题进行分析并分析出相应的解决措施。

一、引言

随着社会的发展，所有的发达国家都在建立自己的石油战略储备，美国的储备是世界最大量的，超过一亿吨，不仅有石油战略储备，还有商业储备，不仅储备原油，还储备成品油。近些年我国地下储库业务快速发展，对地下工程的安全也就有了更高的标准。安全施工是建筑工程的基础保障，也是工程项目管理中的重要内容。因地下工程施工的环境非常的复杂，给地下工程施工带来了很多安全隐患，地下工程施工所带来的安全事故不敢小觑，对地下工程施工进行安全控制，提高地下工程施工的安全性。

二、地下工程施工特点

地下工程的施工过程比较复杂，在施工的过程中由于地质条件的复杂性、工程条件的隐蔽性、空间受限、施工过程存在交叉作业，加大了各种不确定性，容易发生安全事故，属于事故多发的行业。地下工程施工要面临非常多的隐蔽工程，在施工的时候要面对很多和设计情况不同的问题。

地下工程施工具有许多独特的特点，这些特点主要由地下工程的特性和工程环境决定。以下是地下工程施工的一些主要特点：

1. 工程条件复杂

地下工程施工通常在地下进行，工程条件复杂，特别是对于大体积混凝土的浇筑，需要量较大，施工技术和养护工作要求较高。

2. 施工难度大

由于地下工程的特殊性，施工难度较大，容易产生裂缝。特别是在城市地下工程中，由于埋深浅，多在3~20m间，地质条件复杂、地下水量大，诸多不良因素相互制约，给工程的修建带来众多设计与施工技术方面的特殊难题。

3. 多工种配合，交叉作业多

地下建筑施工常需要根据建筑结构情况进行多工种配合作业，多单位（土石方、土建、吊装、安装、运输等）交叉配合施工，所用的物资和设备种类繁多，因而施工组织和施工技术管理的要求较高。

4. 受限空间，机械化程度低

目前地下工程空间受限，施工机械化程度还很低，仍要依靠大量的手工操作。

5. 环境影响

地下工程施工往往引起地层变形和地表沉降，这些变形和沉降造成掉块及坍塌，人员、设施的损伤不可忽视。因此，研究地下工程在施工过程中对周围环境的影响及其控制技术就显得尤为重要。

在施工的过程中，对地下工程内的地质条件缺乏准确判断，会导致施工设计要进行不断的调整。在施工过程中，应用的施工技术和施工工序是非常多的，要保证各个施工工序之间的紧密性，提高组织管理水平，降低安全事故的发生概率，实现安全生产的管理目标。

三、地下工程施工安全生产管理过程中存在的主要问题

1. 缺乏安全生产意识

地下工程施工过程中的安全生产意识缺乏主要表现在对地下工程施工安全生产规律认识不足、对地下工程施工新要求落实不到位以及对地下工程施工安全管理的科学预见性不足等。

对地下工程施工安全生产规律认识不足，就导致了在施工过程中的安全管理办法不能采取有效的、有针对性的方法进行操作，很难从根本上做好安全生产管理。

对地下工程施工新要求、新技术了解不足，就无法从新标准、新规范、新情况的实际出发，不能及时发现新问题，在遇到安全管理问题时不能够采取主动措施，没有应对的方法，引发了安全生产事故的发生。

如果对地下工程施工安全管理缺乏科学预见性，就会导致安全事故隐患的苗头层出不穷，管理人员缺乏安全管理经验，对事故发生的预见性不足。缺乏安全生产意识还表现在对安全监管人员的地位认识不足，导致人员配备不足，无法实现施工过程中有效的安全监管，为出现安全生产问题埋下隐患。

2. 从业人员素质不高

在地下工程施工中，施工管理人员的综合素质普遍不高，并且真正具有地下洞库施工、安全管理经验并能有效执行的高水平人员少，安全管理不够完善。此外，在地下工程施工的一线，劳务人员多为农民工，人员的整体素质参差不齐，缺乏安全生产意识，并且缺乏专业的施工技能，在思想意识上比较落后，并且经验缺乏，存在一定安全隐患，所以应该加强对各类施工人员的专项培训，提升安全意识。

3. 地下工程施工安全生产体系和建筑施工安全生产责任制不健全

目前，地下工程施工安全生产体系不够完善，安全生产机构、施工技术机构、消防机构的管理工作都存在一定漏洞。地下工程全员施工安全生产责任制没有真正的认真落实，未能从施工的项目部、班组、施工人员逐级落实安全生产指标，安全生产考核存在一定程度的空档。

4. 奖励制度难实行

虽然安全管理奖惩制度在目前基本上已经在所有的地下工程施工单位当中确立起来，但是在具体执行过程中却存在执行力不足的问题。执行不力表现在很多方面，当现场在安全管理中积极落实，做出了成绩，从经营管理角度，奖励落实难，更多的是以处罚为主，难以一如既往的调动安全管理人员的积极性，让那些原本愿意尽职尽责的安全管理人员也从心理上产生了极度的不平衡感，不能得到对应奖励，致使人员逐渐产生了一种敷衍了事、得过且过的不负责任的态度。

四、地下工程施士安全生产管理过程解决措施

1. 加强安全生产管理意识

加强安全生产管理意识是基础，更要强化执行力，要从具体爆破、开挖、注浆、支护、衬砌、

运输等施工工序、作业流程上进行规范管理，落实安全操作。

首先在地下工程施工过程中必须加强施工前情况分析，明确施工前技术方案、优化爆破设计、尽量减少爆破次数、尽量减少阶段性挖掘、加强支护架设、及时敲帮问顶、提高监控量测频率及质量等等，在每一个环节都认真落实安全生产的规范操作。

其次是要加强管理人员执勤工作力度，要建立专门的安全管理值班计划并严格进行值班人员值班情况记录，严格按照值班人员交接手续执行。在施工过程中如果遇到需要进行爆破的情况，必须严格按照国家有关规定办理，并且做好爆炸物品的管理、运输、使用、回收等各个环节的监管工作。

对于某些特殊地质条件的地下工程施工，必须事先制定一个或者多个应急预案，力求万无一失。

2. 加强对从业人员施工安全教育

项目管理者应加强从业的人员的安全教育工作，在上岗前进行必要的生产安全培训，强化从业人员的安全意识，严格遵守施工中的安全规范，保证施工中操作的安全性，同时施工企业还要做好从业人员所必备的安全防护设施，从而保证施工中人员的安全性。

3. 加强全员安全生产责任制落实

建立健全全员安全生产责任制，明确安全管理人员及其职责，明确各有关单位及有关人员的安全生产责任，建立安全生产管理的资料档案，保证安全生产费用的有效投入，实施规范化管理，保证施工生产的安全。

4. 落实奖惩制度

奖惩制度制定了就一定要切实执行。出现问题时必须严肃追究责任人，不能因为人情关系因素而受到干扰。严肃问责，该清除出场的也不能手软，这样才能起到好的警示作用。对于工作出色，尤其是兼职安全管理人员工作方而有突出成绩的，必须予以表彰和奖励，从而让工作人员、管理人员更加主动的积极投入到安全生产管理工作当中去。

5. 洞口施工安全措施

（1）洞口边、仰坡施工作业平台设置安全护栏和警戒标志。

（2）洞口爆破时在危险区和安全区的交界处设置警戒隔离绳；并在安全区设置警戒人员持警示旗、哨指挥，重要危险路段有专人看护。

（3）制订专门的应急救援预案，备好应急抢险物资，洞内施工现场设置一处抢险物资储备点。

（4）开挖前应清除山坡浮石、危岩，防止因爆破造成落石或隐患。

（5）施工准备阶段应完成临时施工便道、架设供电线路、铺设供水管路。洞口地面、道路硬化。

（6）洞口安装洞内的供风、供水、供电等设施；砌筑洞顶截、排水沟，进行洞顶地表加固。

6. 洞身开挖施工安全措施

（1）开挖台车的各作业平台应为可调性的平台，固定的临边设置安全护栏，并设密目式安全立网及彩灯或反光标志；上下行通道设栏杆扶手，顶部设置限高标志牌；在台架底部配置消防器材，预防火灾事故。

（2）每次爆破的炸药、雷管必须用设锁的火工品专用箱分别送入洞内。

（3）运输车辆必须限速行驶，洞内倒车与转向必须开灯、鸣笛；洞口、平交道口和狭窄的施工场地，应设置"缓行"标志，必要时安排人员指挥交通。

（4）施工中密切监测围岩及地下水等的变化情况，当施工方法或支护结构不适应实际围岩状态时，采取应急措施，并经批准后及时采用合适的施工方法或支护形式。

（5）洞内施工设备应靠边停放，远离爆破点；停放点应选择围岩稳定、支护结构已完成、无渗漏水的位置。

（6）开挖循环中每次爆破后，应及时通风，使洞内各有害气体及时排除。整个施工过程中作业环境应符合职业健康和安全标准，爆破作业统一指挥。

7. 支护施工安全措施

（1）在台车临边设置安全护栏，并设置漏电保护器。

（2）凿岩机钻眼时必须先送水后送风。

（3）吹孔、注浆和喷砼施工人员均应佩戴防尘口罩和防护眼镜、胶皮手套。

（4）洞内应在压入式的出风口设置喷雾器，以增加空气湿度，降低粉尘含量。

（5）钻眼作业应采用湿式凿岩，当水源缺乏、容易冻结或岩性不适十湿式凿岩时。可采用带有捕尘设备的干式凿岩，采用防尘措施后应达到规定的粉尘浓度。

8. 仰拱与底板施工安全措施

（1）在仰拱开挖周边设置护栏围挡，并安装密目式安全立网；出口处设置警示牌。

（2）仰拱施工时，采取栈桥的方式保证洞内交通不中断。

9. 断层、松散破碎地层的防坍塌措施

（1）洞内施工中要加强地质的超前预报工作，加强掌子面的地质观测分析，采用 TSP、地质雷达、红外线探水等较先进的探测技术和设备，准确地获得掌子面前方的地质情况，特殊情况下也可采用超前钻孔获取准确的资料。

（2）配备足够机具和材料，做好应急措施。

（3）不良地质洞内要"先治水、短掘进、弱爆破、强支护、早衬砌、勤量测、稳步前进"为原则。应尽快使衬砌结构封闭，改善受力状态，确保衬砌结构的长期稳定。

（4）围岩破碎，节理、裂隙发育的特殊地质条件下，可采用超前锚杆、超前小导管、管棚、地表砂浆锚杆、超前小导管周边注浆，深孔注浆、旋喷桩、冻结等措施对围岩进行加固，再进行开挖。

10. 爆破作业安全措施

（1）爆破作业及爆破器材的管理等工作均应按国家现行的 GB 6722—2014《爆破安全规程》执行。

（2）洞内爆破作业统一指挥。

（3）不能在残眼中和已装药的炮孔附近进行钻孔作业。

（4）孔内装入起爆药包后，不能强力捣压起爆药包，不能强行拉出或掏出起爆药包，装药时使用木质炮棍。

（5）爆破前，所有人员应撤至不受有害气体、振动及飞石伤害的安全地带，同时切断电源并做好安全警戒。爆破人员最后撤离爆破地点。

（6）爆破时，所有人员必须撤离，撤离的安全距离应为：巷道内不小于 300m；

（7）爆破后通风排烟，15min 后检查人员方可进入开挖面检查。检查内容包括：有无瞎炮；有无残余炸药或雷管；顶板及两帮有无松动的围岩；支撑有无损坏与变形。

若发现问题，检查人员要在现场设立危险警戒标志。当发现瞎炮时，由原爆破人员按规定处理。处理瞎炮时，无关人员不准在场，应在危险区边界设警戒，危险区内不能进行其他作业。

11. 施工通风、防尘防毒及风水电供应安全措施

1）施工通风

洞内中氧气含量按体积分数应为 19.5%~21%，二氧化碳不大于（体积分数）0.5%。粉尘最高允许浓度每立方空气中含有 10% 以上游离二氧化硅的粉尘为 2mg。洞内空气中，有毒有害气体的最高浓度：一氧化碳为 30mg/m³，特殊情况下工作人员可在浓度为 100mg/m³ 情况下工作 30min。作业开挖面复工时，进行通风和分析空气中有害气体浓度，确认符合标准后方可进入。

2）防尘防毒

洞内施工应采用湿式凿岩机钻孔，用水炮泥进行水封爆破等综合防尘防毒措施，并定期检查粉尘及有害气体浓度。放炮前后应进行喷雾与洒水。出碴前应用水淋透渣堆。应采取湿喷混凝土喷射以利于减少粉尘浓度。

12. 施工临时用电安全措施

（1）施工用电应进行施工用电设计，并采用三级配电二级保护方式。

（2）电缆线路敷设：

电缆线应采取埋地或架空敷设，不能沿地面敷设。用电设备应实行一机一闸一漏（漏电保护）一箱（开关箱）；漏电保护装置应与设备相匹配。不得用一个开关直接控制二台及以上的用电设备。固定式配电箱及开关箱的中心点与地面垂直距离不得小于1.4m，移动式配电箱及开关箱的中心点与地面垂直距离应大于0.8m。（JGJ/T 46—2024《建筑与市政工程施工现场临时用电安全技术标准》）现场所有箱体均需接地，并进行测试安全电阻，（工作接地电阻值不得大于4Ω；供电线路始端、末端必须作重复接地；当线路较长时，线路中间应增设重复接地，其电阻值不应大于10Ω）并每日进行一次检查。

（3）安全电压：洞内开挖掌子面使用36V安全电压。成洞段采用220V。

13. 防火安全保证措施

（1）项目部将按照有关消防法规的要求在施工区域布置消防设施，并对所有消防设施、电路、设备进行定期的检查和维护，并施工区域内实施专人负责防火责任制。

（2）施工人员要认真学习和严格执行《消防管理条例》，做好安全警示、警告标志，执行消防安全工作制度，加强对易燃易爆品的管理。

（3）所有项目区域的电力设施，安装要符合规定，标识标志警示齐全明显，严禁私拉乱接线路，线路严禁搭铁、接地、短漏，防止人员触电和引起火灾。

（4）对容易发生火灾的场所，配备合格充足的消防器材。

五、结语

地下工程属于高风险项目，施工规模大、施工的地质环境复杂、安全隐患多，因此各方应重视地下工程安全施工工作安全问题，及时发现施工进行中的安全隐患，并针对相关问题采取切实可行的技术和管理措施，逐步完善工程的施工安全管理工作，才能切实地保证工程的顺利进行以及生命财产安全。

参 考 文 献

[1] 彭本. 建筑安全管理存在的问题及对策研究[D]. 大连：大连理工大学，2013.
[2] 王尽忠. 隧道施工安全管理的问题及对策研究[J]. 山西建筑，2013，39(1)：140-141.
[3] 吕路. 铁路施工安全管理中存在的问题及对策[J]. 现代工业经济和信息化，2013(10)：72-74.
[4] 王辉麟，蒋秋华，索宁，等. 铁路地下工程施工安全管理与风险预警技术的应用[J]. 铁道建，2013(3)：72-74.

国内外油气管道 EPC 管理模式对比分析

冯贵山

(中国石油天然气管道工程有限公司珠海分公司)

摘 要：全球能源转型背景下，油气管道 EPC 模式成为保障能源安全与低碳转型的关键载体，其管理模式差异直接影响工程效能。本文通过国内外油气管道 EPC 典型案例，对比分析了国内外 EPC 管理模式的核心差异。筑牢能力基石、打破国际竞争壁垒，通过 EPC 联合体实体化、本地化深度绑定等措施，有助于进一步提升中国企业在全球管道工程市场的竞争力。

一、引言

在全球能源转型的背景下，油气管道建设的战略地位日益凸显，其不仅关乎能源供应的安全性与稳定性，更与低碳转型、技术创新及地缘政治博弈紧密相关。在全球能源结构低碳化转型进程中，油气管道作为传统能源输送的"动脉系统"仍具有不可替代的战略价值。EPC(Engineering-Procurement-Construction)模式凭借其全生命周期整合优势，已成为管道工程的主流交付方式。然而，国内外 EPC 管理模式的差异一定程度中制约中国企业提升在全球管道工程市场的竞争力。因此，明确国内外 EPC 管理模式核心差异并采取相应的解决策略，有助于提升中国企业油气管道 EPC 项目管理能力以及核心竞争力。

二、国内外油气管道 EPC 管理模式的理论基础

1. EPC 模式的定义与特征

根据 *Conditions of Contract for EPC/Turnkey Projects*《设计采购施工（EPC）/交钥匙工程合同条件》，简称"银皮书"，EPC 定义为：承包商承担全部设计、采购、施工责任，交付具备完全功能的设施，业主仅需'转动钥匙'即可运营。而根据 GB/T 50358—2017《建设项目工程总承包管理规范》，EPC 模式的定义为：工程总承包企业受业主委托，对工程项目的设计、采购、施工、试运行等实行全过程或若干阶段的承包。在 FIDIC 与国标规范中，EPC 模式的核心定义（设计—采购—施工总承包）基本一致，但在风险分配、资质管理、合同弹性等方面有所不同。

2. 国内外 EPC 模式的发展历程

国际 EPC 模式历经三个阶段演化：1980 年代美式 DBB 模式转型、1995 年 FIDIC 合同体系标准化、2010 年后数字化交付兴起。典型如马来西亚康诺桥项目运用 BIM 技术实现工程变更减少 28%。国内则经历"西气东输经验积累—中俄东线技术创新—模块化 EPC 突破"的演进路径。

三、国内外油气管道 EPC 管理模式的差异分析

1. 法律与合同框架差异

国际 EPC 项目合同范本一般遵循 FIDIC 银皮书，而国内 EPC 项目合同范本目前一般遵循 GF-

2020-0216《建设项目工程总承包合同(示范文本)》。法律与合同框架差异见表1。

表 1　法律与合同框架差异

维度	国际 EPC(以 FIDIC 银皮书为基准)	国内 EPC(以中国规范为基准)
合同范本	普遍采用 FIDIC 银皮书(1999/2017 版)	主要采用 GF-2020-0216《建设项目工程总承包合同(示范文本)》
法律依据	国际商事仲裁(如 ICC)、英美法系为主	《中华人民共和国民法典》《中华人民共和国建筑法》《工程总承包管理办法》等成文法体系
风险分配	严格固定总价：承包商承担绝大部分风险(包括现场数据风险)	弹性总价：业主承担基础资料错误风险(《管理办法》第十五条)
变更机制	变更指令需严格按 Clause 13 程序执行	需双方协商确认，并执行签证流程(易引发争议)

2. 业主角色与管理深度

国内外 EPC 项目，业主角色以及管理深度也存在一定差异(表2)，主要在介入程度、管理团队及审批流程等方面。

表 2　业主角色与管理深度差异

维度	国际 EPC	国内 EPC
介入程度	业主仅管控关键节点(如性能测试、里程碑支付)	业主常深度干预设计选型、分包商选择等
管理团队	委托专业项目管理公司(PMC)或咨询工程师	多由业主自行组建管理团队，专业性不足
审批流程	按合同约定节点审批(如 30 天内批复图纸)	审批链条长，常因行政流程导致工期延误

3. 承包商资质与能力要求

国内外 EPC 项目，对承包商资质与能力要求在资质门槛、能力中心及分包策略等方面存在一定的不同见表3。

表 3　承包商资质与能力要求差异

维度	国际 EPC	国内 EPC
资质门槛	注重业绩与财务能力(如 ENR 排名)	"双资质"强制要求(设计+施工资质，或联合体)
能力重心	强在集成管理(设计优化、国际供应链、风险对冲)	强在施工执行，设计-采购整合能力较弱
分包策略	全球资源整合(如美国设计+东南亚制造+中东施工)	分包以本地化为主，受制于区域保护

4. 风险管控机制

国内外 EPC 项目，风险管控机制方面差异见表4。

表 4　风险管控机制差异

风险类型	国际 EPC	国内 EPC
政治风险	投保 MIGA/中信保政治险	依赖政府协调，保险覆盖率低
汇率风险	采用多币种支付、金融衍生品对冲	人民币结算为主，缺乏对冲工具
索赔管理	严格按 FIDIC 条款索赔(如 21 天书面通知)	协商为主，司法程序耗时长
不可抗力	明确界定(战争、自然灾害)，共担风险	定义模糊，易引发责任争议(如"疫情防控"是否属不可抗力)

5. 设计管理核心差异

国内外 EPC 项目，设计管理核心差异见表5。

表 5　设计管理核心差异

维度	国际 EPC	国内 EPC
设计主导权	承包商全权负责优化设计	业主常保留重大方案决策权
标准冲突	执行国际标准（API/ASME/IEC）	国标（GB）与行标并行，地方标准增加复杂性
可施工性	设计阶段嵌入模块化、预制化考量	设计与施工脱节，变更频繁

6. 采购与供应链管理

国内外 EPC 项目，采购与供应链管理在采购范围、物流风险及质量控制等方面的不同点见表 6。

表 6　采购与供应链管理差异

维度	国际 EPC	国内 EPC
采购范围	全球寻源，优选性价比设备（如欧洲仪表+中国钢结构）	受制于"国产化率"要求，优先本土供应商
物流风险	承担国际海运、清关延误风险	国内运输为主，风险可控
质量控制	第三方检验机构全程监造（如 BV/SGS）	依赖业主驻厂监造，标准执行不一

7. 政府监管与合规性

国内外 EPC 项目，政府监管与合规性差异见表 7。

表 7　政府监管与合规性差异

维度	国际 EPC	国内 EPC
审批程序	符合项目所在国许可即可（如 EPA 环评）	需国内四证一书（用地/规划/施工/环评）
安全监管	执行国际 HSE 标准（如 OSHA）	强监管（安监站飞检、停工令高频）
税收政策	离岸架构避税、双边税收协定	增值税率 9%，地方税费复杂

8. 文化与社会因素

国内外 EPC 项目，文化与社会因素差异见表 8。

表 8　文化与社会因素差异

维度	国际 EPC	国内 EPC
沟通习惯	契约精神至上，书面沟通为主	关系驱动，重视非正式协调
劳工管理	多国籍团队，需符合 ILO 公约	农民工管理难题（工资支付、技能培训）
社区责任	履行 CSR（如援建学校、诊所）	拆迁补偿为主，社会责任投入不足

四、典型案例对比研究

1. 西部原油成品油管道工程

中国首个完整采用 EPC 总承包模式的长输管道工程，由中国石油管道局（CPP）承建，2005 年启动。合同框架基于住建部示范文本，总价可调，主材价格波动超±5%时调整。业主（中国石油）分担政策风险（如征地延误），承包商承担施工技术风险。

2. 西气东输三线工程

中国最长跨国天然气管道之一，由中国石油（CNPC）主导，全长 7370km，连接中亚与中国东部。合同框架沿用西部管道 EPC 模式，但引入联合体承包（如 CPP 与地方建工集团合作）。业主承担中亚段政治风险（如哈萨克斯坦政策变动），承包商聚焦技术风险（如高钢级 X80 钢管焊接）。

3. 中缅油气管道

中国首条跨境陆海联运油气管道，穿越缅甸复杂地形及敏感社区。缅甸政府要求30%本地用工及设备采购，承包商联合缅甸企业完成（如缅甸石油天然气公司）。因征地纠纷触发环保抗议，项目采用"社区补偿基金"化解冲突。

4. 美国Keystone XL管道

加拿大至美国的跨境原油管道，因环保争议被拜登政府撤销许可。合规方面需满足美国《国家环境政策法》（NEPA）的环评要求，环保组织诉讼导致工期延误10年。政府更迭导致政策反转，承包商TC Energy损失超80亿美元。

5. 土耳其溪流天然气管道

俄罗斯向土耳其及欧洲输气的海底管道，由俄罗斯天然气工业股份公司（Gazprom）主导。因欧盟制裁，承包商使用土耳其籍船舶规避限制。黑海海底施工深度超2200m，采用意大利Saipem公司先进铺管船。

6. 巴西GASENE天然气管道

巴西国家石油公司（Petrobras）建设的国内最长天然气管道，全长1387km。巴西《本地含量法》强制要求60%设备本地采购，承包商联合巴西Odebrecht集团。因Odebrecht卷入巴西"洗车行动"腐败案，项目被暂停调查。

五、国内外EPC模式管理的挑战与优化建议

1. 国内外EPC模式管理的挑战

1）国内EPC管理的主要挑战

设计-采购-施工割裂：设计院主导技术方案，忽视施工可行性与采购成本（如高钢级管道焊接工艺不匹配现场设备），采购与施工分包分离，导致材料延误或规格不符。

风险转移机制失效：业主利用行政优势转嫁基础资料风险（如地勘数据失真），政府干预变更（如路由临时调整），承包商索赔无门。

供应链本土化局限：关键设备（高精度调压阀、SCADA系统）国产化率低（<30%），业主指定进口品牌，压缩总包商利润空间。

2）国际EPC竞争的核心瓶颈

FIDIC合同风险失控：对FIDIC合同风险认识不足，在项目实施过程中出现风险失控，如根据《Global Pipeline Failure Incident Analysis 2015-2025》（GlobalData，2023）第87页记录，2019年沙特某输水管道项目因未探明流沙层，地基加固费用超预算1850万美元（折合人民币约1.33亿元）。

地缘政治与合规风险：部分国家要求采购本地物资（如《关于保障哈萨克斯坦含量在商品采购、工程和服务中的规则》（2012年颁布，2020年修订）第12条中要求"在石油天然气、管道运输等战略项目中，采购哈萨克斯坦生产的商品/服务比例不得低于合同总额的50%"）。厄瓜多尔OCP原油管道案中，土著联盟CONAIE和国际NGO（Amazon Watch、EarthRights）就破坏原始雨林6.2万公顷，污染150条河流进行起诉，2023年厄瓜多尔宪法法院终审判定OCP赔偿1.5亿美元生态修复费。

2. 国内外EPC模式优化建议

因此建议国内项目需强化合同谈判，明确价格联动条款，限制业主指定供应商比例，跟踪政策动态并投保基础工程险。国际项目应构建全球化供应链备用池，投保政治险及战争险，锁定远期汇率，前置合规审查（如制裁规避、本地化比例），并利用国际仲裁条款保障权益。通过差异化策略，国内可依托政策协调降低成本不确定性，国际则需以合同刚性对冲系统性风险，实现风险与收益的平衡。

1) 国内管理改革：筑牢能力基石

针对国内项目各方面挑战，对应的解决策略建议见表9。

表9 国内EPC项目优化建议

挑战	解决策略	实施路径
设计施工割裂	推行EPC联合体实体化	设计院与工程局成立合资公司（如CPECC中石油工程建设公司），共享KPI与利润分配
风险转移失效	建立变更预警系统	接入政府规划数据库，实时监测路由调整风险；合同设置"调价公式"（如钢材价格波动超5%自动触发）
标准国际化	双标认证体系	同一管线同步执行GB与ASME标准；参与ISO/TC67管道标准委员会
供应链短板	国产化替代基金	联合三桶油设立百亿基金，扶持高压阀门、耐蚀钢材研发；项目强制应用目录内国产设备

2) 国际竞争破壁：突破增长天花板

针对国际项目瓶颈，对应的解决策略建议见表10。

表10 国际EPC项目优化建议

瓶颈	破局策略	落地措施
FIDIC风险	风险对冲工具箱	(1)投保MIGA政治险+承包商全险（CAR）； (2)合同增设"中国条款"（业主承担基础资料风险）； (3)引入国际律所审查合同（如Baker McKenzie）
地缘政治	本地化深度绑定	(1)中亚：合资本地企业（如哈石油参股51%）； (2)非洲：承诺10%营收投入社区（学校/诊所）
技术认可	借船出海+第三方背书	(1)联合McDermott、Saipem竞标深海项目； (2)邀请DNV-GL对X90管道进行认证并发布白皮书
融资成本	离岸金融创新	(1)香港发债（利率3.5%）置换国内贷款； (2)与丝路基金共建SPV，引入国际投资人（如阿布扎比主权基金）

六、EPC总承包管理展望

（1）国际市场竞争加剧与本地化深耕：发展中国家基础设施需求旺盛，"一带一路"倡议为中国等国家的EPC企业带来了更多海外市场机会，但也面临着地缘政治风险和本土化合规挑战。为降低风险，EPC企业需要加强与当地企业、金融机构的合作，采取"联合体"模式，并培养属地化团队，更好地适应当地市场环境。

（2）绿色低碳与可持续发展：在全球"双碳"目标的驱动下，EPC项目会更注重绿色设计、低碳材料应用及节能技术集成。例如，在建筑项目中广泛采用太阳能光伏板、风力发电设备等可再生能源设施，设计零碳建筑，建设智能管网等。同时，环境、社会和治理（ESG）要求将成为项目招标与评估的核心指标，促使企业从设计到施工全流程融入可持续理念。

（3）产业链整合与全生命周期服务：EPC企业将向产业链上下游延伸，覆盖前期咨询、投融资、运维管理等环节，如采用"EPC+O&M"模式，提供一体化的解决方案。同时，工程总承包与资本的结合将更加紧密，PPP（公私合营）、ABO（授权—建设—运营）等模式的应用会增多，以缓解业主的资金压力。

（4）风险管理与技术标准化：面对复杂项目，如大型化工、核电等，EPC企业需要强化风险识别与应急预案，利用大数据等技术预测供应链中断、成本超支等问题。行业将推动设计、施工流程的标准化，降低定制化成本，通过模块化技术提高项目复制效率，提升整体项目管理水平和质量。

参 考 文 献

[1] 陈忠营.EPC模式下长输管道施工管理研究[D].青岛：中国石油大学(华东),2012.
[2] 沈庚民.长输油气管道工程建设项目的PMC管理模式[J].油气储运,2013,32(3)：283-286.
[3] 司训练,吕政伟.长输油气管道EPC项目管理模式探析[J].西安石油大学学报(社会科学版),2012,21(6)：12-16,44.
[4] 王立华,EPC模式在中国长输管道工程中的应用研究[J].油气储运,2008,27(3)：45-50.
[5] 张建华.西部管道工程：EPC模式的成功实践[N].中国石油报,2006.
[6] 王磊.中缅油气管道社会风险管理研究[J].国际石油经济,2017,25(6)：67-73.
[7] 李明.中亚天然气管道项目管理实践[J].石油工程建设,2013,39(2)：34-39.
[8] U.S. Department of State. Final Environmental Impact Statement for the Keystone XL Pipeline. Washington, DC：U.S. Government, 2019.
[9] European Commission. Statement on the TurkStream Pipeline. Brussels：EU Press, 2020.
[10] Lopez, M. Corruption risks in Latin American EPC projects[J]. International Engineering Management, 2018, 15(4)：112-125.
[11] 司训练,吕政伟.长输油气管道EPC项目管理模式探析[J].西安石油大学学报(社会科学版),2012,21(6)：12-16,44
[12] 郁振其,肖涛,曹宇,等.EPC总承包模式在长输管道项目建设中的困境与对策[J].工程造价管理,2024,35(3)：16-21.

EPC 项目设计阶段概预算协同管理研究

王 鑫 崔乔哲 孙 丹

(中国石油天然气管道工程有限公司沈阳分公司)

摘 要：EPC 项目设计阶段的概预算协同管理直接影响工程投资效益，当前普遍存在数据割裂、审核滞后与动态响应不足等问题。本文针对设计参数与成本指标脱节、跨部门信息传递低效等核心矛盾，提出建立数据联动标准、强化主体审核责任、构建分级预警机制等系统性改进方案。通过整合技术经济要素与管理流程，为提升 EPC 项目概预算控制精度提供可操作路径，助力工程总承包模式的高效实施。

一、引言

工程总承包模式在建筑行业快速推广，设计阶段的概预算协同管理成为控制工程总价的关键环节。实际运作中，设计参数与采购成本脱节、材料价格更新滞后等问题频发，导致预算方案频繁调整，现有管理机制缺乏跨部门协同标准，突发变更响应效率低下，严重制约 EPC 模式优势发挥。本文聚焦设计阶段技术经济数据衔接、动态调整机制构建等核心议题，系统探索提升概预算协同效能的管理路径，为工程投资风险防控提供理论支撑

二、EPC 项目概预算协同管理特殊性

EPC 模式通过整合采购、设计和施工等环节，由单一责任主体实施全过程管控，这种高度集成的管理方式决定了概预算协同管理的特殊性。概预算审核能够避免项目成本超支，通过对项目概算进行细致审查和核对，能够及时发现和纠正成本预估不准确、预算差异及不合理的费用支出等问题，从而确保项目在合理的成本范围内进行的机制要求，在 EPC 项目中体现得尤为显著。设计阶段的技术参数直接约束材料选型与施工工艺，预算方案需同步反映采购成本波动与施工组织调整，形成技术经济双向联动的管理闭环。相较于传统模式，承包商需在固定总价框架内统筹技术可行性与经济合理性，这对跨专业数据协同提出更高要求。当前部分项目出现图纸深度不足引发工程量误算、跨阶段数据更新脱节等问题，根源在于缺乏贯穿设计、采购、施工的全周期预算校准机制。审查预算有助于保障项目资金的正确使用和合理分配，控制资金流动和支出节奏的操作准则，要求建立动态成本预警体系，通过设计优化前置消解后期实施风险。这种全要素、全过程的协同管理特性，构成 EPC 项目成本控制的核心竞争力[1]。

三、EPC 项目概预算协同管理主要问题

1. 设计阶段数据协同不足

设计参数与成本指标脱节是 EPC 项目的典型痛点，概预算审核能够避免项目成本超支，通过对项目概算进行细致审查和核对，能够及时发现和纠正成本预估不准确、预算差异以及不合理的费用

支出等问题的要求难以落实，根源在于设计团队使用的技术参数与造价部门的价格数据库未建立映射规则。结构荷载计算值、管线布局方案等技术指标无法自动关联材料用量与采购单价，导致设计方案的经济性评估严重滞后，材料价格更新周期普遍超过三个月，新工艺参数未能及时录入系统，设计人员仍参照过时数据编制预算，产生隐性成本偏差。部分项目因图纸深度不足，混凝土标号、钢筋间距等关键参数模糊，施工阶段被迫调整方案，引发预算失控风险。

2. 多方审核协同失效

在 EPC 项目跨部门审核中，责任划分模糊导致协同机制难以有效运转，核心矛盾源于各方管理视角的显著差异。造价人员需兼顾计价依据的合法合规性、时效性，确保价格既符合当期市场水平又遵循合同约定，而设计团队往往聚焦技术可行性，对方案的经济性考量不足，易忽略材料选型、工艺标准对造价的直接影响；施工单位更关注施工技术措施的完备性及利润空间，却常因对前期计价规范理解偏差，导致对预算方案的可实施性评估与造价逻辑脱节。这种认知差异使三方在预算审核中诉求难以统一，叠加变更管理流程低效，设备、材料规格调整等设计变更依赖纸质会签，平均流转周期超过五个工作日，预算重审严重滞后。争议问题缺乏标准化解决机制，如钢结构节点优化引发的成本分摊争议，常因责任界定模糊陷入多轮协商，导致关键决策节点延误，协同管理效能大幅降低[2]。

3. 动态协同响应机制缺失

市场价格波动与突发技术变更冲击预算稳定性，钢材、电缆等主材季度价格波动幅度常超过 8%，但预算方案仍采用年度固定单价，价格预警机制缺失使成本控制失去前瞻性。重大技术变更响应迟滞，地基处理方案调整等突发事件，因未预设分级储备金制度，资金调配需经多层审批，应急响应周期长达两周，部分项目为规避超支风险，采取材料规格降级等临时措施，反而引发质量隐患。动态调整能力的不足，使 EPC 模式固有的总价包干优势难以充分发挥。

4. 协同平台工具缺位

在 EPC 项目管理中，数据孤岛与工具碎片化问题突出，设计部门的 BIM 建模软件、造价团队的传统计价系统、施工方的进度管理平台彼此独立，数据接口互不兼容，关键参数需人工跨系统重复录入，显著增加数据误差风险。管道走向调整、结构尺寸变更等设计改动引发的土方量、支护成本等衍生费用，无法通过系统自动关联计算，只能依赖人工经验估算，导致资源优化目标难以落地。究其根源，在于缺乏集成化的协同管理平台，跨部门争议解决仍依赖线下会议沟通，从变更提出到预算修正的完整流程耗时冗长，协同效率较理想状态大幅降低，严重制约 EPC 项目的全过程成本管控效能。

四、EPC 项目概预算协同管理提升对策

1. 设计数据协同标准建设

建立技术经济数据的映射规则是破解协同不足的基础，制定数据管理标准和流程，规范各个环节的操作流程，保证数据质量和可靠性的操作要求，需通过编码标准化实现。为混凝土标号、钢筋型号等技术参数设定统一编码，并与材料价格库的供应商代码、采购批次号自动关联，推行数据采集责任制，要求设计人员在图纸标注中同步录入材料规格、施工工艺等经济参数，造价团队按日核查数据完整性，搭建云端共享的材料价格库，供应商报价、历史采购价、市场指导价三源数据动态比对，确保基准价更新周期压缩至 7 日内。这种标准化体系能够将设计变更引发的预算修正时效缩短 60%。

2. 强化主体协同审核责任

跨部门审核流程再造是消除协同失效的关键，制定详细的管理计划和实施方案，明确任务目

标、工作流程和责任分工的规范要求，需转化为三方联审操作手册，设计团队负责技术参数合规性验证，造价团队承担价格合理性评估，施工团队核查方案可实施性，三方责任人需在48小时内完成交叉审核并签署确认书，建立争议问题分级处理机制，常见分歧由项目总工现场裁决，重大争议提交专家委员会进行技术经济联合论证。将审核时效与质量纳入绩效考核，延误超3个工作日的部门扣减当月绩效权重，倒逼协同效率提升。

3. 动态协同机制优化

构建分级响应体系是应对市场波动的核心策略，制定应对计划和预案还需要考虑不同类型的风险和对策，例如技术风险、市场风险和管理风险等的操作原则，要求设置弹性预算窗口。当钢材、水泥等主材季度价格波动超过±5%时，自动触发预算调整程序，按最新市场价重核相关工程量成本，建立三级应急储备金制度，5%常规波动从项目管理费列支，10%重大调整动用企业风险基金，15%极端情况启动业主专项审批。推行设计优化激励机制，技术团队通过结构减重、工艺简化实现的成本节约，按节约额的15%给予团队奖励，激发主动协同动力[3]。

4. 协同管理工具开发

数字化平台集成是破解信息孤岛的关键路径，需通过研发EPC项目专用协同管理系统，构建技术经济数据的实时交互通道。打通设计专业数字化平台与成本数据库接口，使构件尺寸、材料规格等设计参数调整后，系统自动生成材料用量变化报告，并同步推送至采购、施工端口，实现技术方案与成本数据的动态关联。开发变更影响智能分析模块，当管道标高、结构荷载等设计要素变更时，系统可快速测算土方工程量增减、支护措施调整等衍生费用，短时间内生成预算修正方案。引入电子签章与区块链存证技术，将设计变更单、价格确认函等关键文件上链存证，确保数据不可篡改且全程可追溯，从根本上规避后期结算争议。通过这类数字化工具的升级应用，跨部门数据协同效率将大幅提升，争议问题的解决周期可实现显著压缩，为EPC项目的全过程协同管理提供有力技术支撑。

五、结论

EPC项目设计阶段的概预算协同管理需构建全链条控制体系，通过数据标准统一破解技术经济参数脱节难题，主体责任明晰提升跨部门审核效能，动态预警机制与分级储备金设置增强市场波动应对能力，数字化工具集成打破信息孤岛壁垒。这套系统性解决方案实现设计优化前置与成本风险可控的双重目标，推动工程总承包模式从粗放管理向精益管控转型升级，为项目投资效益最大化提供可靠保障。

参 考 文 献

[1] 任毅，代莉萍，杨洪运，等. 基于EPC联合体模式的项目概预算控制方法探讨[J]. 城市建筑，2024，21(22)：169-171，176.

[2] 向凤君. 政府投资项目EPC模式下的概预算审核机制研究[J]. 住宅与房地产，2024(9)：43-45.

[3] 陈宋. EPC工程总承包项目财务风险管理与防范措施研究[J]. 市场瞭望，2023(7)：49-51.

设计阶段概预算不确定性因素分析及应对方法研究

王 鑫 崔乔哲 孙 丹

(中国石油天然气管道工程有限公司沈阳分公司)

摘 要：工程设计阶段的概预算控制直接影响项目投资效益，其不确定性贯穿规划到实施全过程。本文针对技术参数偏差、市场价格波动及管理协同失效三大核心风险，提出通过动态跟踪与分级响应机制构建系统化解决方案，为提升造价控制精度提供实施路径。

一、引言

当前工程建设领域频繁出现预算超批复概算或结算超批复概算的现象，其核心症结在于设计阶段对技术参数偏差、市场波动等风险因素的预判不足。工程建设具有显著的复杂性、长周期性及不确定性，建筑与市政项目尤甚，预算编制需统筹技术方案、市场价格、管理要求等多方变量，任一环节的动态变化均可通过参数传导引发资金配置失衡。在设计深度不足、协同机制缺失等问题叠加下，前期预算方案常因风险识别模糊丧失对工程成本的实际约束力，因此，构建覆盖全要素的系统性防控体系，成为破解投资失控难题、实现精准造价控制的关键路径。

二、不确定性因素的分类与影响

1. 技术因素引发的预算误差

工程设计方案的制定涉及多方面技术要素的考量，土质条件、地质结构及气候特征等技术要素的不确定性直接影响工程量计算准确性。施工阶段的技术选择同样具有动态性，不同施工工艺对设备配置和人工需求产生显著差异，新型建筑材料的应用往往伴随成本预测盲区。运营维护阶段的技术更新需求更会引发长期成本波动，建筑结构的荷载标准调整或管道系统维护方案变更都可能推翻原有预算设定。这些技术变量相互交织，形成从设计到运维的全周期预算风险源。

2. 经济因素造成的成本波动

建筑材料市场价格波动具有不可控特征，钢筋、混凝土等大宗商品季度价格涨跌幅度常突破常规预测区间。人工费用与行业定额标准的脱节现象日益凸显，技术工种薪资涨幅远超定额更新速度，这种经济要素的双向偏离导致预算编制基准失效，尤其在地域差异显著的项目中，运输成本与地方性材料供应缺口进一步放大价格波动影响[1]。当市场价格剧烈变动突破预设阈值时，原定预算方案将丧失对工程成本的实际约束力。

3. 管理因素导致的控制失效

跨部门数据协同机制缺失是管理失控的典型表现，设计单位的技术参数与造价团队的清单核算常存在系统性误差。突发性设计变更的传导延迟问题尤为突出，诸如结构形式调整、地基处理方案变更等关键修改若未及时同步至预算系统，行业政策调整带来的管理要求升级同样构成风险变量，新颁布的抗震标准或绿色建筑规范可能强制要求材料升级或工艺变更，这类政策性变动往往突破原有预算框架，凸显出管理要素的不可预见性与建立灵敏响应体系的迫切性。

三、不确定性因素的应对方法

1. 概率分析法优化风险预测

工程建设领域的风险预判需要建立科学评估框架，概率分析法通过历史数据模拟关键变量的波动区间。重点追踪主材价格、人工费率等核心参数，构建多维度的风险概率分布模型，对于技术参数偏差问题，设定合理容差区间能够有效缓解设计深度不足引发的连锁反应，这种方法将传统经验判断转化为数据驱动的决策模式，当市场价格突破预设阈值时自动触发预警，为预算调整争取缓冲周期。风险概率模型的持续优化需要积累跨周期项目数据，逐步完善不同地域、不同工程类型的参数数据库。

2. 动态调整机制强化过程控制

预算控制需要突破静态管理思维，建立分阶段校准机制，方案设计初期采用参数化估算方法，随着施工图深化逐步提升精度，最终通过精细化核算锁定成本，季度调价窗口的设置能够及时响应市场波动，对突破警戒线的价格变化启动专项评估，针对政策调整带来的管理要求升级，预留弹性预算空间应对规范标准变更，实施过程中需要打通设计、造价、施工三方数据链，确保变更信息实时同步，避免信息滞后产生成本偏差。这种动态管理模式将事后补救转变为过程调控，显著提升预算方案的适应性。

3. 数据管理技术提升精度

电子副本技术的应用有效改善跨部门协同效率，通过构建统一数据平台实现设计参数与造价指标的自动转化。数据标签系统能够精准追踪变更影响范围，门窗规格调整等局部修改可即时生成成本波动报告，对于新型建材的成本预测盲区，建立材料性能与价格波动关联模型，通过机器学习分析历史应用数据。管理技术的升级需要配套人员能力提升，重点强化预算人员的数据建模与分析技能，消除技术应用断层。这些技术手段的集成应用，使预算控制从粗放式估算转向精细化管控[2]。

四、不确定性因素的规避措施

1. 加强基础数据采集规范

工程概预算编制的准确性高度依赖基础数据质量，资料和数据的不准确、不完整或不及时是导致不确定性的重要来源。对此，需系统性完善数据管理机制，首先明确数据采集的目的和范围，结合项目类型制定差异化的采集指标清单，避免关键参数缺失或冗余，建立涵盖数据来源、采集方式及存储规则的全流程管理体系，规范操作标准并设定定期更新机制，在数据验证环节，组织设计、造价及施工方进行交叉核验，重点核查隐蔽工程量计算逻辑的合理性。同时，通过权限分级与定期备份强化数据安全保障，防范信息泄露风险，动态更新材料价格与工艺参数，及时替换滞后信息，确保预算编制依据的时效性与可靠性。

2. 优化预算审核流程

传统预算审核存在流程冗长、标准模糊的缺陷，需实施三阶段审核制度：初步设计阶段在技术方案经济优化基础上，重点审查工程投资估算与工程量指标的合理性；施工图阶段聚焦各工序工程量计算规则及计量单价的准确性、时效性，结合当期市场价格与定额标准验证清单列项；竣工结算阶段强化变更签证追溯验证。同时制定操作规程明确各方权责，建立审核意见反馈闭环，争议问题组织三方会商。推行电子化平台实现设计图纸与工程量清单数字化关联，对重大争议引入专家库抽检复核机制，将误差率纳入绩效考核，形成"审核—评估—改进"的管理闭环，有效提升预算审核精度与效率[3]。

3. 强化团队协同能力

跨部门协作效率直接影响预算控制成效，需构建常态化的沟通协调机制，定期召开设计、施工、造价三方联席会议，重点解决技术参数与成本指标的衔接矛盾，建立标准化数据交换接口，设计变更信息应在24小时内同步至预算管理系统。针对常见协同障碍开展专题培训，提升技术人员的经济意识与预算人员的工程理解能力，通过共享工作平台实现文件版本统一管理，避免因图纸版本混乱产生核算误差，协同能力的强化使突发变更响应时效提升，大幅降低信息传递滞后引发的成本失控风险。此外，推行跨部门轮岗交流制度，促进技术人员与预算人员的双向业务渗透。建立协同效率评估指标，将信息传递及时性、争议解决周期等纳入部门考核，激发团队协作的内生动力。定期组织联合复盘会议，针对典型协同失效案例进行原因分析，迭代优化协作流程。

4. 制定分级应对预案

预算编制需预设风险缓冲机制，按影响程度将风险划分为常规波动与重大危机两类：对于材料价格季节性涨跌等常规风险，设置3%~5%的弹性调价空间，按季度结合市场行情动态调整基准价；针对重大技术变更或政策标准升级，先评估是否触发合同约定的索赔条款，明确责任主体与费用分摊原则，再启动应急储备金，通过管理层专项审批控制资金释放节奏，避免盲目动用储备导致成本失控。同步建立风险对策库，针对技术、市场、管理等不同类型风险制定差异化处置流程，预备金比例依据工程复杂程度动态浮动。完善风险预警机制，当市场价格波动超历史均值15%时自动启动二级响应，组织专家评估影响范围；建立每季度应急演练制度，模拟政策突变、技术方案颠覆等极端场景，检验预案可行性并修订漏洞，通过分级响应与动态调整，形成覆盖全风险谱系的防控网络。

五、结论

工程设计阶段的概预算控制需构建全周期防控体系，通过分类识别技术偏差、市场波动及管理失序等核心风险，实施动态跟踪与分级管控。研究提出的概率分析模型与数据协同机制，能够将预算偏差率降低至可控区间。同时，弹性调价窗口与应急储备金制度的结合使用，使突发风险处置效率显著提升，将动态调整措施融入现有管理体系，真正实现预算控制从被动应对到主动干预的实质性转变，为工程投资效益提供坚实保障。

参 考 文 献

[1] 徐婷婷. 概预算编制在住宅建筑工程造价管理中的应用[J]. 居业，2025(1)：192-194.
[2] 王倩. 建筑工程概预算编制对工程造价的影响与对策解读[J]. 建材发展导向，2023，21(20)：163-165.
[3] 袁春玲. 水利工程概预算编制中不确定性因素的影响及处理研究[J]. 城市建设理论研究(电子版)，2023，(21)：61-63.

浅析天然气长输管道经济评价影响因素

王晨洁

(中国石油天然气管道工程有限公司珠海分公司)

摘 要：在全球能源格局不断调整、清洁能源需求不断攀升的大形势下，天然气作为关键的过渡能源，其运输环节的关键，长输管道项目愈发受到重视，天然气长输管道不仅挑着保障能源稳定供应的重大任务，也在区域经济发展上有着深远的意义，此类项目显示出投资规模大、经营周期长、风险态势高等特征，精确科学的经济评价意义非凡。本文以天然气长输管道经济评价影响因素为聚焦点，构建起核心指标体系，将影响因素的维度进行划分，分析关键影响因素，进而提出改进的对策，期望为项目决策给予有力支撑。

一、引言

随着经济社会的发展，能源需求持续上升，且结构调整加速实施，天然气凭借自身清洁、高效等长处，在能源消费中的占比慢慢上升，天然气长输管道作为连接气源跟市场的关键桥梁，是保障能源安全有序、助力能源转型过渡的重要基础载体，但因为其建设运营牵扯巨额资金投入与长期复杂管理，经济评价的难度颇高，恰当评估天然气长输管道项目的经济收益，应全面审视诸多影响因素，为天然气长输管道项目科学决策及持续发展提供坚实凭据。

二、天然气长输管道在能源运输中的重要地位

天然气长输管道，作为能源运输体系中关键基础设施，属于能源供应格局中的关键组成部分，该管道承担着达成天然气大规模、远距离、高效运输的关键任务，可以把充足的天然气资源从产地持续稳定地输送到消费场所，进而维持能源供应的稳定状态。同其他运输方式相比对，管道运输的连续性表现十分突出，可做到不间断地输送货物、发生各类事故的概率相对偏低，同样体现出明显优势。凭借此类优势，管道运输可切实减少能源运输时所产生的损耗与风险，天然气长输管道的建设跟运营活动，会拉动相关产业的增长，助力区域经济协同共进。

三、天然气长输管道经济评价核心指标体系

1. 财务指标

在天然气长输管道项目投资决策渐趋复杂、对经济效益评估要求日益苛刻的背景下，财务指标对项目评估起到了关键的作用。投资回收期作为衡量项目投资资金回笼快慢的关键指标，为投资者清晰表明了项目收回最初投资所需的时间阶段，在天然气长输管道项目评估期间，该指标可协助投资者直观了解资金回笼的快慢，进而考量项目资金的利用效率。净现值(NPV)此一指标，计算流程充分把资金的时间价值考虑进去，研究人员把项目未来各阶段的现金流量，按合理的折现率折算到当前瞬间，以此途径评估项目的盈利水平，要是净现值呈现正值，说明项目在考量资金时间价值后

依旧能创造经济价值[1]。内部收益率（IRR）是让项目净现值为零的那个折现比率，它反映出项目自身的获利潜力，研究者借助计算内部收益率，可判断项目是否具备充分的吸引力，这些财务指标从各个角度针对项目经济效益进行量化分析，投资者供给了全面又直观的决策依据。

2. 国民经济指标

国民经济指标对精准衡量天然气长输管道项目，给宏观经济带来的综合影响、科学指引能源产业战略布局意义重大，图1是以经济净现值（ENPV）命名的指标，研究者站在国民经济整体角度去进行计算，它全面顾及了项目的直接效益与开销，如同天然气长输管道项目得到的能源输送盈利、建设费用等，将间接的效益与费用算进去，如项目对区域经济发展的拉动效应、可能造成的环境影响成本开支等，以此评定项目对国民经济的净贡献。若经济净现值为正数值，说明项目对国民经济有积极作用，经济内部收益率（EIRR）是把项目经济净现值变为零的折现率，研究者凭借计算该指标，能清楚展现项目对国民经济的盈利水平，若经济内部收益率高于社会折现率的话，表明项目在国民经济范畴具备可行基础，国民经济指标从宏观这个视角出发，全面考量项目的经济成果，为政府制定能源政策供给了科学的佐证，实现资源的优化整合和国民经济的稳定前行。

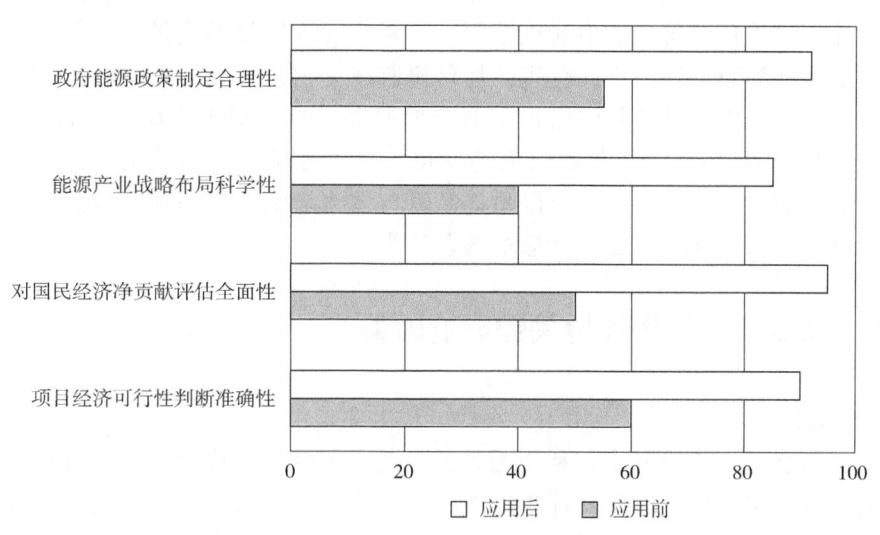

图1 国民经济指标的应用价值

3. 辅助指标

伴随天然气长输管道项目投资环境日益复杂，不确定性不断攀升，风险管控的重要性愈发关键，辅助指标对项目经济评价的作用愈发显著，敏感性系数对项目经济评价起着关键作用，研究人员凭借敏感性系数，可对项目经济评价指标对于不确定因素的敏感程度进行深入分析[2]。通过对天然气价格、管道建设成本等不确定因素进行改变，查看诸如净现值、内部收益率的经济评价指标的变化程度，然后识别出对项目影响最为关键的要素，此过程对评估项目在不同状况下的风险承受能力有促进作用，为项目决策给出参考依据，经风险调整后的收益指标同样意义重大。研究者顾及项目面临的市场、政策等不同风险，对项目的预期收益进行校正，这种修正让评价结果更贴合现实情形，更加精准可靠，而辅助指标从多样角度为项目的风险管理和决策提供了更全面的资讯，拟定出更具科学性和合理性的风险应对策略。

四、基于全生命周期的影响因素维度划分

1. 规划阶段

在现今能源需求瞬息即变、市场竞争异常激烈的大形势下，市场需求预测的精准度是项目成功

的核心要点。精准的需求预测能防止出现盲目建设，保证项目规模跟市场需求精准对应，布局合理得当。合理的管网布局仿佛精心打造的高效交通体系，可极大提高管道的输送效率，极大减少能源损耗量，进而有力削减运营成本。技术方案的选定为项目定制的坚硬"护具"，直接影响到项目建设成本高低、运营性能优劣如何以及安全性强弱，一个既科学又合理的技术方案，可为项目的顺利开展与长期稳定的运行搭建坚实基础。

2. 建设阶段

在天然气长输管道项目的建设阶段，投资成本价值的高低，直接关乎项目最终的盈利成效，在现在竞争激烈、经济情形复杂多变的大环境里，每一笔资金都十分宝贵，非得做到精细谋划不可[3]。若投资成本升得过高，会明显压缩项目的利润空间，项目甚至会陷入亏损状态。施工周期的长短也不容小觑，较长的施工周期会让项目建设进度大幅落后，不能按时进入使用阶段，还会因人力、物力等资源的不断耗费，而让项目成本不断增多，融资结构的抉择也相当关键，它直接引领着项目的发展走向，深刻影响着项目融资成本及财务方面的风险。

3. 运营阶段

在天然气长输管道项目全阶段的生命周期里，运营阶段输气量的高低，直接左右了项目的盈利情形。在目前复杂多变的市场环境下，合理的运价机制成为项目盈利的"精准调节杠杆"，直接影响项目的经济可持续性。虽然天然气长输管道具有自然垄断特性，但上下游市场的竞争态势（如替代能源挤压、用户议价能力提升）以及监管政策的变化，持续考验着项目的适应能力。若运价机制不合理，即使拥有充足的输气规模，也可能因价格缺乏竞争力导致市场份额流失；而过高的运营成本则会进一步挤压利润空间，使项目面临严峻的经营压力。

五、天然气长输管道经济评价关键影响因素

1. 建设成本因素

当下正是天然气能源大规模开发与利用的关键时期，天然气长输管道作为连接气源与用户的关键基础设施，其建设成本是项目经济性评价的核心考量因素（表1）。其中，管道材质与规格的选取对建设成本影响显著：市场上不同材质的管道价格差异较大，例如高强度耐腐蚀管材的采购成本可能比普通管材高出20%~30%，但由于其耐久性强，全生命周期维护费用可降低40%以上。此外，管径和壁厚的优化设计直接影响造价，例如DN1200管道相比DN1000管道的建设成本可能增加25%~35%，但输气能力提升50%以上，需在短期投资与长期收益间权衡。

在复杂地形（如山区、沙漠）施工时，地形条件对成本的影响尤为突出，特殊施工措施（如定向钻穿越、高边坡支护）可能使施工费用占比提高15%~25%。此外，特殊工程需求（如河流穿越、生态保护区避让）也会带来额外成本，占比可达总投资的5%~10%。因此，在管道规划阶段需综合考虑各因素的成本影响，以实现最优经济性。

表1 各因素对建设成本的影响

序号	建设成本因素	对建设成本的影响	费用占比
1	管道材质选择	高强度耐腐蚀管材采购成本高（20%~30%），但全生命周期维护费用低（-40%+）	占材料成本40%~50%
2	管道规格参数	大管径（如DN1200）比常规管径（DN1000）建设成本增加25%~35%，但输气能力提升50%+	占工程总成本30%~40%
3	地形条件	复杂地形（山区、沙漠）需特殊施工技术，施工费用增加15%~25%	占施工成本20%~30%
4	特殊工程需求	河流穿越、生态保护区避让等额外措施，成本增加5%~10%	占总成本5%~10%

2. 技术因素

工程质量是守护管道使用寿命和运营安全的关键，设计参数和技术的选型对整个项目起到基础性作用，质量未达规格要求的管道会有频繁维修情形，同时存在安全方面的潜在风险，智能相关技术应用水平，如SCADA系统、泄漏监测这类技术的运用，可显著增进运营效率，降低遭遇事故的风险，表2是经济评价里需重点考量的技术要素。

表2 智能相关技术的应用优势

序号	技术要素	投资增量	成本节约机制	量化指标	对管输成本影响
1	SCADA系统	800~1200万元/100km	1. 减少人工巡检频次 2. 预防性维护降低故障率 3. 优化压缩机能耗	年节约运营成本380~450万元，输气效率提升12%~15%	单位成本降低 0.015~0.022元/m³
2	光纤泄漏监测	300~500万元/100km	1. 减少天然气损失 2. 降低环境赔偿风险 3. 缩短抢修时间	年减少泄漏损失600~800万元，抢修成本降低40%	单位成本降低 0.008~0.012元/m³
3	预测性维护	总投资的2%~3%	1. 延长设备更换周期 2. 减少非计划停机 3. 优化备件库存	维护成本下降25%~30%	单位成本降低 0.010~0.018元/m³

3. 运营成本因素

随着天然气在能源消费结构中的占比不断提高，天然气长输管道的经济评价日益受到重视。在天然气长输管道进行运行的阶段中，压缩机承担着为天然气输送给予动力的关键事项，其动力所消耗的量极为巨大。压缩机的型号选取、运行效率的实际状态以及管道的实际输气总量数值，均会直接影响到能源消耗，高效节能压缩机虽说一开始采购成本比较高，但从长期经营的角度去看，能极大降低能源的消耗，从而节约大量的运营开支。为保证管道始终处于安全平稳的运行状态，定期开展防腐、保温、检测等一整套工作，管道的使用周期、材质品性以及运行压力等要点，都会对维护、检修的频率与费用方面的支出有影响。随着管道使用年限不断地增长，其维护及检修费用同样会呈现上升趋向。

4. 市场环境因素

天然气需求量为衡量管道经济效益的核心要素，经济发展水准、能源结构的转型升级以及环保政策等多方面要素点，一同作用到天然气需求量上。在经济发达的区域，工业生产规模不小、商业活动密集且居民生活水平高，工业、商业与居民的天然气用气需求都十分高涨。伴随环保政策不断推行，天然气作为传统能源合适的替代对象，在能源消费结构里的占比稳步提高，进一步拉动天然气需求的增长，市场的供求情况、国际能源价格波动以及政府定价政策等，都会影响天然气的价格。若市场上存在多个供应商或运输通道的情形，企业为争夺市场占比，大多会采用调低价格、提升服务品质等办法，新能源的快速发展也对天然气市场构成了竞争压力，让天然气长输管道经济评价面对诸多不确定情况。

六、优化天然气长输管道经济评价的对策建议

1. 提升市场与需求预测精度

为增强市场及需求预测的精准度，研究人员可采取一系列途径，做好市场调研工作，全面采集市场数据，这些数据应当覆盖历史需求、价格走势以及替代能源的发展情形等，依靠广泛且深度的数据采集，为后续的分析工作筑牢基础。借助先进的预测模型跟方法，把宏观经济形势、政策导向

等因素融入分析范畴,由此提升预测的科学性与精准度[5]。构建动态的市场监测体系,密切留意市场的实时变化,按照实际情形及时调整预测的结果,保证预测能贴合市场动态,还可深化与相关部门之间的合作,凭借其专业资源与渠道,得到更精确可靠的市场信息,保障项目顺利落实且实现有效运转。

2. 强化成本控制与融资优化

为加大成本控制及融资优化力度,管理者须采用针对性的行动。就成本控制而言,处于管道建设和运营阶段时,应着力优化设计方案,借助科学规划管道走向、恰当挑选设备等途径,降低建造开支,强化施工管理同样不可或缺,采用合理部署施工进度、严格把控施工质量等手段,加大施工的效率力度,减少施工操作中的资源无谓消耗。对于管材选型优化,建立"全生命周期成本"评估模型,平衡前期投入与长期收益,标准化管件采购,通过集中招标降低采购成本 8%~12%;开展"输气量-管径-成本"敏感性分析,对管径进行科学选型;根据管道路由涉及地形,进行方案优化,控制成本。当处于运营阶段,踊跃采用节能技术及设备,着实降低能源消耗费用,恰当安排维护计划,防止因维护失当引发的额外成本。

就融资优化而言,管理者需恰当选择融资途径,按照项目实际情形优化资本结构,以此实现降低融资成本的效果,要主动去争取政府的补贴与相关优惠政策,提升项目的资金水平和抗风险能力,保障项目实现经济盈利。

3. 完善政策环境与风险应对

为改进政策环境与应对风险,政府跟企业需一起发力,政府应大力改进政策环境,全力推动市场化定价机制运转,降低价格管制对天然气长输管道项目收益造成的负面冲击,让天然气价格可以更贴切地体现市场供求关系,企业可签订"照付不议"合同,以此保障天然气销售稳定且获得收益。企业还需进一步完善风险管理体系,嘱托专业人员对市场风险、技术风险、政策风险等开展全面又深入的评估工作,结合评估得出的结果,确立有针对性的风险应对手段,类似于创建风险预警制度,快速察觉潜在的隐患;采买相关保险,让渡部分风险,保证项目实现长期平稳运营。

1)政策环境优化建议

(1)价格机制完善:

严格执行国家"管住中间、放开两头"的定价政策,在政策框架内优化管输费定价机制:

推动建立科学合理的成本监审体系,完善管输费动态调整机制,探索区域差异化定价模式。

(2)政策合规管理:

建立政策动态跟踪机制:定期开展政策合规性评估,参与行业政策制定研讨,及时调整企业经营策略。

2)企业风险管控措施

(1)市场风险防范:

创新商业模式:推行"基础管输费+增值服务"模式,开展代输、储气等多元化服务。

(2)运营风险管理:

成本管控:实施全生命周期成本管理,优化管网运行效率。

(3)内部建设:

加强合规管理团队建设,完善内控制度体系。

七、结语

天然气长输管道经济评价的影响因素既复杂又多样,贯穿项目整个生命阶段,从规划这个阶段的市场需求、管网架构,到建设阶段的成本投入、施工期限,然后到运营阶段的输气总量、运价机制方面，各因素彼此牵连、相互作用，经由构建核心指标体系、挖掘关键影响因素，我们找出了提升市场预测精确程度、强化成本把控与融资优化、完善政策环境及风险应对等优化方向。未来，紧跟能源市场与技术的不断拓展，持续关注相关因素的起伏变化，进一步改进经济评价方式，带动天然气长输管道项目实现更佳的经济效益和社会效益。

参 考 文 献

[1] 杨张虎，徐康．浅析天然气长输管道项目建设施工难点及应对策略[J]．中国石油和化工标准与质量，2025，45(6)：147-150，153．

[2] 严仲武．生态环境保护视域下天然气长输管道施工的影响及防范措施[J]．中国资源综合利用，2025，43(3)：163-165．

[3] 何健．天然气长输管道风险识别与应急管理[J]．石化技术，2025，32(2)：367-368．

[4] 张洪伟，李建军，崔潇文．天然气长距离输送压力管线阀门的故障与维护探析[J]．化工管理，2025(6)：127-129，153．

[5] 王柏盛，丁城峰，陈熙，等．天然气长输管道的节能降耗技术措施的探讨[J]．全面腐蚀控制，2025，39(1)：69-71．

浅谈 CGE 模型在能源政策分析中的应用

陆美彤[1]　项蕾[2]　杜凌霄[1]

(1. 中国石油天然气管道工程有限公司渤海分公司；
2. 中国石油天然气管道工程有限公司工艺所)

摘　要：本文围绕可计算一般均衡(CGE)模型在能源政策分析中的应用展开研究，阐述了 CGE 模型的结构、求解方法、主要应用领域。详细介绍其在能源政策分析中的建模流程，包括模型设定、数据处理、校准估计等多个环节；同时，分析了该模型在能源价格政策、能源税政策、能源结构调整政策等方面的应用场景。最后对模型应用效果、面临挑战进行总结，对未来发展趋势做出展望，为能源政策分析及制定提供科学依据与决策参考。

一、引言

可计算一般均衡(CGE)模型是一种在政策量化分析中广泛应用的分析工具，其基础在于一般均衡理论，该理论通过模拟经济主体的行为、商品和服务的供需以及要素的配置来分析宏观经济现象和政策变动对经济的影响。CGE 模型的核心结构包括需求方程、供给方程和供求平衡方程，这些方程的求解可以得到模型的均衡解，从而对特定政策的长期和短期效应进行量化分析。该模型的应用范围广泛，尤其在能源政策、产业政策和区域经济政策的制定与评估中发挥着重要作用。它能够模拟政策变化对宏观经济、产业发展、区域发展以及能源政策等方面的影响，并为政策制定提供科学依据。

二、CGE 模型概述

可计算一般均衡(CGE)模型是一种强大的分析工具，用于评估经济政策的效果，特别是在能源政策、产业政策和区域经济政策的制定与评估中。该模型的核心在于其能够模拟一个复杂的经济系统中的多个市场和主体之间的相互作用，并通过求解的方式，评估特定政策变化对系统的影响。图 1 为 CGE 模型基本结构。

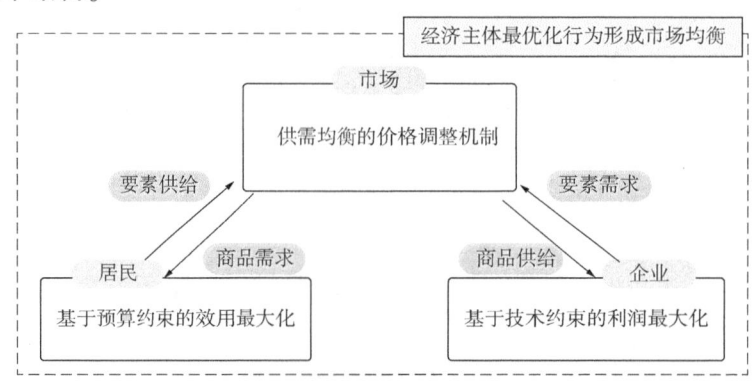

图 1　CGE 模型基本结构

CGE模型的基础理论基于一般均衡理论，它能够将微观的个体行为与宏观的宏观经济变量连接起来，形成一个可以反映实际经济体运作状态的模型。这种模型的结构通常由需求方程、供给方程和供求平衡方程组成，通过这些方程的求解，可以得到政策变化后的经济系统的新的均衡状态及其对不同经济主体和宏观经济的影响。

求解方法方面，CGE模型的求解通常涉及复杂的数学运算，包括线性规划和非线性规划。这些方法能够帮助我们找到使系统内所有市场同时实现均衡的参数值，这就要求模型必须具备一定的灵活性和可扩展性，以适应不同的政策分析需求。

CGE模型的结构特点主要包括其对经济系统的模拟能力，以及其在不同政策分析中的适应性。模型通常需要根据研究的具体需求，设计合理的数据结构、方程设计和参数估计方法。此外，CGE模型的应用广泛，不仅可以用于分析传统的宏观经济指标，还可以用于评估具体政策如能源税、碳税、电价政策等对特定产业或区域的影响，以及这些政策对经济增长、能源消费和环境影响的长期和短期效应。

三、CGE模型主要应用领域

1. 能源政策领域

CGE模型可以模拟不同能源政策对能源市场、经济系统和环境的综合影响。如能源税收政策制定中，CGE模型可以详细分析能源税的征收对不同产业的成本和竞争力的影响。能源税的增加会提高能源价格，使得能源密集型产业的生产成本上升。这些产业可能会通过调整生产技术、减少能源使用量或提高产品价格等方式来应对成本上升的压力。CGE模型可以模拟这些产业的调整过程，评估能源税政策对产业结构调整、就业和经济增长的影响。此外，CGE模型还可以研究能源税政策与其他环境政策(如碳排放交易政策)的协同效应，为制定综合的能源与环境政策提供参考。

2. 产业政策领域

产业政策旨在促进特定产业的发展、推动产业结构升级和优化资源配置。CGE模型可以研究如何通过政策引导实现资源从低效产业向高效产业的转移。例如，通过提高环保标准、加强技术创新支持等政策措施，可以促使传统高耗能、高污染产业进行转型升级，或者淘汰落后产能，推动资源向节能环保、高新技术等产业流动。CGE模型可以模拟这些政策措施对不同产业的生产规模、就业和经济效益的影响，为制定合理的产业结构调整政策提供科学依据。

3. 区域经济政策领域

区域经济政策的目标是促进区域协调发展、缩小区域差距。CGE模型在区域经济政策分析中能够深入研究区域经济的相互作用和政策的影响，如生态保护地区为了保护生态环境，可能会限制一些产业的发展，从而牺牲一定的经济利益。生态补偿政策通过对生态保护地区进行经济补偿，弥补其损失，同时也促进了区域间的生态合作。模型可以模拟生态补偿政策对区域间经济利益分配和生态环境改善的影响，为制定合理的生态补偿标准和政策实施机制提供依据。

四、CGE模型在能源政策分析中应用

1. 建模分析流程

CGE模型进行能源政策分析的建模流程一般包括模型设定、数据收集与处理、模型校准与估计、政策情景设计、模型求解与分析等步骤(图2)，以下是具体介绍。

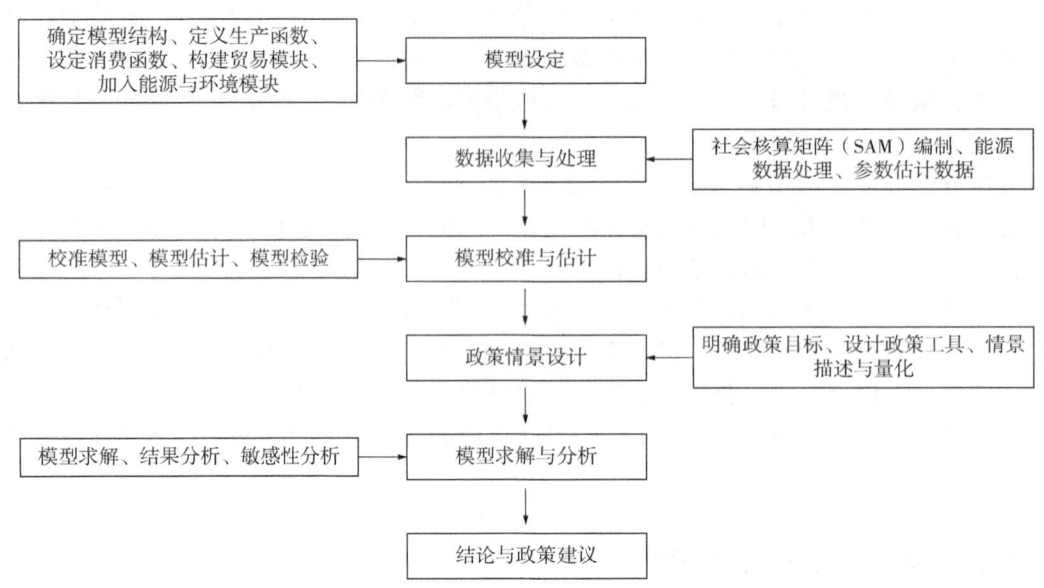

图 2 能源政策分析的 CGE 模型构建步骤

1）模型设定

确定模型结构：根据研究目的和能源系统特点，选择合适的 CGE 模型结构，如静态模型或动态模型。静态模型适用于分析短期政策效应，动态模型则能更好地捕捉政策在不同时期的影响以及经济系统的动态调整过程。

定义生产函数：描述各产业部门的生产技术，通常采用柯布—道格拉斯生产函数或超越对数生产函数等形式，将劳动力、资本、能源等要素投入与产出联系起来。

设定消费函数：用于刻画居民、企业和政府的消费行为，常见的有线性支出系统模型或扩展线性支出系统模型，考虑收入、价格等因素对消费需求的影响。

构建贸易模块：如果研究涉及国际贸易，需要构建贸易模块，描述能源及相关产品的进出口行为，考虑关税、贸易壁垒等因素对贸易流量和价格的影响。

加入能源与环境模块：将能源要素细分为不同类型，如煤炭、石油、天然气、电力等，以反映能源结构和能源转换过程。同时，考虑能源使用产生的环境影响，如碳排放、污染物排放等，通过引入环境约束条件或环境成本函数来体现。

2）数据收集与处理

社会核算矩阵（SAM）编制：这是 CGE 模型的核心数据结构，涵盖了经济系统中各部门的生产、收入、消费、投资、贸易等方面的信息。需要收集国内生产总值、产业投入产出表、能源统计数据、人口数据、价格数据等多方面资料，并进行整理和整合，构建出基础的 SAM 表。

能源数据处理：收集详细的能源生产、消费、进出口数据，以及能源价格、能源效率等相关信息。对能源数据进行分类和整理，使其与模型中的能源部门划分相对应，并进行必要的换算和标准化处理，以便于模型使用。

参数估计数据：对于模型中的生产函数、消费函数等参数，需要根据历史数据进行估计。可能用到经济计量方法，如最小二乘法、极大似然估计法等，利用时间序列数据或截面数据来估计参数值，以确保模型能够准确反映经济现实。

3）模型校准与估计

校准模型：将收集到的数据代入模型中，通过调整模型中的一些参数，使模型在基期能够重现实际经济数据，如使模型计算出的各部门产出、消费、投资等变量与实际统计数据相匹配。这一过程通常采用试错法或优化算法来寻找最优的参数值。

模型估计：对于一些难以直接校准的参数，可以采用经济计量方法进行估计。利用历史数据对模型进行回归分析，以确定这些参数的数值，提高模型的准确性和可靠性。

模型检验：对校准和估计后的模型进行检验，包括统计检验和经济合理性检验。统计检验主要检查模型参数的显著性和模型的拟合优度；经济合理性检验则考察模型结果是否符合经济理论和实际经济情况，如生产函数的单调性、要素替代弹性的合理性等。

4）政策情景设计

明确政策目标：根据实际政策需求，确定要分析的能源政策目标，如降低能源消耗强度、提高可再生能源比例、减少碳排放等。

设计政策工具：选择相应的政策工具来实现政策目标，如能源税、补贴、配额制度、价格管制等。并根据政策目标和实际情况，设定不同的政策情景，包括政策的实施力度、实施时间、覆盖范围等方面的变化。

情景描述与量化：对每个政策情景进行详细描述，将政策工具转化为模型中可操作的变量和参数变化。例如，设定能源税税率的不同提高幅度，或可再生能源补贴的不同水平，以便在模型中进行模拟分析。

5）模型求解与分析

模型求解：将设计好的政策情景代入校准和估计后的 CGE 模型中，利用数值计算方法求解模型，得到在不同政策情景下经济系统各变量的变化结果，如各产业部门的产出、价格、就业、能源消费、碳排放等。

结果分析：对模型求解得到的结果进行分析，评估能源政策对经济、能源和环境等方面的影响。可以采用比较静态分析方法，比较不同政策情景下的结果差异，分析政策的效果和作用机制；也可以进行动态分析，观察政策在不同时期的影响变化趋势。

敏感性分析：对模型中的关键参数进行敏感性分析，考察参数变化对政策结果的影响程度。通过改变参数值，观察模型结果的变化情况，确定哪些参数对政策分析结果具有较大的影响力，从而为政策制定提供更稳健的依据。

6）结论与政策建议

提出政策建议：根据模型分析结果，结合实际情况，为政策制定者提供具体的政策建议。包括政策的可行性、政策调整的方向和力度、可能面临的问题及应对措施等方面的内容。

2. 应用分析场景

分析能源价格政策：通过构建包含多个能源部门的 CGE 模型，如将能源投入要素细分为煤炭开采和洗选业、焦炭业、石油开采业等多个部门，模拟能源价格波动对各产业部门的价格和产出、企业投资和居民消费、能源消费和能源强度、碳排放和清洁能源投入以及 GDP、居民福利等宏观经济变量的影响，从而为能源价格政策的调整提供参考。

评估能源税收政策：在分析能源税政策时，CGE 模型首先将能源部门与其他经济部门联系起来，通过设定不同的能源税税率情景，模拟这些情景下的经济系统运行状况，反映能源税政策对各部门的经济影响。

研究能源结构调整：CGE 模型可以模拟传统能源与可再生能源结构调整政策，分析区域经济发展、能源消纳能力、碳排放等方面的影响，系统分析可再生能源发展政策在促进能源结构优化、推动相关产业发展以及对宏观经济的拉动作用等方面的效果。

模拟能源环境政策：能源政策往往与环境目标紧密相关，如碳税政策、碳排放交易机制等低碳政策。CGE 模型可以定量模拟这些政策对各区域减排、产业结构、经济增长和区域差距等的影响。通过嵌入环境模块来量化政策对温室气体排放、空气质量等环境指标的影响，从而制定出更有效的能源环境政策。

辅助能源发展规划：通过构建 CGE 模型，可以模拟不同能源规划政策情景下，从能源使用、碳排放、宏观经济到机构收入等多方面的情况，为能源发展规划提供科学依据。例如，研究在实现碳达峰目标下，不同的非化石能源发展规模和煤炭消费控制力度对经济和环境的影响，从而确定合理的能源发展路径和政策措施。

五、未来发展趋势与建议

可计算一般均衡(CGE)模型是一个强大的分析工具，它能够将宏观经济变量与微观经济决策紧密相连，并通过模拟来预测不同政策变化对经济发展的直接和间接影响。随着模型技术的发展，CGE 模型在方法论上也面临着新的挑战和创新。参数估计方法、模型结构设计等方面的进步，使得 CGE 模型在应用于不同政策领域时能够提供更准确的模拟结果，并更有效地指导政策实践。未来，CGE 模型的发展趋势将更加注重模型的可用性、可操作性和透明度，同时也会不断增强模型的科学性和适应性。跨学科的研究方法、技术的发展以及大数据的应用，都将为 CGE 模型的进一步发展提供新的动力和方向，CGE 模型在政策分析中的应用也将更加广泛和深入，不断提高政策评估准确性的同时，也为制定科学合理的能源政策提供有力的支持。

参 考 文 献

[1] 徐卓顺. 可计算一般均衡(CGE)模型：建模原理、参数估计方法与应用研究[D]. 长春：吉林大学，2009.
[2] 夏传文，刘亦文. CGE 模型在节能政策领域的应用设想[J]. 湖南师范大学自然科学学报，2009，32(4)：121-125.
[3] 郭环. 基于可计算一般均衡模型的河北省节能潜力分析[D]. 保定：河北大学，2011.
[4] 秘翠翠. 基于 CGE 模型的碳税政策对我国经济影响分析[D]. 天津：天津大学，2012.
[5] 阮波. 河北省可再生能源政策分析的 CGE 模型研究[D]. 北京：华北电力大学，2017.

"双碳"背景下可控核聚变能源产业发展机遇与挑战

杜凌霄[1]　陆美彤[1]　刘紫微[2]

(1. 中国石油天然气管道工程有限公司渤海分公司；
2. 中国石油天然气管道工程有限公司工艺所)

摘　要：在"双碳"目标引领全球能源转型的大背景下，可控核聚变能源凭借清洁、高效、燃料储量丰富、安全性高等显著优势，成为实现"双碳"目标极具潜力的能源解决方案，备受关注。本文从全球能源转型趋势以及我国能源产业发展规划出发，详细阐述了可控核聚变能源的优势，深入解析其发生原理及主要技术装置，如国际热核聚变实验堆（ITER）和我国自主研制的 EAST 装置。同时，全面分析该产业面临的机遇与挑战，最后，展望可控核聚变能源产业未来，虽商业化应用困难重重，但随着技术进步有望为全球能源问题和气候变化应对发挥关键作用，助力人类社会可持续发展。

一、引言

随着全球工业化进程的加速，能源消耗与日俱增，由此带来的环境污染和气候变化问题日益严峻。为应对全球气候变暖，我国积极进行产业转型、能源结构调整，坚持先立后破的原则，以保障安全为前提构建现代能源体系，以绿色、可持续发展的方式满足经济社会发展所必需的能源需求，提高能源自给率和能源供应的稳定性、安全性。在这样的背景下，"双碳"目标成为全球能源转型的重要指引。可控核聚变能源作为一种近乎无限、清洁且安全的能源形式，被视为解决未来能源需求和应对气候变化的终极方案之一。核能拥有能量密度高、供能稳定、碳排放低等优势，核聚变能被称为人类的终极能源。在全球范围内，核能不仅是实现"双碳"战略目标的重要支柱能源，更是能源现代化产业工业技术的集大成者，对低碳经济转型和科技转型变革具有战略性的带动作用。在"双碳"背景下，核能应用将迎来产业发展机遇与挑战，对实现"双碳"目标具有重要意义。

二、"双碳"能源转型与聚变发展优势

1. 全球能源转型现状与趋势

在"双碳"目标的驱动下，全球能源转型的步伐不断加快。传统化石能源在能源结构中的占比逐渐下降，太阳能、风能、水能、核能等清洁能源的开发与利用得到了前所未有的重视。据国际能源署（IEA）的数据显示，近年来，全球可再生能源发电量持续增长，太阳能和风能的装机容量屡创新高。然而，太阳能、风能等可再生能源存在间歇性、不稳定性等问题，难以满足全球能源的持续稳定供应。核能作为一种低碳、高效的能源，在能源转型中发挥着重要作用。目前，全球已有多个国家建设了核电站，核能发电量在总发电量中的占比不断提高。但传统的核裂变能源也面临着核废料处理、核安全等诸多问题，可控核聚变能源因其独特的优势，成为能源转型的新希望。

2. 我国能源产业发展规划

当前我国的能源消费结构较单一，化石能源消耗占比超过80%，其污染大且不可再生。在建设社会主义现代化强国和推动经济结构转型升级的过程中，要坚持走生态优先、绿色低碳发展道路，加快构建绿色低碳循环发展的经济体系。因此，保障经济可持续发展和能源安全供应是时代发展的趋势。

基于构建人类命运共同体的责任担当和实现可持续发展的内在要求，我国在第75届联合国大会上提出了"双碳"目标，并给出了详细的减碳发展规划。我国"碳中和"不同阶段规划如图1所示。我国"双碳"目标的实现将经历4个阶段。其中第一和第二阶段主要目标是在稳定经济发展的同时，实现"碳达峰"目标，通过发展各类能源技术和全面节能措施，提高能源利用效率，将我国能源消费总量稳定在60亿吨标准煤以内，将二氧化碳的排放量峰值控制在105亿吨以内。虽然该阶段化石能源仍然占据能源结构的主要地位，但通过产业结构布局的优化，可稳步提高非化石能源在能源消费总量中的占比。第三和第四阶段主要目标是调整和优化能源消费结构，大力发展水电、核电、太阳能等非化石能源产业，以实现"碳中和"目标。期间可通过国家层面的产业结构调整，优化整个社会能源消费结构，实现将能源消费总量降低至55亿吨标准煤的目标。非化石能源消费总量将超过化石能源的消费总量。无碳能源将成为我国的主要能源。水电、核电、太阳能等绿色能源将迎来飞速发展的契机。

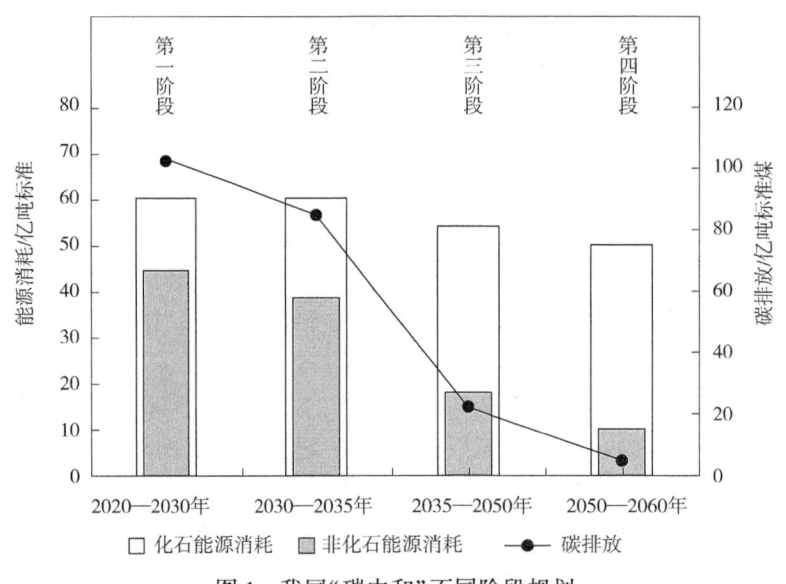

图1 我国"碳中和"不同阶段规划

3. 可控核聚变能源的优势

1）清洁无污染

可控核聚变的反应产物主要是氦气，几乎不产生温室气体和其他污染物，对环境的影响极小。相比传统化石能源和核裂变能源，可控核聚变能源在实现"双碳"目标方面具有显著的优势。

2）燃料储量丰富

核聚变的主要燃料氘可以从海水中大量提取，据估算，海水中的氘储量足够人类使用数十亿年。而另一种燃料氚可以通过锂与中子的反应产生，锂在地球上的储量也较为丰富。因此，可控核聚变能源的燃料来源几乎是取之不尽、用之不竭的。

3）能量密度高

核聚变反应释放的能量远远高于传统化石能源和核裂变能源。一克氘氚混合物完全聚变所释放的能量相当于数吨煤炭或石油燃烧所释放的能量，这使得可控核聚变能源在满足大规模能源需求方

4）安全性高

核聚变反应需要在极高的温度和压力下才能进行，一旦反应条件不满足，反应会自动停止，不存在核泄漏和核爆炸的风险。此外，核聚变堆内的燃料储量较少，即使发生意外，对环境和人类的影响也相对较小。

三、可控核聚变发生原理及基本装备

1. 可控核聚变的基本原理

传统的核反应堆采用核裂变的方式代替由煤炭燃烧生热的锅炉加热水，从而带动涡轮发电机进行发电。核裂变主要使用低浓度铀235作为原料，用中子撞击一个铀235原子进而释放两个中子形成链式反应，持续放出能量。但能用来产生核裂变的铀储量有限，裂变核电站还会产生放射性较强的核废料。核聚变自1933年假说被提出，1939年由贝特证实是利用轻原子核碰撞生成较重的原子核，其间造成质量亏损，同时释放出巨大能量的核反应(图2)。

D（氘）+T（氚）⟶ He（氦）+n（中子）

N（中子）+Li（锂）⟶ He（氦）+T（氚）

图2 核聚变反应原理

2. 可控核聚变技术装置

1）ITER

国际热核聚变实验堆(ITER)计划是当今世界最大的大科学工程国际科技合作计划之一，中国作为主要参与国之一，在这一计划实施中发挥重要作用。ITER 项目的目标是对现有的可控核聚变方案进行实验验证，为下一步可控核聚变的成功商业化奠定基础。

2）EAST

EAST 装置(图3)是我国独立自主设计研制的托克马克装，同时也是世界上首个全超导托克马克装置。EAST 的目标就是针对近堆芯等离子体稳态进行测试和验证。EAST 装置相对于其他托克马克具有几点显著不同：非圆截面、主动冷却和全超导。EAST 虽然在体积和参数上低于 ITER，但其独特设计将为 ITER 提供极具参考意义的经验。据报道，2025 年 1 月 EAST 实现 1 亿摄氏度下 1066 秒稳态高约束模等离子体运行，突破新的世界纪录。

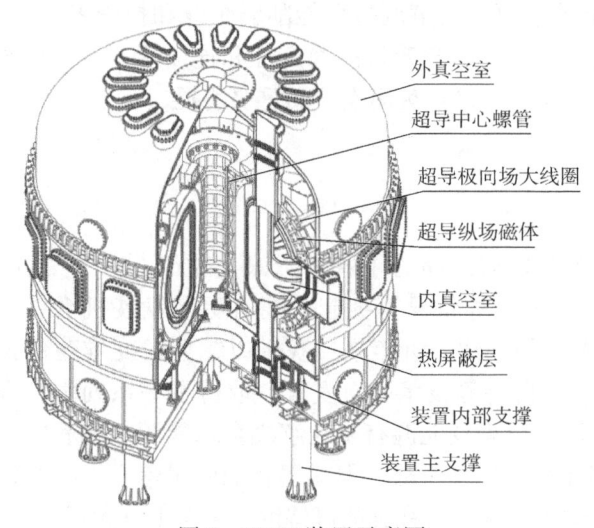

图3 EAST 装置示意图

四、可控核聚变产业发展机遇及挑战

1. 可控核聚变能源产业发展机遇

核聚变能被誉为人类追求的终极能源，从科学研究、工程实践到商业应用均对其抱有极高期望。中国科学院院士李建刚在聚变产业联盟启动大会暨聚变堆主机关键系统综合研究设施用户年会指出，100 个聚变电站每年可以实现碳减排 8.5 亿吨，未来每个磁约束核聚变电站规模将在 150 万千瓦，聚变在"碳中和"中将发挥出巨大作用。自 2021 年以来，国内外的私营资本也看到了其发展价值，在可控核聚变领域投入大量资本。目前法国、德国、日本、英国和美国等共有 30 余家私营聚变公司在突破核聚变发电道路上的技术难题，吸引了约 50 亿美元的研究投资。在过去 10 余年中，我国等离子体物理研究所开展了中国聚变工程试验堆 CFETE 的概念设计和初步工程研究工作，明确了下一步工作需重点解决的关键技术问题，培养了一大批专业技术人才，为进一步解决聚变堆面临的关键技术问题打下了基础。国内的能量起点、星环聚能等民营资本也都积极参与到核聚变研发中来。终极能源产业已经成为资本的一个新兴战场，而"双碳"政策的加持为快速实现商业化发电带来了机遇。

2. 可控核聚变能源产业面临挑战

自 20 世纪中期我国启动磁约束核聚变能研究项目以来，虽在聚变等离子体物理和主机工程技术方面取得重大进展，但距离商业化运行仍面临诸多挑战。

在技术层面，存在三大瓶颈。一是高参数等离子体运行物理研究不足，实现高参数等离子体运行是聚变堆运行的基础，但我国在高参数等离子体燃烧科学、稳态安全运行等方面的研究仍有欠缺。二是抗辐照的聚变堆材料设备面临挑战，聚变堆运行时，内部材料、第一壁靶板等需承受中子辐照、离子轰击及高温烘烤，对材料的热负荷和抗中子辐照能力要求极高。三是氚自持技术亟待突破，聚变反应依赖氘氚反应，氚在自然界存量稀少，需在聚变堆内部构建氚回路实现自持，然而目前实验条件有限，氚燃烧率低，提高其燃烧率成为关键难题。

成本方面，核聚变装置建造需大量先进技术和高端设备，研发制造难度大、成本高，如 ITER 计划预算高达数十亿欧元。且研发需长期大量资金投入，加之技术研究阶段的不确定性，易导致研发周期延长、成本增加。即便实现商业化应用，当前技术不成熟、规模效应未形成，其发电成本远高于传统能源。政策方面，核聚变技术涉及多领域，需完善的政策法规和监管体系。但目前全球各国相关政策法规不完善，在安全标准、放射性废物处理、核材料管理等方面缺乏统一国际标准规范，影响产业国际化发展与合作。同时，政策稳定性和连续性也至关重要，政策调整可能削弱企业和投资者信心，阻碍产业发展进程。因此，建立健全的政策法规和监管体系，保持政策的稳定性和连续性，为可控核聚变能源产业的发展提供良好的政策环境和制度保障，是推动产业健康发展的重要前提。

五、结语与展望

在"双碳"政策的加持下，我国将围绕着解决减碳和发展之间的矛盾进行深化改革。在国家"碳中和"政策方针的引领下，无碳能源如风电、太阳能、核电等将异军突起，拥有更多发展机会。其中磁约束聚变核电作为人类向往的终极能源受到了人们的关注。近年来，我国以掌握聚变堆建造技术为主要目标，在高参数等离子体运行、聚变材料和氚自持等技术的研发上，取得了一系列举世瞩目的成就。展望未来，随着技术的不断进步和创新，可控核聚变能源有望在解决全球能源问题和应对气候变化方面发挥重要作用。虽然实现商业化应用还面临着诸多挑战，但只要我们坚定信心，持之以恒地努力，可控核聚变能源产业必将迎来更加美好的明天，为人类社会的可持续发展做出巨大贡献。

参 考 文 献

[1] 张一鸣，曾丽萍，等. ITER 计划与聚变能发展战略[J]. 核聚变与等离子体物理，2013，33(4)：359-365.
[2] 徐小杰，程覃思. 我国核电发展趋势和政策选择[J]. 中国能源，2015，37(1)：5-9.
[3] 李建刚. 托克马克研究的现状及发展[J]. 物理，2016，45(2)：88-97.
[4] 涂兴佩. 耀起东方——记世界上首个全超导托克马克(EAST)东方超环装置[J]. 中国科技奖励，2017(8)：24-27.
[5] 李萍，杨红义，刘琳，等."碳中和"目标下中国核电发展[J]. 节能技术，2023，41(1)：10-15.
[6] 黄好，马立. 聚变能的发展现状[J]. 中国科技信息，2023(4)：120-122，125.
[7] 刘永，李强，陈伟. 磁约束核聚变能研究进展、挑战与展望[J]. 科学通报，2024，69(3)：346-355.

人文管理

AI 发展引发的个人思考

王贵涛

(中国石油天然气管道工程有限公司)

一、前言

近几年科学技术高速发展，要说对个人的工作和生活，对企业和社会的发展影响最大的无疑是 AI，从整个科技和社会发展来看，AI 就意味着高效和高质量，也意味着人们的生命安全更有保障生活质量更高，这是一个不可阻挡的洪流，是天下大势。那么 AI 都有什么影响呢？笔者通过查阅资料结合个人的认知提出一些不成熟的观点供大家批评指正。

二、AI 对社会的影响

从大的方面上看，社会结构会发生深层变革，工作领域将会出现颠覆与重构。高度结构化、重复性强的职业最易被取代，如流水线工人（工业机器人已替代流水线作业）、数据录入员、基础客服、基础会计、简单翻译等已经正在被替代；依赖中等复杂度分析但可标准化的职业可实现部分替代，但随着 AI 的迭代和进步，早晚会全面替代，如司驾人员、金融分析师、法律助理、记者、保险核保员等；低技能服务型职业，短期风险较低，但长期可能被机器人取代，如清洁工、餐厅服务员、零售收银员等；高技能创意或情感密集型职业，需人类独有的创造力、复杂决策和需要情感交互的，如艺术家、心理学家、高管、科学家、教师等，AI 可以起到辅助作用，但难以完全替代；当然这也会催生出新兴职业，如 AI 训练师、数据伦理专家、人机交互设计师、运维工程师等。

按照个人理解，现在正处于 AI 替代人工的开始，是人工失业而 AI 的红利还没有充分体现的时期，应该属于人类社会黎明前的黑暗期，等到 AI 的红利完全释放的时候，就属于人类社会的光明期，以 AI 的高效能为人类社会提供极大丰富的物质基础，只需很少一部分人在 AI 辅助下管理社会，另外很少一部分人研究基础科学和驾驭、迭代升级 AI，而大部分人们在 AI 红利的支撑下，将追求更高品质的生活，文化、艺术、体育、旅游，甚至是游戏（元宇宙等）或成为人们生活的主流，那时也许就是进入了社会主义中后期阶段。可以想象的是到那时现在的很多职业和学科会成为历史，如 AI+数字货币，其将终结银行、会计、税务、审计；少量的人工+AI 可以替代大量的政府和各行政主管部门的人员等。也许再发展到一定程度，地球上"国家"一词将会消失，取而代之的将是真正的"地球村"，那时或许就是人类真正开始走向星辰大海的时候，"硅基生命+碳基生命"的 AI 只要他们思维核心存在并有充足的能源，就解决了"碳基生命"的人类寿命短、身体无法在宇宙中遨游的问题。

三、AI 对企业的影响

从当前企业层面来讲应该如何面对 AI？个人认为应该尽快接受并引入 AI，让 AI 的高效和高质量尽快在企业内开花结果，并且越早越好，一旦成为行业的引领，则可引起行业内的技术革命。以管道行业为例，特别是管道设计院这样的企业是新建工程项目的起源，又是在役项目升级改造的起始点,是行业 AI 应用的头部,更应该掌握目前 AI 在整个全产业链的应用状况,并深入研究和应用为公司咨询设计及发展提供强有力竞争力。从现有技术发展来看,笔者认为有以下几个方面工作需要开展。

首先解决设计手段和工具,应用智能辅助设计。组建"管道工程师+数据科学家+地质学家"三角团队,根据法律规范和技术规定,通过算法快速生成管道布局方案,完成自动选线;通过 AI 算法(如遗传算法)可快速迭代数百万种设计组合,自动优化管径、壁厚、路由等参数;用 AI 完成数据统计并编制初步的设计报告,实现设计优化与自动化,能够提高设计质量及效率,同时可以缩短设计周期;在线路以外的其他专业,可以通过 AI 的自动学习能力实现绘图和报告自动化以及逐步智能化;在现阶段的设计过程中不可替代的主要是将个人的知识、经验转换为设计规则以及参与对外有交互沟通的人们。

其次在施工与项目管理上,通过历史数据训练模型,自动实现施工组织的自动编写,并预测施工可能出现的风险(如天气、供应链问题)并提出预案;无人机+AI 图像识别可实时监控工地进度与安全的合规性(目前的智能工地),也可以通过训练实现现场数据智能采集;AI 动态规划人员、设备分配,减少闲置成本,实现资源调度优化;随着技术发展,部分施工机械和设备将被智能机器所取代,如在研发的焊接机器人、智能挖掘机、射线和超声波检测自动判别仪器等。

第三在运营阶段管道全生命周期完整性管理上也有巨大发挥空间。智能检测技术有很大的提升,通过智能内检测器与 AI 分析腐蚀、裂纹数据结合,可以使管道内检测准确率和效率较人工比较大的提高;声波/振动传感器+机器学习可实时监测管道的安全状态;AI 模型(如 LSTM 神经网络)预测设备失效周期,减少非计划停机等。

四、AI 对个人的影响

在个人的层面上,AI 对个人的生活和工作的影响将是方方面面的,现阶段是 AI 初步开始替代人工,而 AI 红利没有显现,随后一个阶段也许是 5 到 7 年也许是 10 年以后,人们的就业率不会提高反而可能会降低,是对人工的冲击比较大的时候,以什么样的态度对待 AI 将决定其以后的人生轨迹。个人认为人们对待 AI 的态度应当理性、开放且审慎,既要拥抱其带来的机遇,也要警惕潜在的风险。

(1)理性看待,避免极端。AI 是工具而非万能解,它的能力取决于数据、算法和人类指导,目前仍存在局限性(如缺乏真正的理解力和创造力),不神化 AI;无须因恐惧而全盘否定,AI 的发展本质是为了辅助人类,而非取代人性,也不妖魔化 AI。

(2)积极拥抱这场变革。我们可学习 AI 基础知识(专业人士需深入理解技术边界),使其成为我们工作和生活中的助力;利用 AI 优化重复性工作(如数据分析、基础客服),释放人力专注于创造性或策略性任务,提升工作质量和效率;利用其强大的计算能力完成以前无法短时间完成的工作,如新药研制、蛋白质结构预测、基因测序等,形成创新驱动。

(3)警惕 AI 带来的风险。深度伪造技术可能引发信任危机,需要人们学会甄别和判断;过度依赖 AI 可能导致个人的一些能力,如判断方向能力、基础计算能力等退化的风险。

五、AI 健康发展的保障措施

在 AI 快速发展的浪潮中,要使其充分发挥作用为人类服务,既要推动技术创新和技术进步,又要防范风险、化解矛盾、保障公平,政府和社会组织作用将是至关重要的。

(1)政府制定规则和做好监管。建立 AI 伦理与法律框架,明确数据隐私、算法透明度、责任归属等规则;成立专门的监管部门加强监管力度;对高风险 AI(如自动驾驶、人脸识别)强制准入审查;实施反垄断措施,防止科技巨头垄断 AI 资源(如大模型、云计算),维护市场公平和公正。

(2)政府要促进 AI 创新与产业落地。资助基础研究(如量子计算+AI、脑机接口)和中小企业 AI 应用,做好资金支持;开放公共数据集(如医疗、交通数据),建设如国家超算中心等多算力平台,加大 AI 的基础设施建设,提供强大的算力和算例;加快推动高危行业的 AI 落地和替代。

(3)AI 替代将对社会就业结构产生深远影响和变化,政府需通过职业培训、引导和社会保障来减少无业人员对社会的冲击。

(4)社会组织需做好伦理监督与倡导,制定自律准则,推动企业负责任地开发 AI;用 AI 解决社会问题,如 AI 辅助盲人导航、濒危语言保护,让人们充分认识到其实用和便利;开展 AI 素养教育,消除如"AI 取代人类"的恐慌误解;组织政府、企业、学界对话,平衡技术创新与体现社会价值。

政府作为规则制定者和风险守门人,社会组织作为伦理倡导者和公众代言人,两者协作确保 AI 技术向上向善。

六、结语

总之,个人认为人类创造了 AI,使其成为人类向往美好生活的工具和帮手,就有能力驾驭好 AI。AI 不会简单替代人类,AI 与人类的关系可能是"增强智能"而非"人工智能",即 AI 放大了人类能力,未来的竞争不是人与机器的对抗,而是在开始阶段是善用 AI 的群体与停滞不前的群体之间的差距,随着技术的进步和发展,在 AI 红利完全释放出来后,这种群体之间的差距将会逐渐减小,人们会再次追求更高层次的精神生活。

浅议知识密集型企业执业资格激励体系设计研究

潘薇薇

[中国石油天然气管道工程有限公司综合服务中心(数据中心)]

摘　要：本文以知识密集型企业人力资源管理实践为导向，深入探讨执业资格奖励津贴制定的核心要素及其对员工取证积极性的影响。结合某企业创新实施的执业资格证书A、B、C、D四级量化评定体系，系统分析企业资质需求、安全储量、取证难度、责任承担等多维度因素在证书分级中的作用机制，以及不同级别奖励标准对员工取证行为的差异化激励效果。揭示奖励津贴作为"双刃剑"的管理特性，为企业构建科学、动态的执业资格激励体系提供理论与实践指导，助力实现人才发展与企业战略的深度契合。

一、引言

在数字化转型与行业竞争加剧的背景下，知识密集型企业对专业人才的执业资格要求日益精细化。传统"一刀切"的奖励津贴模式已难以满足企业战略的发展需求，如何基于企业实际需求对执业资格证书进行科学分级管理，成为人力资源管理领域的重要课题。本文针对该课题提出：通过组织市场、项目、资质等多个相关部门联合测评，建立起A、B、C、D逐级降低的四级证书评定体系，并配套差异化奖励标准，可有效提升员工的取证积极性，提升企业的综合竞争力。

本研究将以此为切入点，系统剖析知识密集型企业执业资格奖励津贴制定的关键因素及其激励效应，为企业优化人力资源管理策略提供参考。

二、知识密集型企业执业资格奖励制度概述

1. 知识密集型企业执业资格奖励津贴的概念界定

执业资格奖励津贴是知识密集型企业基于战略发展需求，对员工获取特定执业资格证书给予的奖励机制。其核心目标在于将员工个人职业发展与企业资质提升、市场竞争能力增强有机结合，通过差异化奖励机制引导员工获取企业所需的高价值证书。

2. 研究现状与趋势

现有的研究多聚焦于单一维度的奖励政策分析，缺乏对证书分级管理与动态激励机制的系统性探讨。随着企业管理的精细化发展，基于多因素量化评定的证书分级管理模式正成为新趋势。通过构建科学的证书价值评估体系，配套差异化奖励标准，实现精准激励，已成为人力资源管理领域的研究热点。

三、知识密集型企业执业资格奖励制度制定的考量因素

根据公司发展战略、资质及生产经营需要，从资质需求、责任承担、安全储量、取证难度四个维度开展调研，结合市场投标需求及项目签章需求，经全面梳理、综合评分后可以建立《执业资格

管理清单》，并对各类执业资格证书进行分级管理。此外，对持证员工、公司发展需求进行调研，根据证书级别测算、制定适合企业发展需求的执业资格奖励标准。

影响执业资格奖励津贴制定的主要考量因素包括：

1. 企业资质需求：首要决定性因素

企业资质是参与市场竞争的核心门槛。对于知识密集型企业而言，企业资质的申请、维持与升级直接关系到项目承揽与市场份额。工程勘察综合甲级资质、工程设计综合甲级资质等核心资质的获取，对特定执业资格证书的数量与种类有着严格要求。以工程设计综合甲级资质为例，需配备注册建筑师、勘察设计注册工程师等多种专业、一定数量持证人员。

通过对企业核心资质要求的细致梳理，明确各企业资质所需的执业资格种类及最低持证数量，将其作为奖励标准制定的首要依据。对于满足核心资质关键需求的执业资格证书，在奖励标准上予以重点倾斜，以激励员工获取相应证书，保障企业资质的稳定与提升。

2. 证书安全储量：动态保障因素

在满足企业资质最低持证数量要求的基础上，为确保企业人才队伍的稳定性与可持续性，需对证书安全储量进行科学测算。

企业可对近5年持证员工退休数量进行全面摸底，并结合员工近5年的平均离职率，运用统计分析方法，对未来五年持证员工的流失率进行科学分析、预测。例如，通过考虑行业人才流动趋势、企业自身发展阶段等因素，分析出《执业资格管理清单》中各类证书的安全储备数量。对于安全储量不足的证书类别，适当提高奖励标准，鼓励员工考取，以应对潜在的人才流失风险，保障企业生产经营活动的顺利开展。

3. 持证人责任承担：风险与价值考量因素

在工程项目实施与市场投标过程中，部分执业资格持证人承担着重要责任。

在设计图纸签章环节，具备相应资质的专业人员需对图纸进行严格审核并签章，这一过程直接关系到工程设计质量，是保障项目安全与合规的关键；在市场投标环节，执业资格证书是企业参与竞争的必要条件。招标方通常将企业拥有的执业资格证书种类与数量作为衡量其专业能力与项目履约能力的重要指标。因此，对于承担关键责任的执业资格持证人，其证书价值不仅体现在专业能力上，更体现在对企业项目风险的把控与市场竞争力的提升上。

在奖励标准制定中，充分考虑持证人责任的大小与风险程度，对承担重要责任的证书给予更高的奖励，以体现其价值与贡献。

4. 证书取证难度：稀缺性补偿因素

对纳入企业《执业资格管理清单》中的各类执业资格证书，应进行证书取证通过率的调研及数据分析。通过对比、分析近5年内各类执业资格证书的考试通过率，将证书的取证难度进行排序。

不同执业资格证书的取证难度存在显著差异，这直接影响着证书的稀缺性与市场价值。

企业应对纳入《执业资格管理清单》的各类证书，全面开展取证通过率调研与数据分析。通过收集近5年各类证书的考试数据，对比分析取证通过率，并依据难度大小进行排序。例如，注册一级建筑师执业资格证书，由于考试内容复杂、专业要求高、取证周期长、通过率较低，其稀缺性就更强。对于取证难度大、稀缺性高的证书，在奖励标准制定时将考虑给予额外补偿，以鼓励员工挑战高难度证书，提升企业专业人才队伍的整体水平。

四、知识密集型企业执业资格奖励制度的双重效应

在知识密集型企业的人力资源管理实践中，执业资格奖励制度呈现显著的双重效应特征。

从资源配置视角来看，执业资格证书兼具个人人力资本认证与企业资质维护的双重功能：在个

人层面，执业资格证书是持证人专业知识储备与实践能力的权威证明，有助于提升持证人的职业竞争力与市场价值；在企业层面，满足特定结构与数量要求的执业资格证书，是维持企业资质等级、参与项目投标及保障业务持续开展的核心要素，直接影响着企业在行业竞争中的准入资格及市场地位。

执业资格奖励标准的合理设定是发挥制度正向效应的关键因素。若奖励标准过高，基于"成本—收益"理论，部分员工会产生机会主义行为倾向，将考证收益与工作绩效进行对比后，优先选择投入大量时间与精力备考，导致本职工作效率下降，从而背离了企业以生产经营为核心的激励初衷。此外，该群体在获取证书后，更容易受外部高薪岗位吸引，向证书需求更为迫切的企业流动，进而会加剧企业人才流失的风险，对企业人才队伍稳定性构成威胁；反之，若奖励标准过低，员工会因感知到投入产出失衡，而降低取证积极性。长此以往，企业将面临执业资格证书储备不足的困境，进而影响资质续期、项目承接能力，制约了企业的战略发展与可持续经营能力。

五、构建适配知识密集型企业的执业资格系列配套奖励制度

1. 建立执业资格"双轨制"奖励机制

基于美国心理学家弗雷德里克·赫茨伯格提出的"双因素激励"理论（即"激励—保健理论"），可构建执业资格证书"双轨制"奖励机制：通过设置一次性奖励满足员工的短期物质激励需求，解决取证动力不足问题；同时配套月度津贴制度，将人才保留与长期贡献纳入激励维度，形成短期激励与长期绑定相结合的制度框架。

"双轨制"奖励机制以"双因素理论"为支撑，构建起"即时回报+长效激励"体系，可有效平衡员工个人发展诉求与企业战略人才储备目标，实现人力资本价值的持续转化与优化配置，为企业发展注入持久动能。

2. 构建执业资格证书服务期契约化管理制度

建立关键人才执职业资格证书服务期约束机制。对于持有 A、B 级执业资格证书的核心员工，企业可与其签订《执业资格持证人员服务期协议》，明确约定自证书注册之日起 3 年内，除法定退休情形外，员工主动离职需按《中华人民共和国劳动合同法》第二十二条规定，全额返还已领取的一次性奖励费用及月度津贴，并作为劳动合同解除的前置条件。该制度通过契约化管理方式，构建起人力资本投资的风险防控机制，与《中华人民共和国劳动合同法》第二十二条关于服务期违约金的规定形成补充性制度。

该措施以契约化形式明确了员工及企业双方的权责，构建起制度化的人才保留框架，可有效降低核心人才的流失风险，保障企业资质与业务的稳定性，实现企业与员工的利益共赢与长期协作，提升企业资源配置效率和人才管理精细化水平，为企业资质维护和项目承接筑牢人才根基，也增强了企业人才管理的规范性与抗风险能力。

3. 创新执业资格阶梯式复合型叠加激励模式

基于执业资格证书资源的稀缺性与战略价值，企业可构建阶梯式复合奖励机制。针对持有两项及以上（非增项专业）的执业资格持证员工，实施差异化叠加奖励策略：其一，以最高级别注册证书为基准，全额兑现月度奖励；其二，新增 A 级执业资格证书，按全额标准累加奖励；新增其他级别证书，则按 50% 标准叠加发放。

阶梯式复合型叠加奖励模式打破了传统"一刀切"的激励模式，通过科学的价值评估与奖励设计，可以激发员工潜能，实现个人职业发展与企业发展的双赢。既突出了核心资质的战略价值，又兼顾到资质体系的多元化建设，形成了"重点突出、层次分明"的执业资格奖励体系，可有效平衡员工的取证动力与企业资质的维护需求。该策略锚定了企业的核心资质价值，构建起企业的长效激励

生态，引导员工持续提升专业能力，增强人才黏性，降低因证书获取引发的流失风险。

4. 实施"证岗匹配"的奖励机制

企业可实施执业资格证书与岗位匹配的奖励校准机制。对于执业资格持证者，若其证书与实际岗位工作不相关，月度奖励可按照低一级别的奖励标准发放。

通过实施"证岗匹配"奖励机制，引导员工取得与自己岗位相关的执业资格证书，以便学以致用，更好地指导其工作，形成良性循环。该举措可以强化执业资格持证人与岗位需求的关联性，推动员工自我提升与企业发展的良性互动，从而促进企业内部人才资源的合理流动与高效利用，实现企业可持续发展目标。

5. 推行关键岗位执业资格月奖动态层级跃升式激励制度

基于核心业务资质需求的战略导向，企业可实施执业资格动态层级跃升式激励机制。针对一级注册建造师与注册咨询师（原属 C 级证书），鉴于关键业主对项目经理资质的强制性要求，特制定月奖专项升级政策：对于聘期内担任项目经理的员工，若取得一级建造师或咨询工程师资格，其月奖标准在项目经理聘期内由 C 级晋升至 B 级。

该政策通过精准匹配市场需求与资质激励，构建起"需求牵引—奖励升级—刺激取证"的闭环管理体系，可以形成"持证上岗—能力提升—绩效增长"的良性循环，彰显企业对核心业务资质的战略重视，有效地吸引、留住了具备高价值证书的复合型管理人才，增强人才的稳定性。

六、结论

上述各项执业资格奖励政策的制定初衷立足于知识密集型企业的核心发展诉求，通过系统性的制度创新与动态化的管理机制，突破了传统单一激励模式的局限性，构建起了具有前瞻性、科学性与实操性的现代化激励体系。在政策设计层面，深度融合了企业的战略导向与市场逻辑。一方面，以企业资质维护、项目投标等核心业务需求为基准，对关键岗位证书实施了动态分级激励，有效确保了能将稀缺资源精准地投入到战略核心领域；另一方面，基于人力资本理论与成本收益模型，构建了阶梯式叠加型奖励、证岗匹配校准等差异化奖励机制，在激发员工取证动力的同时，有效地规避了人才流失风险与机会主义行为，实现了激励效能的最大化。

从企业运营方面来看，该政策显著提升了资源的配置效率与管理效能。通过将证书价值与岗位需求紧密挂钩，不仅优化了企业的人才结构，推动了人力资本与资质需求的精准匹配，更为资质升级、业务拓展提供了坚实的人才支撑。

参 考 文 献

[1] 连文婷. 知识型员工激励机制研究[J]. 现代营销（经营版），2021(1)：118-119.
[2] 张望军，彭剑峰. 知识型员工激励因素研究[J]. 中国人力资源开发，2001(8)：21-24.
[3] 周琴，薄湘平. 知识型员工激励因素的实证研究[J]. 统计与决策，2014(16)：180-182.

AI 技术在新闻工作中的应用探析

陈 英

(中国石油天然气管道工程有限公司党群工作部)

摘 要：人工智能(AI)技术在新闻采编领域的应用日益广泛，为新闻行业带来了前所未有的机遇与挑战。基于此，本文首先探讨了 AI 技术在新闻采编工作中提高新闻采编效率、强化新闻信息的客观性和真实性以及减轻新闻采编人员工作压力等方面的作用，随后提出了深入挖掘新闻信息资源、扩大人工智能写作应用领域、重点关注受众需求以及人机协作完成复杂报道等策略建议，期望能全面提升新闻报道的质量与效果，同时强化新闻人文关怀。

一、引言

随着科技的飞速发展，人工智能(AI)技术已逐渐成为各行各业关注的焦点，凭借其强大的数据处理能力、自动化学习机制及精准的内容推荐功能，正在逐步改变传统的新闻采编工作流程，为新闻业带来了前所未有的机遇与挑战。近年来，国家对于人工智能技术的发展给予了高度重视，2017年国务院印发的《新一代人工智能发展规划》中明确提出了促进人工智能与各行业的深度融合，其中包括了新闻出版等文化领域。在这一政策背景下，AI 技术在新闻采编工作中的应用不仅符合科技发展的趋势，也响应了国家对文化产业创新升级的号召。本文首先解释了人工智能(AI)技术的定义，并就在提升新闻报道效率、客观性和人文关怀方面发挥的作用进行了分析。

二、AI 技术概述

AI 技术即人工智能技术，是一种通过计算机程序和算法模拟人类智能的科学技术，融合了包括计算机科学、数学、控制论、语言学、心理学等多个学科理论，致力于让机器具备一定程度的人类智能，以便执行某些复杂的任务。AI 技术的核心是机器学习，尤其是深度学习。机器学习利用统计学和概率论的原理，通过大量数据训练模型，使计算机能够自动学习数据中的规律和模式。深度学习则通过构建深层的神经网络模型，模拟人脑神经元之间的连接和信号传递过程，实现对复杂数据的特征提取和分类。自然语言处理(NLP)是 AI 技术的另一个重要分支，主要研究计算机如何理解和生成人类语言，通过词嵌入、语义角色标注等技术，可以分析文本的情感、意图和语义，从而实现机器翻译、智能问答、情感分析等功能。

三、AI 技术在新闻采编工作中的应用优势

1. 有利于提高新闻采编工作效率

传统的新闻采编工作往往需要人工搜集、整理和分析大量信息，不仅耗时而且容易出错。而 AI 技术特别是自然语言处理和机器学习算法的应用，能够自动化地完成这些烦琐的任务。例如，AI 可

以通过爬虫技术快速抓取网络上的新闻资讯，再通过自然语言处理（NLP）对文本进行分词、词性标注和语义分析，从而准确地提取出关键信息。此外，利用AI的聚类算法，可以快速将相似或相关的新闻进行归类，大大提高了新闻采编的效率和准确性。

2. 有利于强化新闻信息的客观性和真实性

在传统的新闻采编过程中，人为因素往往会对新闻的客观性和真实性产生影响，而AI技术则可以通过数据分析和事实核查来增强新闻的客观性和真实性。具体来说，AI可以利用大数据分析和挖掘技术，从海量的信息中筛选出真实可靠的数据，同时通过交叉验证和多方比对来确保信息的准确性，还可以通过情感分析和语义识别等技术，对新闻文本进行深度剖析，从而避免人为的主观偏见和误导。例如，在某些新闻报道中，为了吸引眼球或制造轰动效应，可能会存在夸大其词或歪曲事实的情况。而AI技术则可以通过对比分析多个信息源的数据，识别出其中的不一致性和矛盾点，从而帮助新闻工作者更加客观地呈现事实真相。

3. 有利于减轻新闻采编人员工作压力

新闻采编工作通常需要在短时间内处理大量的信息，并对新闻事件进行及时的报道和分析，这对新闻采编人员来说是一项巨大的挑战，也给他们带来了巨大的工作压力。而AI技术的应用则可以在很大程度上减轻他们的工作负担，一方面AI可以自动化地完成数据搜集、整理和分析的任务，从而节省新闻采编人员大量的时间和精力；另一方面AI还可以通过智能推荐和预测分析等功能，为新闻采编人员提供有价值的参考和建议，帮助他们更加高效地完成工作，并且辅助新闻采编人员进行内容创作和编辑，提供智能化的写作助手和校对工具，提高他们的工作效率和质量。

四、AI技术在新闻工作中的应用策略

1. 深入挖掘新闻信息资源，提高新闻内容含金量

在新闻采编工作中，借助AI技术，我们可以更加精准、高效地挖掘和分析新闻信息，从而提升新闻报道的深度和广度。其一，数据挖掘与智能分析。利用AI的数据挖掘技术，可以从海量的网络数据中提取出有价值的信息。例如，通过自然语言处理和机器学习算法，AI可以自动识别和分类新闻相关的数据，包括社交媒体上的讨论、论坛帖子、博客文章等，数据中往往包含着公众对新闻事件的看法、情绪以及行为意图，对于新闻报道的深入和全面而言至关重要。以重大社会事件报道为例，AI技术可以通过分析社交媒体上的用户发言，挖掘出公众对此事件的态度、关注点和疑虑。新闻采编人员可以根据这些信息，有针对性地进行深入报道，解答公众的疑惑，从而提升新闻内容的针对性和深度。其二，实体识别与关系抽取。AI的实体识别和关系抽取技术可以帮助新闻采编人员快速识别新闻文本中的关键实体，如人名、地名、组织名等，并抽取这些实体之间的关系，有助于新闻采编人员快速理解新闻事件的来龙去脉，发现隐藏在文本背后的深层次信息。比如，在报道公司市场开发的新闻时，AI可以帮助识别开发人员、客户情况、业务范围等关键信息，帮助采编人员更加清晰开发过程全貌，提高新闻报道的准确性和深度。其三，情感分析与舆情监测。AI的情感分析技术可以分析新闻文本或社交媒体言论中的情感倾向，帮助新闻采编人员了解公众对新闻事件的情绪反应。这有助于采编人员把握舆论走向，及时调整报道策略。以政策发布为例，AI可以通过情感分析技术，监测公众对该政策的反应是积极、中性还是消极，并根据这些信息撰写更加贴近民意的新闻报道，增强新闻的传播力和影响力。其四，知识图谱与可视化呈现。利用AI构建知识图谱，可以将新闻事件中的各个要素以图形化的方式呈现出来，便于新闻采编人员直观地理解新闻事件的内在逻辑和关联关系，从而提升新闻报道的层次性和条理性。比如，在报道国际政治事件时，AI可以帮助构建包含国家、政治人物、事件等多维度信息的知识图谱，可以更加清晰地展现事件的来龙去脉和各方关系，提高新闻报道的可读性和说服力。

2. 重点关注受众需求，强化新闻稿件针对性

在新闻采编工作中，深入了解并满足受众的需求是提升新闻稿件针对性的关键，借助 AI 技术可以更加精准地捕捉受众的兴趣点，从而制作出更符合读者口味的新闻内容。首先，需要利用 AI 技术来广泛收集受众数据，比如浏览历史、点击行为、阅读时长、评论内容、社交媒体互动等，一般可以通过网站分析工具、社交媒体 API、调查问卷等多种方式获取。AI 算法可以对这些数据进行深度挖掘，识别出受众的兴趣偏好、阅读习惯以及消费行为等。基于收集到的数据，AI 可以构建精细的受众画像，包括受众的年龄、性别、地域分布、教育背景、职业特征等多个维度。通过聚类算法和关联规则挖掘，将受众划分为不同的群体，并识别出每个群体的独特需求和特征。有了精细的受众画像后，可以利用 AI 的内容推荐系统基于协同过滤、内容过滤或者深度学习等技术为受众提供个性化的新闻推送。例如，通过协同过滤算法，系统可以找到与当前用户兴趣相似的其他用户，并推荐他们喜欢的新闻内容。而内容过滤则是基于新闻文本的特征，如关键词、主题等，来匹配用户的兴趣偏好。为了保持新闻稿件的时效性和针对性，还需要利用 AI 技术对受众的实时反馈进行分析，包括受众对推送新闻的点击率、阅读时长、分享次数等数据。AI 可以实时分析这些数据，并根据分析结果动态调整新闻推送策略。例如，如果发现某一类新闻内容的点击率持续下降，系统可以自动减少这类新闻的推送频率，同时增加其他更受欢迎类型的新闻内容。为了更深入地了解受众对新闻稿件的反应和情感倾向，可以利用 AI 的语义分析和情感识别技术，分析受众在社交媒体、评论区等场所留下的文本信息，提取出他们对新闻内容的观点、态度和情感。基于历史数据和机器学习模型，AI 可以分析出受众兴趣的演变规律，从而为新闻采编工作者提供有价值的新闻选题方向和内容创作灵感。

3. 人机协作完成复杂报道，强化新闻人文关怀

面对复杂、深入的报道任务，单纯依赖 AI 技术或人力往往难以达到最佳效果，因此人机协作成为一种有效的应对策略，不仅能够提升报道的深度和广度，还能够确保新闻报道中的人文关怀不被忽视。在人机协作的前期准备阶段，利用 AI 的爬虫技术，可以广泛地从互联网上抓取与报道主题相关的新闻报道、社交媒体评论、专家观点、政府工作报告等数据和信息，并且对这些数据进行清洗、分类和标注，为后续的分析和报道提供便利。数据收集完毕后 AI 技术可以进一步用于深度分析和内容挖掘，通过自然语言处理和文本挖掘技术识别出数据中的关键信息和观点以及它们之间的关系和趋势，为新闻采编人员提供深入的洞察和灵感，帮助他们更好地理解报道主题，并构思出有深度和广度的报道内容。在完成深度分析和内容挖掘后，根据 AI 提供的信息和洞察开始撰写稿件，利用 AI 提供的如智能推荐句式、词汇和事实核查等写作助手功能来提高写作效率和质量，同时根据自己的专业知识和经验，对 AI 生成的内容进行修改和完善，确保报道的准确性和人文关怀。在稿件撰写过程中，AI 技术还可以提供实时反馈和优化建议，根据读者的阅读习惯和兴趣偏好对稿件进行智能排版和推荐优化，使其更符合读者的阅读需求。此外，新闻采编人员还需要时刻关注报道内容对人类社会、文化和价值观的影响，确保报道不仅传递信息，还能够引发读者的共鸣和思考。

五、结语

人工智能在提升新闻报道效率、客观性和人文关怀方面具有重要作用。随着 AI 技术的不断进步和新闻行业的创新发展，人机协作将成为未来新闻采编的主流模式，不仅有助于提高新闻报道的时效性和针对性，还能更好地满足受众的多元化需求。因此，新闻行业应继续深化 AI 技术的应用研究，力求实现新闻报道的更高质量和更广泛传播。

参 考 文 献

[1] 刘东帅. AI 技术在新闻采编工作中的应用[J]. 媒体实务，2024(13)：82-84.